现代管理理论与方法

主　　编　钟小军
副主编　罗朝晖　巩　军
编写人员　伍　洁　陈　童　卢　苇

国防工业出版社
·北京·

内容简介

本书系统地介绍了管理学原理以及与管理相关的理论和方法。主要内容包括三个部分：第一部分介绍了管理的基本概念、管理思想的发展历程；第二部分介绍了管理的基本职能，包括计划、组织、控制、领导、激励等；第三部分介绍了现代管理方法、管理的未来与发展趋势。

本书可作为高等院校管理工程专业及其他各工程专业的教材或参考书，也可供各类工程技术人员和实际部门中管理人员学习使用。

图书在版编目(CIP)数据

现代管理理论与方法/钟小军主编. —北京：国防工业出版社，2020.1(2022.7重印)
ISBN 978-7-118-12097-4

Ⅰ. ①现… Ⅱ. ①钟… Ⅲ. ①管理学 Ⅳ. ①C93

中国版本图书馆 CIP 数据核字(2020)第 059670 号

※

国防工业出版社出版发行
(北京市海淀区紫竹院南路23号　邮政编码100048)
北京虎彩文化传播有限公司印刷
新华书店经售

*

开本 787×1092　1/16　印张 16½　字数 391 千字
2022 年 7 月第 1 版第 2 次印刷　印数 1501—2000 册　定价 76.00 元

(本书如有印装错误，我社负责调换)

国防书店：(010)88540777　　　发行邮购：(010)88540776
发行传真：(010)88540755　　　发行业务：(010)88540717

前　言

　　管理,不仅仅是一门科学、一项工作,它更是人类生存的一项本领。一个人如果不具备基本的管理能力和管理素养,他的事业注定一无所成,他的生活注定杂乱无章。同样,一个国家管理水平的高低,能够反映这个国家的生产力和科学技术发展水平,并直接影响其经济建设速度。本书是为适应管理工程本科专业及其他相关培训而编写的有关管理理论与方法的综合性教材。本书广泛吸收相关学科领域的研究成果,对原有教材的结构和内容进行了较大调整,这对学员打牢基础、拓宽知识面很重要。

　　本书以管理程序学派的思想为主要理论框架,并注意吸收其他管理学派的思想,系统地介绍了现代管理的理论和方法。其主要内容包括三个部分:第一部分介绍了管理的基本概念、管理思想的发展历程;第二部分介绍了管理的基本职能,包括计划、组织、控制、领导、激励等;第三部分介绍了现代管理方法、管理的未来与发展趋势。

　　本书由钟小军主编,罗朝晖、巩军、伍洁、陈童、卢苇参加编写。第1、第4、第7章由巩军编写,第2、第9章由伍洁编写,第3章由陈童编写,第5、第6章由卢苇编写,第8章由罗朝晖编写。胡涛和姚路两位同志对全书进行了校核。

　　在本书的编写过程中,参考了较多的文献资料,得到很多专家、教授的热情帮助和指导,在此表示衷心的感谢!囿于本书涉及面广,编者水平有限,对于书中的不足之处恳请专家和读者不吝指教。

编　者

2019 年 9 月

目 录

第1章 管理概述 1

1.1 管理的基本问题 1
1.1.1 管理的基本矛盾 1
1.1.2 管理的基本概念 4
1.1.3 管理的作用 9
1.2 管理者 11
1.2.1 管理者及其分类 11
1.2.2 管理者的素质及其培养 16
1.3 管理学 20
1.3.1 管理学的特性 20
1.3.2 管理学的研究对象与方法 26
学习提示 27
本章小结 29
习题 30

第2章 管理思想发展史 31

2.1 早期的管理思想 31
2.1.1 中国古代管理思想 31
2.1.2 西方早期管理思想 35
2.2 古典管理思想 38
2.2.1 泰勒的科学管理理论 38
2.2.2 法约尔的一般行政管理理论 42
2.2.3 韦伯的行政组织理论 45
2.3 中后期管理思想 47
2.4 现代管理思想 51
2.4.1 社会系统学派 51
2.4.2 决策理论学派 54
2.4.3 系统管理学派 55
2.4.4 管理过程学派 55
2.4.5 管理科学学派 56
2.4.6 经验主义学派 57
2.4.7 权变理论学派 59
本章小结 61

习题 ··· 62

第3章 计划 ·· 63

3.1 目标 ·· 63
3.1.1 目标的含义 ··· 63
3.1.2 目标的分类 ··· 64
3.1.3 目标的特点 ··· 66
3.1.4 目标的制定 ··· 66

3.2 计划的基本概念 ··· 68
3.2.1 计划的含义 ··· 68
3.2.2 计划的分类 ··· 69
3.2.3 计划的作用和地位 ·· 71

3.3 计划的编制 ··· 72
3.3.1 计划的编制原则 ·· 72
3.3.2 计划的编制要求 ·· 72
3.3.3 计划的编制过程 ·· 73

3.4 现代计划方法 ·· 75
3.4.1 滚动计划法 ··· 75
3.4.2 网络分析技术 ·· 76
3.4.3 线性规划方法 ·· 77
3.4.4 投入产出法 ··· 77
3.4.5 预测方法 ·· 79

本章小结 ·· 81
习题 ·· 81

第4章 组织 ·· 82

4.1 组织的基本概念 ··· 82
4.1.1 组织的含义 ··· 82
4.1.2 组织的类型 ··· 84
4.1.3 组织工作的主要内容 ··· 86

4.2 组织环境 ··· 87
4.2.1 影响组织的环境因素 ··· 87
4.2.2 组织与环境的关系 ·· 89
4.2.3 组织文化 ·· 89

4.3 组织设计 ··· 93
4.3.1 组织设计的基本概念 ··· 93
4.3.2 组织设计的原则 ·· 94
4.3.3 组织设计的过程 ·· 96
4.3.4 组织中的权力关系 ·· 106

4.4 团队管理 115
　　4.4.1 团队的概念 115
　　4.4.2 团队的类型 118
　　4.4.3 高效团队的建设 120
本章小结 122
习题 124

第5章　控制 125

5.1 控制的基本概念 125
　　5.1.1 控制的含义 125
　　5.1.2 控制的必要性 126
　　5.1.3 控制的类型 128
5.2 控制的基本原则与过程 133
　　5.2.1 控制的基本原则 133
　　5.2.2 控制的基本过程 135
5.3 控制的方法 141
　　5.3.1 财务控制方法 141
　　5.3.2 人员行为控制方法 144
　　5.3.3 综合控制方法 145
本章小结 147
习题 147

第6章　领导 148

6.1 领导的基本概念 148
　　6.1.1 领导的含义 148
　　6.1.2 领导者与管理者 150
　　6.1.3 领导权力与领导者影响力 151
6.2 典型的领导理论 156
　　6.2.1 领导特质理论 156
　　6.2.2 领导行为理论 159
　　6.2.3 领导权变理论 162
6.3 管理沟通 169
　　6.3.1 管理沟通的条件与方式 169
　　6.3.2 组织沟通的类型 172
　　6.3.3 沟通障碍与有效沟通 175
本章小结 178
习题 179

第7章　激励 180

7.1 激励的基本概念 180

- 7.1.1 激励的含义 180
- 7.1.2 动机理论 181
- 7.1.3 激励机制 183
- 7.2 人性假设理论 184
- 7.3 典型的激励理论 188
  - 7.3.1 内容型激励理论 189
  - 7.3.2 过程型激励理论 194
  - 7.3.3 行为改造型激励理论 199
- 7.4 激励的策略 201
  - 7.4.1 激励的基本原则 201
  - 7.4.2 激励的基本方法 202
- 本章小结 205
- 习题 206

第8章 现代管理方法 207

- 8.1 标准化管理 207
  - 8.1.1 标准化管理的相关概念 207
  - 8.1.2 标准种类和标准体系 209
  - 8.1.3 标准化的方法 210
  - 8.1.4 标准的制定与贯彻执行 214
- 8.2 质量管理 217
  - 8.2.1 质量管理的相关概念 217
  - 8.2.2 质量的形成过程——质量螺旋曲线 220
  - 8.2.3 质量管理的基本原则 221
  - 8.2.4 质量管理的持续改进方法 222
  - 8.2.5 质量管理的实施过程 223
  - 8.2.6 质量管理的常用方法 224
- 8.3 项目管理 225
  - 8.3.1 项目管理概述 225
  - 8.3.2 项目管理知识体系 227
  - 8.3.3 项目管理认证体系 228
  - 8.3.4 项目管理的方法 230
  - 8.3.5 项目管理与其他学科关系 231
- 8.4 目标管理 232
  - 8.4.1 目标管理理论概述 232
  - 8.4.2 目标管理的类型及其特点 233
  - 8.4.3 目标管理的优劣分析 234
  - 8.4.4 目标管理的现实意义 235
  - 8.4.5 实施目标管理应注意的问题 236

| 本章小结 | 238 |
| 习题 | 238 |

第9章 管理未来与发展 240

9.1 管理的机遇与挑战 240
- 9.1.1 管理面临的机遇与挑战 240
- 9.1.2 管理学发展的趋势 243

9.2 管理创新 245
- 9.2.1 管理创新及其重要性 245
- 9.2.2 管理创新模式和原则 249
- 9.2.3 管理创新思维和方法 251

本章小结 253
习题 254

第1章 管理概述

【学习目的】

(1) 通过对人类活动特点的认识,理解管理实践的特点,体会管理在人类发展历史中的重要作用;

(2) 深刻理解管理的基本问题,包括管理的基本矛盾、基本概念、作用,正确树立管理的全局观念;

(3) 能联系实际理解管理工作的出发点,领悟管理的满意原则;

(4) 明确管理的基本职能,能清楚描述管理的基本过程;

(5) 了解管理者的概念及其分类,清楚管理者应具备的素质,明确提高管理者素质的途径;

(6) 建立对管理和管理学的基本认识,理解管理学科的性质特点,并深刻认识学习管理学的重要意义。

管理,不仅仅是一门科学、一项工作,它更是人类生存的一项本领。一个人如果不具备基本的管理能力和管理素养,他的事业注定一无所成,他的生活注定杂乱无章,何谈抱负、何谈理想,又有什么美好的未来和幸福的人生可言?英国学者罗素曾说:"如果你不会管理,你的生命将是一团糟。"

关于管理,有人这样形象的描述。

管理是空气,它无处不在,使人感受于无形之中;

管理是一根金线,它把企业的资源串起来,成为一条金光闪闪的项链;

管理是一碟好菜,它是课程大餐中的一盘水煮鱼;

管理是指挥棒,它使各种乐器相互协作,奏响美妙的交响乐章;

管理是压榨机,它是资本家用于更好地剥削员工的工具;

管理是十字路口的指向灯,它告诉你下一步应该往哪儿走;

管理是艺术品,它是睿智的领导者描绘出来的美妙图画;

管理是一杯白开水,它虽然很平淡但却很必要。

那么,什么是管理,为什么要管理,怎样才能有效地组织管理活动,管理者在管理活动中追求的核心是什么?我们该如何理解和学习管理学?本章主要就这些问题进行阐述,为本书其余各章的学习奠定基础。

1.1 管理的基本问题

1.1.1 管理的基本矛盾

凡是从事过管理工作的人都清楚,要做好管理工作,必须付出比从事一般工作多得多的精力和代价。如果管理工作不重要，可以不做，那么可以节约大量的时间和精力。美国的管理学者戴维·B·赫尔茨说得好："管理是由心智所驱使的唯一无处不在的人类活动。"总统管理国家，将军管理军队，校长管理学校，总经理管理公司。事实上，我们工作生活中的外出、公差、训练、点名、开会、谈心，这些词都是管理工作的范畴。那么为什么一定要开展管理工作呢？

思考题：为什么需要管理？管理产生的根本原因是什么？

对于管理的产生，人们通常认为：共同劳动产生了管理。因为两个或者两个以上的人在一起劳动，必然就会产生相互之间的协调问题。但是，共同劳动需要管理并不意味着只有共同劳动才需要管理。家庭主妇要管理家务；学生要管理自己的时间；儿童要管理自己的零用钱……我们每一个人作为个体也会同样面临目标与目标之间（如生活目标及工作目标与学习目标）、人与人之间（如家庭成员之间、朋友之间）、资源与目标、活动与活动之间（如时间安排）的协调问题。也就是说，个人也需要管理（通常称为自我管理）。这就是说，共同劳动并不是管理产生的根本原因。

那么，到底是什么导致了管理的产生呢？从每一个人对目标、资源、活动等进行协调的目的来看，管理产生的根本原因在于人的欲望的无限性与人所拥有的资源的有限性之间的矛盾，这是管理的基本矛盾。

这两种矛盾是否普遍存在呢？需要满足三个条件。

第一，人的欲望是无限的。人生而有欲，而且人的欲望还会随着当前欲望的满足而不断产生新的欲望。当然，这种欲望是指人们健康的追求。

第二，人所拥有的资源是有限的。每一个人所拥有的可以投入的资源缺总是有限的，时间有限、知识有限、精力有限、能力有限。

假设资源的供应是无限的，人们要钱有钱，要物有物，要人有人，要时间有时间，要空间有空间……那么组织的活动将是随心所欲，为所欲为，管理将变成多余之举。遗憾的是，当今的世界，资源仍然是有限（甚至贫乏）的。

思考题：1931年日本发动侵华战争、2000年后美军发起了几场局部战争、钓鱼岛问题、南海争端，这些问题的本质在哪里？

第三，人欲望的满足是不是一定要有资源的投入？不劳而获的东西有没有？其实，世界上不存在任何可以不劳而获的东西。"有得必有失，有失必有得"，要有所获得，就必须有所投入，而且要想取得超越常人的成就，就必须付出超越常人的努力，个人的价值只有通过自己的努力才能实现和证明。

显然，以上三点是普遍存在的。人们所要追求的目标和人的欲望是多种多样的，这些目标和欲望在实现的过程中，围绕着争夺资源而进行无情的竞争。那么，有限的资源如何在互相竞争的多种目标间合理分配？分配之后的资源如何组织、控制和协调？这就产生了一对矛盾，即人类欲望的无限性与其所拥有的资源的有限性之间的矛盾。

思考题：怎样才能缓解或者解决这一矛盾？

自从人类诞生以来，一直受到这对矛盾的困扰。为了协调矛盾，人类绞尽了脑汁，并先后采取了不同的协调方法。人类的发展史，从某种程度上也是寻找这对矛盾的协调方法的历史,组织和管理就是在人类寻求解决这对矛盾的过程中产生和逐步发展起来的。

为了协调这对矛盾,人类首先想到的是,如何尽可能地拓展自己所能拥有的资源。一开始是向大自然要资源,如在生产劳动的过程中,制造或改进劳动工具,通过与他人的分工协作,形成超越个人的群体力量从而达到靠个人的力量无法实现的欲望,这就是人类最早的生产活动的起因。随着人类的不断繁衍,人的需求不断扩张,由于受制于当时的生产力发展水平,当向大自然所能要到的资源不能满足人类不断增长的欲望时,就产生了以掠夺他人资源为主要目的的战争。人们希望通过战争的手段,掠夺他人的资源以拓展自身的资源,以满足自身急剧增长的各种欲望。从历史的眼光看,战争的主要起因是为了掠夺资源。

战争本身也需要耗费资源,特别是当战争的双方势均力敌时。当一方费了九牛二虎之力,终于将对方打败时,自己在战争中已丧失众多的资源,并且对方的资源也在战火中毁灭。有鉴于此,先贤们又提出了各种不同的解决问题的方法,如图1-1所示。

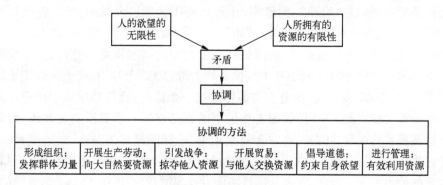

图1-1 协调的方法

在我国古代,先贤们主张"清心寡欲",希望通过约束人的欲望,使有限的资源足以满足人的欲望,由此就导致了伦理道德的形成。荀子认为:"人生而有欲,欲而不得,则不能无求。求而无度量分界,则不能无争。争则乱,乱则穷。先王恶其乱也,故制礼义以分之,以养人之欲,给人之求。使欲必不穷乎物,物必不屈于欲,两者相持而长,是礼之所起也。"使欲必不穷乎物,物必不屈于欲,两者相持而长:使人的欲望绝不会由于物质缺乏而无法照顾,物资也一定不会因为满足欲望而用尽,物资和欲望两者在互相制约中增长。为了约束人的欲望,先人们提出了各种伦理道德规范,通过各种教育的手段教化社会成员,并由此在社会管理中形成了以"人治"为主的管理作风。

与东方人认为"欲为万恶之源"相反,在西方,圣贤们认为"人类的不断追求是推动人类文明、社会进步的根本动力。"因此,人的欲望不能加以约束。在这种情况下,他们提出了协调这对矛盾的另一种方法——科学管理,即主张通过科学的方法来提高资源的利用率,力求以有限的资源实现尽可能多或高的目标。正因为西方人主张通过科学的方法来进行协调,因此在社会管理中其管理行为以"法治"为主——按照自然法规、法律法规、科学方法进行治理。

思考题:道德与管理,哪一种方法更好?

由图1-1可以看出:管理只是协调矛盾的一种手段。也就是说,管理基本矛盾的解决有多种方法,管理只是其中一种。这是我们要树立的管理的全局观。

1.1.2 管理的基本概念

对于什么是管理,似乎是一个不值得一问的简单问题。我们每天都在与管理打交道,每天都在讲管理,对于什么是管理难道还不清楚吗?但是,静下心来仔细想想,我们发现,尽管"管理"已深入到我们的日常生活中,可是绝大多数人却并没有对它进行认真深入的思考,以至于在面对这一问题时很难一下子清楚地回答。

思考题:用自己的话谈谈你心目中的"管理"?

1. 通俗讲管理

从词义上讲,管理就是管辖和处理。管理也可以理解为"管人""理事"。在古代,管的原意是指门的锁钥,后来逐渐引申为对人、财、物的执掌和制约;"理"与"治"相通,我国古代长期把管理称为"治理",到清朝,才开始使用管理这个概念,清军曾把军官称为"管理列阵之官",北洋水师的舰长称"管带","管带"就包含了管理带兵之意。

拿破仑曾经神采飞扬地讲过,法国兵和非常彪悍的马木留克兵打仗,三个法国兵敌不过两个马木留克兵;100个和100个打仗势均力敌;1000个和1000个交战则法国兵必胜!其实,早在2000多年前,亚里士多德提出过一个命题:整体功能大于把整体拆成若干份后每一份功能之和。所以,管理工作追求的就是这样一个要素的有效组合,管理就是有效协调要素的过程。例如:有两个兄弟单位,一样的编制体制、一样的配置,结果一个年年评优评先,另一个却经常出问题、挨批评。为什么呢?核心原因在于管理者协调管理要素的能力不同。因此,管理是通过协调发挥集团效应,产生1+1>2的效果的过程。这就是通俗的讲管理的概念。

2. 名家说管理

当你到图书馆查阅资料时,会发现对于"管理"的概念并没有一致的描述。管理学经过了200多年的发展与实践,中外的管理学者也对管理的概念做出了不同的解释,简单梳理并概括如下。

1) 强调工作任务

强调工作任务的人认为:"管理就是由一个或多个人来协调其他人的活动,以便收到个人单独活动所不能收到的效果。"这种定义的出发点为:在社会中人们之所以形成各式各样的组织和集团,这是由于集体劳动所能取得的效果是个人劳动无法取得的,或者仅能在很小的规模上很长的时间内取得。美国的"阿波罗"登月计划曾经聚集了几万名科学家、几千家企业为其研究、设计和制造。这样巨大的项目所需要的知识是任何人都无法全面掌握的,更谈不上具体地实现这项计划。即使像建造住房这种相对来说比较简单的工作,单凭个人去做也仅能局限在一个很小的规模上,而且要花费相当长的时间才有可能完成。总之,组织活动扩大了人类的能力范围。然而,要真正收到这种集体劳动的效果,必须有个先决条件,即集体成员的活动必须协调一致。类似于物理学中布朗运动的活动方式,是无法收到这种效果的。为此,就需要一种专门的活动,这种活动就是管理。这种定义方式与现在流行的项目管理方式相似,管理者采取相关的管理手段和方式是为了能够完成工作任务,就如一个项目经理无论采取什么方式都要使项目完满完成一样。正如彼得·德鲁克所说:"管理者的任务,就是要充分运用每一个人的长处,共同完成任务。"

2) 强调管理者个人领导艺术

强调管理者个人领导艺术的人认为:"管理就是领导。"该定义的出发点为:任何组织都有一定的结构,而在结构的各个关键点上是不同的职位,占据这些职位的是一些具有特殊才能或品质的人,这些人被称为领导者。组织中的一切有目的的活动都是在不同层次的领导者的领导之下进行的,组织活动是否有效,取决于这些领导者个人领导活动的有效性。早期管理学家玛丽·帕克·福莱特说:"管理就是通过其他人来完成工作的艺术。"管理学家穆尼说:"管理就是领导"。

3) 强调决策作用

强调决策作用的人认为:"管理就是决策。"狭义地说,决策就是做出决定的意思。广义地说,决策是一个过程,它包括收集各种必要的资料,提出两个或两个以上备选方案,对备选方案进行分析评价,找出最佳方案,以及跟踪检查。该定义的提出者强调,决策贯穿于管理的全过程和所有方面,组织是由一些决策者所构成的系统,任何工作都必须经过这一系列的决策才能完成。如果决策错误,执行得越好,所造成的危害就越大。因此,任何一项组织工作的成败归根结底取决于决策的好坏。诺贝尔经济学奖获得者赫伯特·A·西蒙说:"管理就是决策。"

4) 强调行为科学

科学管理之父泰勒提出:"管理就是确切地知道你要别人去干什么,并使他用最好的方法去干。"斯蒂芬·P·罗宾斯和玛丽·库尔塔对管理下的定义是:"管理这一术语指的是和其他人一起并且通过其他人切实有效完成活动的过程。"这一定义既强调了人的因素,又强调了管理的双重目标:既要完成活动,又要讲究效率,即以最低的投入换取既定的产出。

5) 强调管理职能与过程

20世纪初期,法约尔是最早对所有管理过程共性进行思考的人之一。作为大型企业的总经理,法约尔关注的焦点是,整个大型组织的健康发展和良好的工作秩序;其研究的主要愿望是,建立在分析管理活动时应遵循的和具有普遍性的一套理论体系。他认为,管理是由计划、组织、指挥、协调及控制等要素组成的活动过程。这一定义已经成为从管理职能角度定义管理的典范。事实上,在各项管理职能中,计划、组织和控制在适用性上得到了最广泛的承认。管理过程学派的学者大多习惯采用不同的职能来定义管理,并以此为基础构建自己的学说。

思考题:学者们对管理的不同说法是否意味着我们对管理还认识不清?

莎士比亚曾经讲过:"一千个人眼中就会有一千个哈姆雷特。"现实生活中,每一个问题的正确答案不是一个而是多个。因为,同一个问题从不同的角度分析,可以得到不同的答案,而这种多答案的回答常常可使我们对这一问题或事物有更全面的认识。

管理存在于社会生活的一切领域,不同的人在研究管理时出发点不同,只能从有限的领域按其理解对管理进行总结与概念。因此,很难找出一个普遍认可的概念。管理概念多样化表明反映了学者们研究立场、方法、角度的不同,反映了对管理理论的不懈探索,反映了对管理认识的逐步深入,表明了管理内涵的博大精深,更深刻地印证了管理学科的不精确性。

3. 框架定管理

虽然管理的概念至今没有统一的定义,但其基本框架是一定的,为了便于学习和理解,本书将管理定义为:"为实现组织目标,通过计划、组织、控制、领导和激励等管理职能的发挥,有效协调人、财、物、时间、信息等要素的过程。"

理解和掌握这一定义的核心要点如下。

(1) 管理的载体是组织——我们是在组织中研究管理问题,个人管理不是管理学的研究范畴(但道理是相通的)。管理适用于任何一种组织(包括企事业单位、部队、政府机关等),适用于各层管理人员。

(2) 管理的对象是五要素,即人、财、物、时间和信息。

思考题:在管理的五要素中,哪一个要素最重要?

(3) 管理的基本职能与过程

① 管理的基本职能。管理的职能就是管理者为了有效地管理必须具备的功能,或者说管理者在执行其职务时应该做些什么工作。

管理职能是人们对管理及其规律性的认识程度的表象。实际上,它是一种管理思想、管理文化,随着人们对不确定性的管理理论和方法的认识与研究而不断发展,考查管理过程职能的目的有两个:一是要回答管理是要干什么的问题;二是要回答管理的既定目标如何达到的问题。

管理活动具有哪些最基本的职能?至今仍有许多观点。最早系统地提出管理各种具体职能的是法国的亨利·法约尔。他认为管理具有计划、组织、指挥、协调和控制五种职能。他为后人的研究奠定了基础。之后,又出现了"三功能派""四功能派"和"七功能派"等学派。

各种学派对管理的探讨,是随着科学技术的进步、管理实践与理论的发展而演变的。在法约尔之后,除了古利克、布雷克外,还没有人再把协调列为一项管理职能,这是因为,有些人认为协调是管理的实质,其他各项职能均有协调的作用,因而协调不应作为一项独立的管理职能。在古典学派之后,20世纪20年代末至30年代初,梅奥等人进行了有名的"霍桑实验",出现了行为管理学派,将以往重视技术因素转向重视人的因素,把属于组织职能的人事、信息沟通、激励内容单独划分出来,提出了激励、人事、信息沟通等职能,并加以丰富和发展。20世纪40年代以后,由于系统论、控制论、信息论的产生及其在管理中的应用,促进了管理实践的发展,形成了管理决策学派。以西蒙为代表把决策从原计划职能中划分出来,提出了决策职能、创新职能等。有的学者为了便于分析问题,把一些职能归并,如把属于人的管理职能要素纳入组织职能的内容,把属于机制性的管理职能的内容(监督、指挥、协调等)纳入控制职能的内容。有些学者认为,协调职能贯穿了管理工作的总体,非独立职能,不应单独列出。由于新技术革命浪潮的冲击,为了突出创造和革新在管理中的作用,希克斯又把创造和革新作为一项管理职能。20世纪70年代以后,近代管理学家一般把管理职能划分为计划、组织、控制、激励或计划、组织、领导、控制等职能。职能演化过程如表1-1所列。

表 1-1 管理职能演化过程表

时间/年	学者	管理职能									
		计划	组织	指挥	协调	控制	激励	人事	沟通	决策	创新
1916	法约尔	√	√	√	√	√					
1925	梅奥						√	√			
1934	戴维斯	√	√			√					
1937	古利克	√	√			√					
1949	厄威克	√	√			√					
1951	纽曼	√	√			√		√			
1955	孔茨和奥唐奈	√	√	√		√		√			
1964	梅西	√	√			√				√	
1966	希克斯	√	√			√	√		√		√

综上所述，尽管对于管理职能的划分不尽相同，但计划、组织、控制是各管理学派普遍公认的职能。一般来讲，管理职能的划分应当根据管理实践的特征和理论研究的需要而定，以利于认识问题和分析问题。因此，本书将管理职能划分为：计划、组织、控制、领导、激励五种职能，并围绕这五个职能进行论述。

② 管理的基本过程。如图 1-2 所示，管理是由计划、组织、领导、激励、控制五种职能组成的一个不断循环的过程。管理的五个职能之间是相互联系的，管理正是通过计划、组织、领导、激励、控制这五个基本过程来展开和实施的。

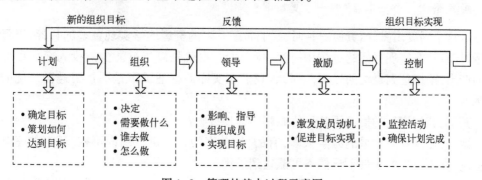

图 1-2 管理的基本过程示意图

管理的基本过程可以描述为：管理工作开始时，首先要根据内外部环境条件，确立目标并制定出相应的行动方案；一旦目标明确，为了落实计划，就要进行相应的组织工作；由于目标的完成需要组织成员的共同努力，为了充分调动人员的积极性，在目标确定、计划落实下去以后，还要加强领导和激励工作；在设立目标、形成计划、进行了任务分解和落实、培训和激励了组织成员之后，各种偏差仍有可能出现，为了纠正偏差，确保各项工作顺利进行，还必须对整个活动过程进行控制。因此，管理是由计划、组织、领导、激励、控制五种职能组成的一个系统的过程。

需要说明的是，管理工作的实际情况并不像上述那样简单，现实中不存在简单的、界限清晰的计划、组织、领导、激励、控制的起点和终点。管理者经常会发现自己同时在做着计划、组织等工作。也就是说现实的管理工作不会按照某种固定的模式进行。在一个长期运行的组织中,这五项职能有机地融合成一体,且均围绕组织目标展开。

(4) 管理工作的出发点

作为一名管理者,管理工作的出发点和落脚点应该在哪里?在管理过程中追求的是什么?什么才是衡量管理好坏的标准?这三个问题的答案是一致的。一言以蔽之——"一个中心,两个基本点"。

"一个中心"是指以实现组织目标为中心。例如,政府要通过管理提高执政为民的水平;部队要通过管理提高战斗力;学员队要通过正规化管理提高人才培养质量。

"两个基本点"是什么呢?德鲁克曾说:"管理就是正确地做正确的事。"

正确地做事,即提高资源的利用率,也就是低资源消耗(高效率)。效率是指投入和产出之比。一定的投入能取得多大的产出,主要取决于采取的工作方式和方法。因此,讲求效率要求我们用比较经济的方法来达到预定的目的。如果对于一定的投入,取得了更多的产出,就是提高了效率;同样,若对于一定的产出,减少了投入,也是提高了效率。由于人们所拥有的资源常常是短缺的,因此就必然关心资源的利用率,因而有效的管理也就必然与资源成本的最小化有关。

做正确的事,即所从事的工作和活动有助于组织达到其目标,也就是高目标达成(高效益)。所谓效益,是指目标的达成度,也就是产出满足需要的程度。如果通过管理获得的产出并不是组织需要的,那么这种产出再多,也毫无意义。相应地,这种管理就是无效的管理。

所以,"两个基本点"是指低资源消耗(高效率)和高目标达成(高效益)。

思考题:"两个基本点"哪一个更重要?

从这个角度出发,当资源一定时,我们希望有限的资源能够实现更多的目标;当目标一定时,希望在实现目标的过程中,少消耗资源。也就是以尽可能少的投入获得尽可能多的产出,期望达到最优的效果。那么,我们在实际的管理工作是不是要遵循最优的原则呢?

其实,我们遵循的恰恰不是最优原则!为什么呢?

第一,影响管理效果的因素太多,有的可控,有的在一定范围内可控,还有的完全不能控制,在不可控的条件下显然不可能达到最优。

第二,人的能力是有限的,选择的方法也是有限的,从一方面实施最好的方案从另一方面却未必最好。

例如,美军为适应其有限战争论的需要,决定为8个中队(192架)的F-10B型飞机增加武装,拟采用的主要武器为"喇叭狗"式导弹及500磅(lb)炸弹,两者只能选用一种。情况如下。

① 若是选用导弹,飞机要增加发射架及控制装置,每架飞机需增加30万美元;若选用炸弹,仅需增加一个炸弹架,每架飞机只增加2.5万美元。

② 导弹库存不多,需再增购,计算其首批恢复生产与以后储存所需成本,每枚导弹10年总成本为7000美元。炸弹有大量库存,计算10年的储存、保养成本仅需100美元。

因此,空军主张安装炸弹,陆军则认为炸弹威力小,对地面部队火力支援不够,空军与陆军相持不下,难以决策。

第三，管理的不精确性。管理是一门不精确的学科，本身也还在发展之中，可能更先进的方法、更完美的方案还没有被人类发现。

因此，在管理工作中应遵循满意原则，这也是由管理本身的特点造成的。

1.1.3 管理的作用

美国国际商业机器公司的创办人托马斯曾经讲过下面这样一个故事，深入浅出地说明了管理的作用。

有一个男孩子弄到一条长裤，穿上一试，裤子长了一些。他请奶奶帮忙把裤子剪短一点，可奶奶说，眼下的家务事太多，让他去找妈妈。而妈妈回答他，今天她已经同别人约好去玩桥牌。男孩子又去找姐姐，但是姐姐有约会，时间就要到了。这个男孩子非常失望，担心明天穿不上这条裤子，他就带着这种心情入睡了。

奶奶忙完家务事，想起了孙子的裤子，就去把裤子剪短了一点；姐姐回来后心疼弟弟，又把裤子剪短了一点；妈妈回来后同样也把裤子剪短了一点。可以想象，第二天早上大家会发现这种没有管理的活动所造成的恶果。

由上述示例可以看出，任何集体活动都需要管理。在没有管理活动协调时，集体中每个成员的行动方向并不一定相同，甚至于可能互相抵触。即使目标一致，由于没有整体的配合，也达不到总体的目标，如图1-3所示。因此，管理的作用从本质上讲就是协调。

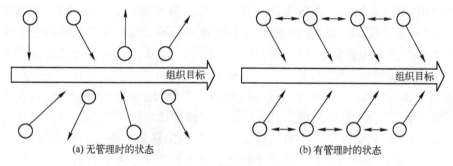

图1-3 管理的作用示意图

随着社会的发展，管理所起的作用也越来越大。20世纪以来，尤其是第二次世界大战以后，全世界掀起了管理发展热潮。当今管理已发展成为一门科学，管理队伍已成为一支大军。国际上公认管理、科学、技术是现代社会的三大支柱。有人说："19世纪是工业世纪，20世纪则作为管理世纪载入史册。"当今世界，各国经济水平的高低很大程度上取决于管理水平的高低。二战后，英国专家小组去美国学习工业方面的经验，他们发现英国在工艺和技术方面并不比美国落后很多。然而，英国的生产率水平同美国相比为什么相差的如此悬殊呢？进一步调查发现，关键在于英国的组织管理水平远远落后于美国。美国前国防部长麦克纳马拉曾说："美国经济的领先地位，三分靠技术，七分靠管理。"美国经济上的强大竞争力与美国在管理科学上的突飞猛进显然具有内在联系。

美国的邓恩和布兹特里斯信用分析公司在研究管理的作用方面也作了大量工作。多年来，他们对破产企业进行了大量调查，如表1-2所列。结果表明，在破产企业中，几乎有90%是由于管理不善造成的。

表 1-2 破产企业原因统计分析表

破产原因	所占百分比/%
企业管理者无能	44
缺乏管理经验	17
经验失衡	16
缺乏行业经验	15
疏忽	1
欺诈或灾害	1
原因不详	6

日本也不甘落后,在 20 世纪 50 年代末期总结经验的基础上,结合自己的国情,在全国迅速掀起了学习科学管理的高潮。60 年代,终于靠科学和管理两个车轮,日本经济开始腾飞,成为世界第二经济强国。他们自己总结说:"管理与设备,管理更重要。管理出效率,管理出质量,管理可以提高经济效益,管理为采用更先进的技术准备条件。""管理是生产力第四要素。"在总结机电工业成功的经验时认为"三分是靠良好的技术,七分在于良好的管理。"于是,形成了"三分七分论"——一个组织成败的关键,三分在良好的技术,七分在良好的管理。

在我国,管理是制约经济腾飞的瓶颈。诸多国外考察者认为:中国工业急需解决的问题,第一是管理,第二是管理,第三还是管理。美国长岛大学经济学教授帕诺斯·穆都库塔认为:"中国企业缺乏两项内在的原生资源:企业家精神和管理方法。"德鲁克曾说:"中国发展的核心问题,是要培养一批卓有成效的管理者。管理者不可能依赖进口。他们应该是中国自己培养的管理者,熟悉并了解自己的国家和人民,并深深植根于中国的文化、社会和环境当中。只有中国人才能建设中国。"比尔·盖茨坦言:"对中国人来说,管理的启蒙教育要比电脑重要一百倍。"朱镕基总理在一次会议中也指出:"……但是我认为科教兴国的基础在于教育。这个教育除了基础教育应该予以十分重视以外,对于专业教育我认为最重要的是管理方面的教育。目前,中国最缺乏的就是管理人才。"

因此,世界上无论是发达国家,还是发展中国家,都在自己社会经济发展的实践中认识到,管理具有重要的作用。"向管理要效益""管理也是生产力",这并非时髦的口号,而已成为人们的共识。

综上所述,关于管理的作用,至少可以归纳出以下六个方面。
① 管理能使现有资源获得最为有效的利用;
② 管理能促进作业活动,实现组织目标;
③ 管理可以使潜在生产力变为现实生产力系统;
④ 管理是当代人类社会加速进步的杠杆;
⑤ 管理会使科学技术这个最先进的生产力得到最充分的发挥;
⑥ 管理制约着生产力总体能力的发挥(有专家认为,在现有的技术和设备条件下,倘若切实改进管理,可提高生产力水平 1/3 以上)。

1.2 管 理 者

1.2.1 管理者及其分类

管理是管理者所从事的活动,为了更深刻地理解管理的含义,就要了解管理者以及管理者所从事的工作。

1. 管理者的定义

管理者是组织管理活动的主体,任何组织的管理活动都是与管理者密切相关的。大量事实证明,一个组织乃至一项活动的成功与失败,在很大程度上取决于管理者。那么什么是管理者?或者说,在一个组织中哪些成员属于管理者?关于这一问题,中外许多管理学家都站在各自的立场,从不同角度作了大量的表述。

管理者在组织中工作,但是并非所有在组织中工作的成员都是管理者。为简化起见,可以将组织成员分为两种类型:操作者和管理者。

操作者是指在组织中直接从事具体的业务,并且对他人的工作不承担监督职责的人,如工厂里的工人、饭店里的厨师、医院里的医生、学校里的教师、办公室里的打字员等。他们的任务就是做好组织所分派的、具体的操作性事务。

管理者则是指那些在组织中指挥他人完成具体任务的人,如公司的经理、医院的院长、学校的校长、系主任、机关中的局长、处长、科长等。他们虽然有时也做一些具体的事务性工作,如校长也可能讲课,医院院长也可能给患者做手术等,但是他们的主要职责是指挥下属工作。

综上所述,可以把管理者定义为在组织中从事并负责管理工作、有直接下属的人,即在组织中担负对他人的工作进行计划、组织、控制等工作以期实现组织目标的人。

2. 管理者的分类

在一个组织中有各种各样的管理者。每个管理者在组织中的作用和地位有所不同,拥有的权限和承担的责任有所差异。

1) 按管理者岗位层次划分

(1) 高层管理者。高层管理者是指主要负责组织的战略管理,并在对外交往中以代表组织"官方"身份出面的管理者。例如学校的校长等。其主要职责是:制定组织的总目标、总战略,掌握组织的大政方针,沟通与其他组织的联系,并评价整个组织的绩效。在很多情况下,高层管理者的工作将决定一个组织的成败。

(2) 中层管理者。中层管理者是指直接负责监督、协调基层管理人员及其工作,在组织中起到承上启下作用的管理者。例如,公司的部门经理、工厂的车间主任等。其主要职责是:贯彻执行高层管理者的意图,负责把任务落实到基层单位,并检查、监督和协调基层管理者的工作,确保任务的完成;完成高层管理者交办的工作,并提供进行决策所需要的信息和各种方案。简单地说,就是上情下达,下情上传,承上启下。

(3) 基层管理者。基础管理者也称为一线管理者,指处于作业人员之上的组织层次,负责作业人员及其工作方法的管理者。如车间的班组长、机关里的科长等。其主要职责是：给下属操作人员分配具体任务，制订作业计划，直接指挥和监督现场作业活动，保证各项任务的有效完成。与高层管理者和中层管理者相比，基层管理者所接到的命令是具体的、明确的，所能调动的资源是有限的。对上，他要报告任务的执行情况，反映工作中遇到的问题，并请求支持；对下，他是下属的导师、教练和助手。

上述分类中，高层、中层、基层是相对而言的。

不同层次管理者对不同管理职能的工作侧重如图1-4所示。从图中可以看出：①不同管理层次的管理者对于各管理职能的侧重不同。高层管理者行使管理职能，将较多地侧重于计划、组织和控制，对下级具体的面对面领导，花费时间较少，基层管理者的工作，侧重于对下级的激励，开展面对面领导，建立沟通机制。②对于某一管理职能，不同层次的管理者实施的具体内容不尽相同。例如，即使同样是开展计划工作，高层和基层管理者的计划内容有很大差异：高层管理者应关注全局的战略性问题，主要制订战略计划和年度计划，中层管理者制定季度和月计划，基层管理者关注具体工作，制订每周和每天的工作计划。

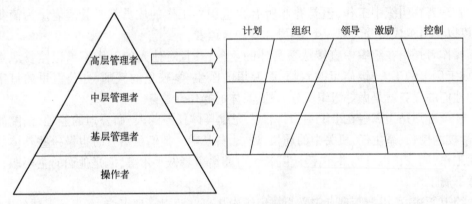

图1-4 管理层次与管理职能的关系

管理小故事——"旗动、风动还是心动？"

六祖惠能有一天到法性寺，看到两个和尚在飘动着法幡的旗杆下面争吵不休。一个和尚大声叫道："明明就是旗子在动嘛！这有什么好争论的？"另一个和尚反驳道："没有风，旗子怎么会动？明明就是风在动嘛！"两人争论不休，谁也不服谁，周围很快聚集了一堆看热闹的人，大家都议论纷纷，莫衷一是。

惠能叹了口气，走上前对众人说："既不是旗动，也不是风动，而是你们的心在动啊！"从管理的角度出发，这则故事能给我们什么启示呢？

2) 按所从事的管理领域和专业划分

(1) 综合管理者。综合管理者负责整个组织或组织中某个部门的全部活动。例如，工厂厂长、车间主任等都是管理者。他们是一个组织或部门的主管，对整个组织或该部门的目标的实现负全部责任；他们有权指挥和支配该组织或该部门的全部资源与职能活动，而不是只对单一资源或职能负责。

(2) 专业管理者。专业管理者是仅负责组织中某一类活动或业务的专业管理者。根据这些管理者所管理的专业领域性质的不同，可以具体划分为生产部门管理者、营销部门管理者、人事部门管理者、财务部门管理者等。不同专业领域的管理者,在履行管理职能中可能会产生在具体的工作内容侧重点上的差别。例如,同样开展计划工作,营销部门做的是产品定价、推销方式、分销渠道等计划的安排,人事部门做的是人员招募、培训、晋升等计划安排,财务部门做的则是筹资规划和收支预算。他们在各自的目标和实现途径的规定上都表现出很不相同的特点。

思考题:对管理者进行分类,对管理实践有何指导意义?

3. 管理者的错位

明确管理者的分类,对于搞好一个组织内部的管理是十分重要的。一方面,管理者可通过明确不同管理者的职责,推导不同管理者应该具备的素质,从而结合自己的实际情况,明确自己的努力方向;另一方面,管理者可以通过了解管理者的分类,清楚自己目前所处的地位和在组织中的角色分工,从而正确地履行自己的职责。

在管理实践中,管理者的错位是导致一个组织管理混乱的主要原因之一。所谓管理者错位,是指管理者在组织中没有履行其应该履行的职责,或者在工作中搞错了自己的角色,做了别人应该做的事。

思考题:常见的管理者错位现象有哪些?

最常见的管理者错位现象是:高层管理者事必躬亲,中层管理者热衷于上传下达,基层管理者只管贯彻落实不管最终结果。

1) 高层管理者:事必躬亲

在一个组织中,高层管理者的主要职责是决定组织发展的大政方针,并为组织创造良好的内外部环境,其具体任务是远景目标的提出、战略计划的制订、组织结构的调整、资源的合理调配、组织文化建设和重大公共关系处理等,也就是说高层管理者应致力于全局性问题的决策和组织环境的创造。但是,在现实管理实践中,我们却经常可以看到不少高层管理者热衷于组织内的具体事务,不论事情大小,喜欢自己亲自出面一竿子插到底。导致的最后结果是高层管理者手下无能人,且高层管理者越来越忙于具体事务的处理而无暇顾及有关组织发展的重大问题。事实上,在一个组织中,管理者要做的是别人不能替代的事情,而不是去抢做下属也能做的事情。

思考题:高层管理者事必躬亲,为什么会导致高层管理者手下无能人?

一般而言,当高层管理者越权干涉下属职权范围内的事务时,下属即使认为自己的行为是正确的,也不太会过于坚持,而会将这一事项通过请示等形式交给高层管理者来处理或直接按照高层管理者的指示开展工作。久而久之,下属就会养成"上级推一推,动一动,不推就不动"及"反正上级会过问,自己不用太操心"的不良习惯,整个组织中各项活动的开展会越来越依赖于高层管理者的亲自推动。

思考题:高层管理者为什么喜欢事必躬亲?

从管理实践看,导致高层管理者事必躬亲的主要原因有如下。

(1) 职业习惯或偏好的影响。一个人善于从事某项职业,往往与其所具有的某些个性特征有关,而通过专门的职业训练又会强化这些个性特征。例如,受过会计、工程技术长期训练的人,往往强调严格的程序、较高的精确性、仔细的观察和缜密的思考,使他们养成事无巨细亲自过问的习惯。而从事业务出身的人，往往注重于实干，而不愿只是发号施令。一旦他们走上管理者岗位，这种职业习惯就会影响他们进行授权：当他们授权给别人时，总感到不放心、不踏实，一旦有可能，他们就尽可能自己做，而不愿授权。同时，这些管理者通常也是因为他们对这些业务比较精通而走上管理者岗位的，因此在他们走上管理者岗位后，也常常喜欢自觉或不自觉地通过干涉这些具体的业务活动来满足自己的兴趣爱好和获得成就感。

（2）喜欢通过干预下属的活动来体现自己的地位。有的管理者对权力有特别的偏好，一旦走上管理者的岗位，就喜欢对他人指手画脚，以显示自己在这个组织中"老大"的地位。这类管理者对于下属职责范围内的事情，只要他有空看到了，不管自己懂还是不懂，都喜欢发表评论或指示，同时也喜欢下属无论大小事情都向自己请求汇报。他最希望看到的一种景象就是组织中的人都围着自己转。管理者自身计划组织能力差，不清楚自己的角色定位。这类管理者之所以常常事必躬亲，并不是因为他喜欢干涉他人的工作，而是因为他不清楚自己到底应该干什么。这类管理者平时工作也没什么计划，眉毛胡子一把抓，而且往往看到什么管什么，因而对小事特别是自己原来比较熟悉的工作往往投入较多的关注，而对自己应该做的有关组织长远发展的大事则往往由于没有切肤之痛而忽视。

（3）对他人的不信任。有的管理者之所以事事亲力亲为，是因为他对下属缺乏足够的信任。这种不信任可能是对下级能力的不信任，怕下级没有能力完成所要做的工作，认为要把某件事做好必须他自己去做，因而拒绝把工作放手给别人；也可能是对下级动机的不信任，怕下级"阳奉阴违"。

思考题：当高层管理者看到下级工作不当时，该怎么办？

2) 中层管理者：上传下达

在现实管理中，不少中层管理者误认为中层管理者的职责就是上传下达，即向下传达上级的指示精神，向上反馈基层的问题或呼声。因此，在履行自己的职责时，比较注重的是上级指示的准确记录和及时传达，下级问题或意见的收集和及时反映。

思考题：为什么说上传下达是对中层管理者职责的误解？

从信息传递的角度分析，由于信息和利益密切相关，从理论上而言，没有人愿意传递对自己不利的信息。据此，人们在传递信息的过程中会出现诸如报喜不报忧、欺上瞒下、伪造信息、歪曲信息等现象。随着信息技术日趋发展，中层管理者作为上传下达桥梁的作用也就大为削弱。

管理小贴士

有人曾把组织形象地比作一个人，组织中的高层管理者犹如人的大脑，要把握方向、构筑愿景、策划战略；中层则就是脊梁，要去协助大脑传达指令和完成操作，并指挥四肢即基层有目的的选择执行途径、优化工作流程，将高层的领导意图和战略决策更好的贯彻到实际工作中。所以人们习惯于把中层管理者看成是老板的"替身"，老板的"喉舌"，也是支持大脑的"脊梁"。如果支持大脑的"脊梁"发生了病变，势必造成肢体和躯干的活动障碍，甚至出现整体的"瘫痪"。由此可见，如何充分发挥中层管理者的作用，就成了摆在高层管理者面前的重要课题。

事实上,一个组织中之所以需要增加一个管理层次,是因为高层管理者需要面对的问题太多、需要做的管理工作太多,希望通过增设中层管理者,由中层管理者来替其挡住某一方面或层面的问题,做好某一部分管理工作,使高层管理者能够集中精力考虑组织发展的重大问题。因此,中层管理者不仅要发挥信息传递的功能,更要发挥"脑袋"的功能,在正确理解上级指示精神的基础上,创造性地结合本部门的实际,有效地指挥下属开展工作,并把自己职权范围内的事情处理好。

3) 基层管理者:只管贯彻落实不管最终结果

作为一名基层管理者,最基本的任务就是保证完成上级下达的各项任务,为此不仅要进行贯彻落实,而且要加强现场指导监督,及时解决工作中出现的各种问题,随时掌握工作进展情况。

但不少的基层管理者却只管任务的贯彻落实而不管最终的结果。典型情况就是当其上级询问某项工作的进展时,只会说已经布置下去了,至于这项工作下属做了没有,做得怎么样,则一问三不知。基层管理者是组织中最底层的管理者,如果基层管理者对上级下达的各项任务的执行情况不闻不问,任务做到哪里算哪里,则整个组织也将随之漂浮。

还有的基层管理者则不清楚基层管理者的职责就是要保证上级下达的各项任务的完成,而是根据自己的好恶倾向或正确与否的判断来决定执行还是不执行上级的指令。他们常常自以为是,当他们认为上级的指示不符合自己的判断或难以贯彻时,就以各种借口拒不执行上级的指示。

思考题:当你认为上级指示不正确或与你的主张不一致时,你该怎么办?

在一个组织中,由于分工不同,各层面的管理者职责也不同。职位有高低,权力有大小,下级必须服从上级。在情况紧急时,下级对上级的指示,理解要执行,不理解也要执行,因为上级要对此项工作负责,就必须赋予其指挥的全权。更何况对于同一个问题,从不同角度看本来就有多种答案,下级从其角度出发认为不合理的事情从更高的层面看未必不合理。当然,在上级还没有做出决定或事情并不紧迫时,下级应履行作为一名组织成员的职责,及时将自己的观点、看到的情况向上级汇报,以便上级能及时掌握基层情况,更好地做出正确的判断。

正确地理解自己在组织中所处的地位和组织分工,明确各类管理者的职责,是一个管理者做好本职工作的基础。只有当管理者知道了自己应该履行的职责,他才会去做他应该做的事,并充分地运用其能力做好该做的事。

管理小贴士——职业管理者和业余管理者的区别

从某种程度上而言,职业管理者和一般管理者的区别,在于职业管理者在面对上级或各种矛盾时,知道什么时候该说"不行",什么时候应该说"行"。

不清楚自己角色定位的管理者常常会在上级征求其对某项工作的意见时,阿谀奉承,说什么"首长,您的看法嘛当然是正确的了。您就说我们该怎么做或什么时候开始实施吧"!而当上级决定以后,又常常从自己的角度出发,提出各种各样的理由,认为无法实施而拒不执行上级的决定,说什么"这怎么可能做得到呢"!

职业的管理者则相反,当上级事先征求其意见时,他会充分地发挥其聪明智慧,从实际出发,对上级的方案提出自己的意见,善于说"不行",借此体现自己的职业能力和水平。而一旦上级做出决定,则致力于贯彻落实,克服各种困难以完成任务,借此体现出自己良好的职业道德和对自己角色的正确认识。同样地,在管理实践中,职业管理者还懂得在目标一致的情况下,不在方式方法上与其他部门争高低,而在原则性问题上则坚持目标原则不妥协,从而既能与大多数人或在大多数情况下与其他部门协调一致,又能坚持原则履行好自己的职责。

1.2.2 管理者的素质及其培养

管理者要履行好自己的职责,运用好组织所赋予的权力,必须具有相应的素质。那么,一名合格的管理者应具备怎样的基本素质呢?

1. 管理者应具备的素质

一个人的素质包括品德、知识水平和能力三大方面。品德是推动个人行为的主观力量,决定着一个人工作的愿望和干劲;知识水平和能力代表了一个人的智能水平,决定着一个人实际的工作能力和发展潜力。素质是决定一个人为何做和能做什么、还能做什么的内在基础。

管理者应具备怎样的素质,一直是管理学家们关注的重点。科学管理之父泰勒曾具体说明一位"全面"的工长应具备的九种品质,法约尔也从身体、智力、道德、知识、经验等方面指出了作为一名管理者应具备的素质。

尽管在某个组织环境中能导致成功的素质,在另一个组织环境中可能不能导致成功,而且一个人的素质是由多方面的品质和能力组合而成的,特定品质的重要性会受到其他品质及其组合方式的影响,但现有的研究确实表明,某些品质和能力与管理的成功有密切的关系。以下是根据各方面的研究,总结出来的关于管理者基本素质的一个大致描述。

1) 品德

品德体现了一个人的世界观、人生观、价值观、道德观和法制观念,持续有力地指导着他对现实的态度和他的行为方式。作为一名管理者,从其所应履行的职责出发,应具有强烈的管理意愿和良好的精神素质。

思考题:为什么有的人有管理才能,却不能成为一名合格的管理者?

(1) 有强烈的管理意愿和责任感。如果一个人缺乏为他人工作承担责任、缺乏激励他人取得更大成绩的愿望,那么即使他已经走上了管理者岗位或者具有从事管理工作的潜能,他也不可能成为一名合格的管理者。管理愿望是决定一个人能否学会并运用管理基本技能的主要因素。现代行为科学研究认为,缺乏管理欲的人不可能敢作敢为,因此也就不可能在管理的阶梯上捷足先登。只有树立一定的理想,有强烈的事业心和责任感,一个人才会有干劲,勇挑重担,渴望在管理岗位上有所作为,有所贡献。所以,管理者首先要有强烈的管理意愿。

(2) 良好的精神素质。由于管理工作的特殊性,作为一名管理者,除了要有强烈的管理意愿外,还要有良好的精神素质,即要具有创新精神、实干精神、合作精神和奉献精神。面对复杂多变的管理环境,管理者要有创新精神,勇于开发新产品、开拓新市场、引进新技术、起用新人、采用新的管理方式,以适应时代发展的要求;要敢于冒风险,没有一定的承受风险的心理素质,也是不适合从事管理工作的;在组织发展过程中,往往会遇到各种意想不到的困难,会遇到强大的竞争对手,甚至遭受挫折和失败,这就要求管理者具有百折不挠的拼搏精神和吃苦耐劳的实干精神;管理者的工作依赖于他人的努力程度,管理者要有与人合作共事的精神,善于团结群众、依靠群众;同时管理者要有一种服务于社会、造福于人民的奉献精神,对事业执着追求,愿意为此在一定程度上牺牲个人利益。

2) 知识

知识是提高管理水平和管理艺术的基础与源泉。管理工作不仅要求管理者掌握专业知识,同时由于管理是一门综合性的科学,管理者应具有较广的知识面。一般来说,管理者应掌握以下几方面的知识。

(1) 政治、法律方面的知识。管理者要掌握所在国家执政党的路线、方针、政策,国家的有关法令、条例和规定,以便正确把握组织的发展方向。

(2) 经济学和管理学知识。懂得按经济规律办事,了解当今管理理论的发展情况,掌握基本的管理理论与方法。

(3) 人文社科方面的知识。如心理学、社会学方面的知识。管理的主要对象是人,而人既是生理的、心理的人,又是社会的、历史的人。学习一些人文社科方面的知识,有助于管理者了解管理对象,从而有效地协调人与人之间的关系和调动员工的积极性。

(4) 科学技术方面的知识。如计算机及其应用、本行业科研及技术发展情况等。无论管理什么行业,都要有一定的本专业的科技基础知识,否则就难以根据该行业的技术特性进行有效的管理。

3) 能力

这里的能力是指管理者把各种管理理论与业务知识应用于实践、进行具体管理、解决实际问题的本领。能力与知识是相互联系、互相依赖的,基本理论和专业知识的不断积累与丰富,有助于潜能的开发与实际才能的提高;而实际能力的增长与发展,又能促进管理者对基本理论知识的学习消化和具体运用。

每一位管理人员都在组织中从事某一方面的管理工作,都要行使一定的权力并承担相应的责任。管理是否有效,在很大程度上取决于管理人员是否真正具备了一名管理人员所必须具备的管理技能。美国管理学家卡特兹认为,管理者应该具备三种基本的管理技能:概念技能、人际技能和业务技能三大方面。

(1) 概念技能。概念技能是指对事物整体及相关关系进行认识、洞察、分析、判断和概括的能力。它要求管理人员能够正确、迅速地看到组织的全貌,了解组织内部以及组织与外部环境之间各相关事物之间的关系,找出关键性的影响因素,抓住问题的实质,果断地做出正确的决策。管理人员所处的层次越高,其概念技能就越重要。

(2) 人际技能。人际技能是指处理组织内外各种人际关系的能力。它不但包括领导能力,而且包括处理好与上级、同事以及组织内外其他相关人员关系的能力。它要求管理者了解和尊重别人的感情、思考方式和个性,能够敏锐地觉察别人的动机和需要,掌握评价和激励员工的技术和方法,从而在和谐的人际关系中,最大限度地调动员工的积极性,实现组织目标。

(3) 业务技能。业务技能是指使用某一专业领域内有关的工作程序、技术和知识完成组织任务的能力。虽然管理人员不必像专业技术人员那样掌握精深的专业知识和技能,但他还是要了解并初步掌握与其管理的领域相关的基本知识和技能,否则就很难与其所主管的领域内的专业技术人员进行有效的沟通和相互理解。对于基层管理人员来说,技术技能尤为重要,因为他更经常地与下属作业人员打交道。因此,基层管理人员必须具备一定的技术技能,才能更好地指导和培养下属,才能成为受到下属尊敬的有效管理者。

卡特兹同时指出,成功的管理者应该具备较高的概念、人际和业务技能,但由于各个层次的管理者所承担的主要职责不同,因此对于不同层次的管理者而言,这三种技能的重要程度也是不同的,如图1-5所示。

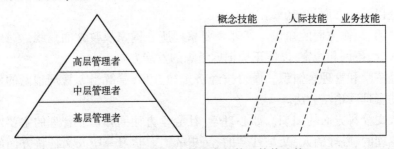

图1-5　不同层次管理者的管理技能比较

对于高层管理者来说,其对组织的全局性工作负责,需要制定组织发展战略,需要代表组织对外沟通和联络。所以,高层管理者应具备较强的概念技能;基层管理者主要的任务要完成组织具体的业务工作,所以在管理技能方面侧重业务技能;由于管理者的工作对象是人,因此人际技能对于各个层次的管理者来说都是重要的。

当一位基层管理者晋升为中层管理者或高层管理者时,应该意识到管理角色的转换,以及管理技能侧重点的转换,应该注重概念技能和人际技能的提高。

思考题:在学术上有杰出成就的科技人员,为什么在管理岗位上不一定称职?

从上述管理者应具备的基本素质的描述中可以看到,并不是什么人都适合走上管理者岗位的。一个人即使在业务上很突出,但如果不具备以上管理者所应具备的各方面品质、知识和能力的话,也就难以履行好作为一名管理者所应该履行的职责。我们不能仅根据某人业务上的表现来提拔或任命其为管理者,而应该进一步结合其是否具备管理者的基本素质来确定其是否适合走上管理者岗位。

2. 管理知识的获得与能力的培养

在管理者的基本素质构成中,良好品德的形成取决于各种因素,特别是社会教育和家庭教育,是一个长期的过程,而且一旦成型就较难改变。这里,我们只讨论管理者知识获得和能力提高的方法。

管理者如何才能获得上述应具备的知识和能力呢?经济学家巴曙松曾说过:"管理知识系统积累有两种途径。一是Street smart,即通过实践锻炼,但这种方式仅仅依靠直觉和经验而没有系统地学习管理知识;二是 Book smart,即通过教育培训或课程学习的方式系统学习管理知识,但这种方式又缺乏实践经验的积累,因此,管理知识的获得应将两种方式结合起来。"

1) 通过教育获得各方面知识和管理技能

许多成功的职业管理者的经历都证明,要获得管理上的成功,接受正规的管理教育是极为必要的。即使是获得了管理学学士或硕士学位,许多有眼光的管理人员也并没有就此感到已经学到头了。许多专职的高级管理人员现在仍不定期地回到学校学习,第一线的管理人员也经常利用业余时间进修有关管理的课程,许多大型企事业单位都设有专门培训管理人员的培训中心,对管理者的继续教育,投入了大量的资金。

管理小贴士

MBA(Master Of Business Administration),工商管理硕士(简称"工管硕士")。工管硕士是源于欧美国家的一种专门培养中高级职业经理人员的专业硕士学位。工管硕士是市场经济的产物,培养的是高素质的管理人员、职业经理人和创业者。工管硕士是商业界普遍认为是晋身管理阶层的一块垫脚石。现时不少学校为了开拓财源增加收入,都与世界知名大学商学院学术合作,销售他们的工商管理硕士课程。工管硕士培养的是高质量的职业工商管理人才,使他们掌握生产、财务、金融、营销、经济法规、国际商务等多学科知识和管理技能。你知道 MPA、EMBA 的含义吗?

除了各种各样的学校正规教育外,国内外目前对管理人员的培训主要内容如下。

(1) 最新管理知识讲座。讲授国内外新出现的管理理论与成功企业新创造的管理方法。

(2) 管理热点问题专题讨论。针对某个现实问题,请有关专家和管理者共同进行探讨,在讨论中共享经验和知识。

(3) 管理核心课程。传授经典的管理基本原理、基本原则和基本方法等,可作为管理者的上岗培训或管理入门学习。

(4) 管理技能培训。针对某项管理技能,通过案例分析、情景模拟等方法,进行理论知识传授和实践相结合的培养,可作为管理者的在岗培训或管理专业学习。

(5) 管理经验交流。针对某些特定的管理问题,请具有丰富经验的管理者传授管理技巧,或一群管理者共同交流从事管理工作的经验,以共同提高管理水平,可作为提高管理者技能的重要手段。

思考题:通过学校的正规教育,就能培养出合格的管理者吗?

正规教育的好处是能使学生集中精力学习,熟悉关于管理方面的最新研究成果和各种不同的管理理论。许多有实践经验的管理者通过系统的理论学习和再教育,开阔了眼界,丰富了知识,管理的能力和水平有了进一步的提高。但这种教育方法,由于要适应众多学生的要求,课程设置往往过于一般化,学生很难从学校的学习中学到具体的管理技能。要想获得较全面的、较具体的管理技能,除了正规学习与教育外,更主要的是在实践中提高。

2) 通过实践提高管理能力

实践是提高管理技能的最有效的方法。一个人即使把管理的理论、原则、方法背得滚瓜烂熟,也不一定能成为一名成功的管理者。要想成为一名成功的管理者,就必须通过实践,只有在实践中才会碰到一名管理者每天会碰到的各种问题、压力和各种严峻的考验。实践可进一步深化书本知识,促使管理者对管理问题作深入地探索,从而获得对管理的更深认识。

管理小贴士——管理的"九段三十六级"

管理九段		三十六级			
一段	经验管理	1 随机管理	2 纪律管理	3 管理组织	4 管理目标
二段	效率管理	1 计划管理	2 规范管理	3 效率管理	4 顾客满意
三段	成本管理	1 成本计划	2 成本中心	3 利润中心	4 效益管理
四段	质量管理	1 质量保证	2 质量认证	3 质量文化	4 信誉保证
五段	柔性管理	1 特色产品	2 柔性生产	3 柔性组织	4 人性为本
六段	知识管理	1 知识共享	2 学习组织	3 知识联盟	4 知识分配
七段	创新管理	1 个人创新	2 企业创新	3 联合创新	4 创新文化
八段	文化管理	1 文化形成	2 塑造文化	3 文化产品	4 文化战略
九段	战略管理	1 经营战略	2 特色战略	3 发展战略	4 战略艺术

1.3 管 理 学

1.3.1 管理学的特性

管理学作为一门学科与其他许多学科不同,具有其自身的特点,如管理学是一门综合性学科,管理学既是科学又是艺术,管理学是一门不精确的学科等。要用系统的观点来学习管理,了解管理学的这些特点,将有助于加深理解本书的内容。

1. 管理学是一门综合性学科

管理学的综合性表现为:在内容上,它需要从社会生活的各个领域、各个方面以及各不同类型组织的管理活动中概括和抽象出对各门具体管理学科都具有普遍指导意义的管理思想、原理和方法;在方法上,它需要综合运用现代社会科学、自然科学和技术科学的成果,来研究管理活动中普遍存在的基本规律和一般方法。

要搞好管理工作,必须考虑到组织内部和外部的多种错综复杂的因素,利用经济学、数学、管理经济学、工程技术学、心理学、生理学、仿真学、行为科学等学科的研究成果和运筹学、系统工程、信息论、控制论、电子计算机等最新成就,对管理进行定性的描述和定量的预测,从中研究出行之有效的管理理论,并用以指导管理的实际工作。所以,从管理学与许多学科的相互关系看,可以说,管理学是一门交叉学科或边缘学科,但从它要综合利用上述多种学科的成果才能发挥自己的作用来看,它又是一门综合性的学科。

2. 管理学既是科学又是艺术

1) 管理学是一门科学

管理学是一门科学,这是因为管理学研究管理过程中的客观规律,由一整套的原则、主张和基本概念组成,使得我们能够对具体的管理问题进行具体分析,并进而获得科学的结论,从这个意义上说,它是一门科学,可以学习和传授。例如,通过本课程的学习,你将懂得如何确立目标,如何进行计划,如何设计组织结构,掌握激励下级的方法和各种控制技术,将给你介绍许多作为管理者要用到的管理知识和具体分析管理问题的思维方法。

2) 管理学是一种艺术

为什么说管理学又是一种艺术呢?这是因为艺术的含义是指能够熟练地运用知识,并且通过巧妙的技能来达到某种效果。而有效的管理活动正需要如此。真正掌握了管理学知识的人,应该能够熟练、灵活地把这些知识应用于实践,并能根据自己的体会不断创新。这一点同其他学科不同,学会了数学分析,就能求解微分方程,背熟了制图的所有规则,就能画出机器的图纸。管理学则不然,背会了所有管理原则,不一定能够有效地进行管理。重要的是培养灵活运用管理知识的技能,这种技能在课堂上是很难培养的,需要在实际管理工作中去掌握。

也有管理学者认为,管理其核心就是管理人和事。从这个角度讲,管事体现出管理的科学性,管人则更多地体现出管理的艺术性。

3. 管理学是一门不精确的学科

在给定条件下能够得到确定结果的学科称之为精确的学科。数学就是一门精确的学科,只要给出足够的条件或函数关系,按一定的法则进行演算就能得到确定的结果。管理学则不同,在已知的条件完全一致的情况下,有可能产生截然相反的结果。用管理学术语来解释这种现象,就是在投入的资源完全相同的情况下,其产出却可能不同。例如,两个军工企业,已知其生产条件、人员素质和领导方式完全相同,他们的经营效果可能相差甚远。为什么会有这种现象出现?这是因为影响管理效果的因素太多,许多因素是无法完全预知的,如国家的方针、政策和法令,自然环境的突然变化与其他企业的经营决策等。这种无法预知的因素被称之为"本性状态"。正是由于"本性状态"的存在,才造成了管理结果的多样性。实际上,所谓"两个企业的投入完全相同"这句话本身就是不精确的,因为投入不可能完全相同,即使面上在数量、质量、种类方面完全相同,人的心理因素也不可能完全相同。管理主要是同人发生关系,对人进行管理,那么人的心理因素就必然是一种不可忽略的因素。而人的心理因素是难以精确测量的,它是一种模糊量。诸如人的思想、感情、个性、作风、士气,以及人际关系、领导方式、组织文化,等等,都是管理学的研究对象,又都是模糊量。在这样复杂的情况下我们还没有找出更有效的定量方法,使管理本身精确化,而只能借助于定性的办法,或者利用统计学的原理来研究管理。因此,我们说管理是一门不精确的学科。

4. 管理学是一门软科学

第一,软科学是和硬科学相对应的一种说法,它借用了计算机技术中软件与硬件这两个术语的含义。一般把计算机主机及其外围设备称为硬件;而把有关计算机应用的技术及其程序称为软件。如果有了硬件,能否充分运用硬件,发挥计算机的全部功能,则取决于软件的优劣。管理情况与计算机的情况相类似,如果把组织中的人力、财力和物力看作硬件的话,管理就是软件。充分地调动人的积极性,发挥他们的内在潜力,有效地利用财力和物力,用较少的消耗,取得较大的效益,正是管理的任务。这是把管理看成软科学的第一层含义。

第二,管理本身不能创造价值,它必须借助于被管理者及其他各种条件,并通过他们来体现管理的价值。这种价值很难从其他人创造的价值中明确地区分出来,究竟管理创造了多少价值,完全是一种模糊的概念。一份资料中记载,朝鲜战争爆发前8天,兰德公司通过秘密渠道告知美国政府,他们通过大量的人力物力和资金研究了一个课题:如果美国出兵,中国的态度将会怎样?而且已经得出结论——中国必将出兵朝鲜!索价500万美元。美国政府认为这家公司一定是疯了,一笑置之。在几年后美军被打得丢盔弃甲、狼狈不堪时,居然用280万美元买下了这份"过时"的报告。当麦克阿瑟将军得知这件事后,感慨道:"我们最大的失策是怀疑咨询公司的价值,舍不得为一条科学的结论付出不到一架战斗机的代价,结果是我们在朝鲜战场上付出了830亿美元和10万多名士兵的生命。"目前,管理的作用和价值被很多所谓的"管理者"忽视,他们高傲的认为:"管理不过是耍耍'嘴皮子',技术才是'王道'!"这样的案例屡见不鲜。

第三,若想通过管理来提高效益,是有一个时间过程的;其效益只能通过较长的时期之后才能看得出来。这不像设计了一种新产品,生产出来,销路不错,就能见到明显的成效。一种新产品设计方案在没有正式投产之前,人们就能对它进行比较准确的评估,预知其将来所带来的效益。一项管理措施在没有实施之前,总会有各种不同的看法,有些管理措施甚至在实施相当长时间之后,还不能准确的评价。特别值得注意的是,对管理措施的各种方案不易在事前进行评价,又不好逐项进行实验。因此,在选择管理措施时,往往主要取决于管理者的主观判断。即使某项措施经实践证明是无效的,也不能说明其他措施就一定有效。根据这些实际情况,人们把管理看成软科学。

5. 管理学的系统观点

在一个组织中,它的每个要素的性质或行为都将影响整个组织的性质和行为,这是因为组织内的各要素是相互联系、相互作用、相互影响的,而且组织作为一个整体是由各要素的有机结合而构成的。因此在进行管理时,就要考虑各要素之间的相互关系,考虑每个要素的变化对其他要素和整个组织的影响。这种从全局或整体考虑问题的方式就称之为系统观点。

1) 系统的定义

系统的概念来源于美籍奥地利生物学家贝塔朗菲于20世纪40年代创立的一般系统论,他认为系统是"相互作用的诸要素的综合体"。我们采用钱学森院士给出的对系统的描述性定义。

所谓系统,是指在一定环境下,由相互作用和相互依赖的若干组成部分结合的具有特定功能的有机整体。

系统概念有四层含义。

第一,系统由两个以上要素组成。要素是针对系统而言的,一个大系统往往是由若干个小系统和要素组成的。

第二,这些要素相互作用、相互依赖,按一定的方式结合而成。因此,系统具有不同的结构。

系统的结构是指系统内部要素之间在时间、空间等方面的有机联系、相互作用的组织机构、方式和秩序。分为空间结构(如金刚石和石墨)和时间结构。时间结构是指系统结构的变动性和流动性,物质世界没有绝对不变的结构。

第三,由于要素间的相互作用,系统整体具有不同于各组成要素(部分)的新功能。

第四,系统存在于环境中,并与环境发生作用。

2) 系统的类型

(1) 按自然属性:自然系统与人工系统。

① 自然系统是由自然发生而产生与形成的系统。如海洋系统、矿藏系统、生态系统、太阳系、宇宙系等都属于自然系统。

② 人工系统是人们将有关元素,按其属性和相互关系组合而成的系统。如各种工程系统、军事预警系统、管理系统和社会系统、科学体系和技术体系等都属于人工系统。

(2) 按物质属性:实体系统(硬件系统)与 概念系统(软件系统)。

① 实体系统是指以物理状态的存在物作为组成要素的系统,这些实体占有一定空间。实体系统也称为硬件系统。

② 概念系统是由概念、原理、假说、方法、计划、制度、程序等非物质实体构成的系统。概念系统也称为软件系统。

(3) 按运动属性:动态系统与静态系统。

① 动态系统就是系统的状态变量是随时间不断变化的,即系统的状态变量是时间的函数。

② 静态系统则是表征系统运行规律的数学模型中不含有时间因素,即模型中的变量不随时间而变化,它是动态系统的一种极限状态,即处于稳定的系统。

(4) 按与环境的关系:孤立系统、封闭系统与开放系统。从热力学角度按系统与环境的关系来看,系统可分为孤立系统、封闭系统与开放系统。

① 孤立系统是指系统与外界环境既不可能进行物质交换,也不可能进行信息、能量交换。换句话说,系统内部的物质和信息能量不能传至外部,外界环境的物质和信息能量也不能传至系统内部,如图 1-6(a)所示。

② 封闭系统是指系统与外界环境之间可以进行信息、能量交换,但不能进行物质交换。例如,地球和太阳、宇宙背景的关系,当忽略辐射粒子的物质交换时,它们之间仅存在着能量交换,所以地球可近似看作一个封闭系统,如图 1-6(b)所示。

③ 开放系统是指系统与外界环境有信息、物质和能量交互作用的系统。例如,商业系统、生产系统或生态系统都是开放系统。在环境发生变化时,开放系统通过系统中要素与环境的交互作用以及系统本身的调节作用,使系统达到某一稳定状态。因此,开放系统通常是自调整或自适应的系统。开放系统是具有生命力的系统。一个国家、一个地区、一个企业都应该是一个开放系统,通过和外界环境不断地交换物质、能量和信息,而谋求不断的发展,如图 1-6(c)所示。

研究开放系统,不仅要研究系统本身的结构与状态,而且要研究系统所处的外部环境,剖析环境因素对系统的影响方式及影响的程度,以及环境随机变化的因素。由于环境是动态变化的,具有较大的不确定性,甚至可能出现突变的环境,因此当一个开放系统存在于某一特定环境之中时,该系统必须具有某些特定的功能,才能具有继续生存和发展的条件。

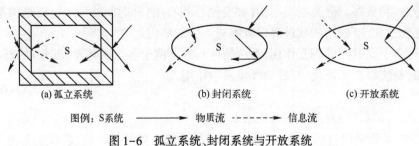

图1-6 孤立系统、封闭系统与开放系统

3) 系统的特性

(1) 目的性。系统本身就具有一定的目的。要达到既定的目的,系统都具有一定的功能,而这正是一个系统区别于另一个系统的主要标志,所以说系统具有目的性。

系统的目的一般用更具体的目标来体现,系统各要素就是为实现系统的既定目标而协调于一个整体之中,并为此进行活动。系统活动的输出相应就是系统目的性的反映。从这个角度讲,管理的基本矛盾其实可以理解为"有限的资源与相互竞争的多种目标之间的矛盾"。管理活动本质上就是如何科学协调系统内部的多种目标,有效利用资源。

(2) 层次性。系统作为一个相互作用的诸要素的总体,可以分解为一系列的子系统,并存在一定的层次结构。层次性是系统最基本的特性之一,因为组成系统的每一要素都可看作系统的一个子系统,子系统也可进一步细分为二级子系统等。同时,系统本身又属于另一更大系统的子系统,这就充分反映了系统所具有的层次性。系统的层次结构一般如图1-7所示。

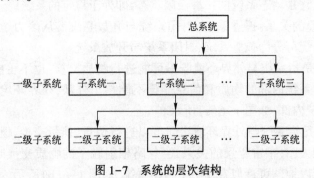

图1-7 系统的层次结构

(3) 整体性。系统是一个由两个或两个以上的可以相互区别的要素构成的整体,从而系统还必须具有整体性。系统的整体性是其最基本也是最重要的性质。包括两层含义:

第一,要素与系统不可分割。任何一个要素不能离开整体去研究,要素间的联系和作用也不能脱离整体的协调去考虑。系统不是各个要素的简单集合,否则它就不会具有作为整体的特定功能。脱离了整体性,要素的机能和要素间的作用便失去了原有的意义,研究任何事物的单独部分不能使你得出有关整体性的结论。例如,一艘舰船由许多系统构成,每一个系统离开了舰船就会失去原有的作用,但舰船失去某一系统其作战能力也会大打折扣。

① 系统通过整体作用支配和控制要素。当系统处于平衡稳定条件时,通过其整体作用控制和决定各要素在系统中的地位、排列顺序、作用性质和范围大小。在系统整体中,

每个要素及要素之间的相互关系都由系统决定。

② 要素通过相互作用决定系统的特征和功能。一般有两种趋势：如果要素的组成部分和数量具有一种协调、适应的比例关系，则维持系统动态平衡和稳定，促使系统走向组织化、有序化；反之，则破坏稳定甚至使系统衰亡。

③ 系统和要素的概念是相对的。

思考题：医生看病时如果"头痛医头，脚痛医脚"，不从整体上考虑和分析，结果会怎样？

第二，整体功能大于部分功能之和。系统的整体功能不等于系统的各要素功能的简单相加，而在于各要素间的合理配合与有机结合。管理中要树立整体观念，剔除那些产生负功能和虚功能的子系统，系统内耗，避免出现 $1+1<2$ 的结果；注重各子系统间优化配置，从系统整体功能满意而非最优考虑，利用各子系统功能特点，而不是只考虑单个子系统的功能最大。

在一个系统整体中，即使每个要素并不很完善，但它们也可以协调、综合成为具有良好功能的系统。反之，即使每个要素都是良好的，但作为整体却不具备某种良好的功能，也就不能称之为完善的系统。因此，系统不是各部分的简单组合，而要有统一性和整体性，要充分注意各组成部分或各层次的协调和连接，提高系统的有序性和整体的运行效果。

思考题：世界上每个位置最优秀的足球运动员在一起能否组成最强的足球队呢？

（4）有序性。由于系统的结构、功能和层次的动态演变具有某种方向性，因而系统具有有序性的特点。有序性即结构或内部状态的有序性，是指要素在系统中的位置或次序以及它们之间的联系能够产生一定的功能。一般系统论的一个重要成果就是把生物和生命现象的有序性和目的性同系统的结构稳定性联系起来，也就是说，有序性能使系统趋于稳定，有目的才能使系统走向期望的稳定系统结构。

（5）相关性。任何一个要素在系统中的存在和有效运行，都与其他要素有关。它们之间相互联系、相互影响、相互制约，所以系统还具有相关性。系统中各要素相互制约，它们之中若有一要素发生变化时，则应对其他相关联的要素做出改变和调整，以保证系统整体最佳状态。相关性说明这些要素之间相互联系的特定关系，以及这些关系之间的演变规律。例如，城市是一个大系统，它由资源系统、市政系统、文化系统、教育系统、医疗卫生系统、商业系统、工业系统、交通运输系统、邮电通信系统等相互联系的部分组成，通过系统内各子系统相互协调的运转去完成城市生活和发展的特定目标。

（6）环境适应性。任何一个系统和包围该系统的环境之间通常都有物质、能量和信息的交换，外界环境的变化会引起系统特性的改变，相应地引起系统内各部分相互关系和功能的变化。为了保持和恢复系统原有特性，系统必须具有对环境适应的能力，不能适应环境变化的系统是没有持续生命力的。只有经常与外界环境保持最优适应状态的系统，才能够保持不断发展势头，使其最终生存下来。

综上所述，任何一种组织都可视为一个完整的开放的系统或为某一大系统中的子系统。在认识和处理管理问题时，应遵循系统的观点和方法，以系统论作为管理的指导思想。强调运用系统理论和方法，在确定或不确定的条件下，对管理对象诸要素及其相互关系进行充分的系统分析和综合,以实现管理的最佳目标。

1.3.2 管理学的研究对象与方法

管理学是一门综合性的交叉学科,是系统研究管理活动的基本规律和一般方法的科学。它以一般组织的管理活动为研究对象,以辩证唯物主义思想为根本指导思想,运用理论联系实际、比较和历史研究等方法,来概括和总结管理的规律性,形成一定的理论体系。这个理论体系来源于实践,又用于指导实践。随着社会的不断进步,科学技术的飞速发展,以及管理活动内容的日益丰富,管理在人们的实际生活中和在生产过程中的作用越来越受到广泛关注和重视,这就为全面地、系统地研究管理活动过程中的客观规律和一般方法提供了必要的条件和基础,从而使管理学的研究不断得到充实和发展。比起过去和现在,管理在未来的社会中将处于更加重要的地位。

1. 管理学的研究对象

管理学是一门从管理实践中形成和发展起来的,系统的研究管理活动及其基本规律和一般方法的科学。它是由一系列的管理职能、管理原理、管理原则、管理方法、管理制度等组成的科学体系。由于管理活动总是在一定的社会生产方式下进行的,因此管理学研究对象的范围涉及社会的生产力、生产关系和上层建筑三个方面。在生产力方面,管理学主要研究如何合理地组织生产力,如何配置组织的人、财、物等,使各要素充分发挥作用,实现组织的目标,获取最佳的组织效益和社会效益。在生产关系方面,研究如何协调组织与国家、各社会利益团体和员工的经济合作关系;研究如何正确处理组织中人与人的关系,如何建立完善的组织机构和管理体制;如何调动组织内成员的积极性,为实现组织目标而服务。在上层建筑方面,主要研究如何使组织的规章制度和文化与社会的政治、经济、法律道德等上层建筑保持一致,从而维持正常的生产关系,促进生产力的发展。

从历史的角度出发,管理学着重研究管理实践、思想、理论的形成、演变和发展,知古鉴今。

从管理者的角度出发,管理学主要研究管理过程中的客观规律和方法,主要包括管理活动的职能;执行管理职能中涉及因素;在执行各项职能中应遵循的原则,采用的方法、程序和技术;执行职能中会遇到的阻力和障碍,如何克服它们等。

2. 管理学的研究方法

管理学是一门综合性的学科,它与经济学、社会学、心理学、政治学、法学、哲学、数学、统计学等都有关,它吸取了这些学科的有关部分,因此,管理学不仅研究范围十分广泛,而且研究的方法也多种多样,主要有以下几种。

1) 唯物辩证法

马克思主义的唯物辩证法是学习与研究管理学的总的方法论指导。毛泽东同志指出:"判定认识或理论是否真理,不是依主观上觉得如何而定,而是依客观上社会实践的结果如何而定。真理的标准只能是社会的实践。实践的观点是辩证唯物论的认识论之第一的和基本的观点。"

管理学产生于管理的实践活动。在管理的实践中,人们用全面的、历史的、发展的观点去观察和分析管理活动中的各种问题,经过提炼上升为管理理论;管理理论反过来通过实践指导人们的管理活动,验证管理理论的有效性,逐步发展和完善管理理论。因此,辩证唯物主义认识论作为人们认识自然和社会的一般规律,完全适用于人们对管理活动的认识。

2) 系统研究方法

要进行有效的管理活动,必须对影响管理过程中的各种因素及其相互之间的关系,进行总体的全面的分析研究,才能做到方法可行、决策合理,这就要运用系统方法,把管理对象作为一个系统来进行分析,研究影响管理过程的各种因素及其相互关系,研究该系统与其他系统之间的关系。

3) 理论联系实际的方法

管理理论来源于管理实践,并指导实践,同时在管理实践中不断修正、丰富和完善管理学。理论联系实际的方法,具体可以是案例分析法,也可以是边学习、边实践等方法。深入实际分析才能够认识诸多管理现象中所含的管理的本质特性。通过这种方法,有助于提高学习者运用管理的基本理论和方法去发现问题、分析问题和解决问题的能力,同时通过理论与实践的结合,可以使管理理论在实践中不断加以检验和发展。

4) 案例分析法

所谓案例分析,就是运用管理知识和管理理论,分析判断所给出的管理实践问题,并提出相应的对策建议。从分析结构上而言,案例分析应有论据、论证、论点。即要回答理论上是怎么认为的,结合本案例是怎样的情况,由此得出结论。案例分析重要的不是结论,而是分析思路,即为什么应该这样而不是那样。案例分析的关键在于能够将一个实际问题抽象成为一个理论问题,再寻找相应的理论依据,据此分析、判断实际问题,并得出相应的分析结论。

案例分析中所用的都是典型的案例,具有典型性、生动性、具体性,因而能够调动学习者的学习积极性,引导其独立思考,并提高学习者在不同情况下分析和解决管理问题的能力。

5) 权变的思维方法

管理知识都是有边界条件的,管理工作是丰富多彩的,管理知识应用于管理实践是灵活多变的,管理方式要因时制宜,因人而异,这就需要权变的思维。管理中没有数学和物理的公理和定理,没有"$1+1=2$"的严格等式,一个问题并不是仅有一个"标准答案",需要综合运用多种方法,同样一个目标可以有多种实现的途径,一项工作可以有多种计划来保证完成。研究和学习管理,需要有较强的思维能力,要善于通过掌握管理规律,根据管理环境的变化,找到一个满意而非最优的管理方法。

学 习 提 示

管理学是一门发展中的学科,本书所涉及的只是管理学中最基础的内容。管理学又是一门实践性很强的科学,读者只有在理论学习的基础上,通过不断地实践,才能真正掌握管理的真谛。

根据作者对管理学多年的学习和研究,认为学习管理的重点在于以下两个方面。一是,如何培养科学的管理思想。一位管理学家曾说:"对于管理工作,管理思想远比管理方法更重要。"因此,学习过程中要深入思考"什么是管理""为什么要管理""如何来管理""管理工作的出发点是什么"等"高大上"的管理问题,融会贯通各学派的管理思想与理论,逐渐树立正确的管理思想和科学的管理思维方式。二是,如何在扎实掌握管理理论和方法的基础上,发掘管理的内在规律,灵活运用这些理论与规律解决身边管理问题,提高理论应用能力。因此,学习过程中应掌握以下三种基本思维方式、四项基本原则和一个核心要素。

1. 三种基本思维方式

1) 管理基本思维方式之一:很难说——具体问题具体分析

对一个管理问题,不少人通常直接凭借过去的经验,做出迅速的决策和直接的回答,只有在决策被实践证明是错误时,才通过原因分析了解到此问题非彼问题,尽管形式上两者似乎一样。为了避免犯经验主义错误,管理者在面对管理问题时,首先要树立具体问题具体分析的思维方式,学会说"很难说",即管理"有规律,无定法"。管理学从某种意义上而言就是一门传授如何具体问题具体分析的思维和方法的学科。

2) 管理基本思维方式之二:统统摆平——目标导向、兼容并蓄

对一个管理问题,我们通过具体问题具体分析了解其实情后,不要先急于确定解决方案,而应先确定决策目标,即这个问题要解决到何种程度。决策目标不同,决策方案也就不同。在确定决策目标时,面对与这一问题相关的各个方面,很多人往往采取"非此即彼"的思维方式,只注重于与这一问题相关的一两个方面目标的实现。管理的功能在于以有限的资源投入获得尽可能多或高的目标实现,因此,管理者在面对一个管理问题时,所确定的决策目标应是尽可能取得我们对这一问题所看重的各个方面目标的实现,即要"统统摆平"。这也是业余管理者和职业管理者之间的区别之所在。

3) 管理基本思维方式之三:责任在我——解决问题从认识自我、改变自我着手

对一个管理问题,在寻求具体解决措施时,要从认识自我开始、从改变自我着手。因为在多变的环境中,唯一可控的就是我们自己,而且每一个人的价值观、能力结构、所处环境不同,所以对于同样的管理问题,不同的人有不同的解决方法。管理者要从认识自我着手,从自己是否很好地履行了管理者的职责着手分析组织中问题产生的原因,从改变自我行为着手来寻找解决问题之道。

2. 四项基本原则

管理者在具体开展管理工作时,则要坚持以下四项基本原则。

(1) 要以目标为中心,即要进行有效的管理,首先必须确立正确的目标,围绕目标开展各种管理工作,并最终以目标达成度来衡量管理效果。管理是一种手段,其目的就是为了帮助人们有效地实现其目标,目标错了,就一错百错;同时,偏离目标的行为是一种无效的行为。因此,在管理过程中,要始终把目标放在首位,以目标作为行动的指南和衡量的标准。

(2) 要以人为本,即管理者在进行管理工作时,要从研究人的需求出发,把协调人与人之间的关系、引导人的行为、激发人的积极性作为开展管理工作的基础。管理的目的是为了更好地满足人的需求,一切工作也都需要由人来进行设计、安排、落实、执行,管理者的管理对象主要是人,若缺乏对人的了解和研究,管理工作将会无的放矢或很难开展。

(3) 要随机应变,即要具体问题具体分析。在实际工作中,不存在普遍适用的管理

方法。学习管理学或他人先进的管理方法时,重要的是要学习其思想,至于具体的实施方法则要根据本组织的具体情况自行创造。只有把各种管理思想融会贯通,并结合本组织的实际创造性地加以运用,才能取得良好的管理效果。

(4) 要注重经济性,即要力求以比较经济的方法来达成目标。人们之所以需要管理,就是因为人们所拥有的资源是有限的,因此,不论从事什么工作、采用什么方法,都要考虑是否经济。只有时刻注意经济性,才能做到管理的有效性。

3. 一个核心要素

管理是人们为有效实现目标而采用的一种手段,其效果取决于管理者的水平。由于管理职能要由人来履行,以上四项原则的贯彻也有赖于人。因此,有效管理的核心是提高管理者的素质。只有提高管理者的素质,使其掌握有效管理的思想、方法和技巧,才能正确地贯彻以上四项原则,达到有效地实现组织目标的目的。所以要提高一个组织的管理水平,关键在于提高组织中管理者的素质。

以上是我们学习管理学的心得,也是本书写作的指导思想,在这里奉献出来,供读者阅读本书时参考。

本 章 小 结

管理产生的原因在于人的欲望的无限性与人所拥有的资源的有限性之间的矛盾,这也是管理的必要性所在。管理的功能在于通过科学的方法提高资源的利用率,力求以有限的资源实现尽可能多或高的目标。

管理是为实现组织目标,通过计划、组织、控制、领导和激励等管理职能的发挥,有效协调人、财、物、时间、信息等要素的过程。管理从本质上而言是人们为了有效地实现目标而采用的一种手段,有效的管理既讲求效率,也讲求效益。因此,管理者开展管理工作的出发点可归结为"一个中心,两个基本点"。

管理者是组织中的角色,为了通过分工协作以充分发挥组织的功能,人们将组织成员分为管理者和操作者。管理者是指在组织中指挥他人完成具体任务的人,在组织中担负对他人的工作进行计划、组织和控制等工作,以期实现组织目标。管理者按岗位层次可以划分为基层管理者、中层管理者和高层管理者。明确各自的地位是管理者履行好自己职责的基本前提。管理者要履行其职责必须具有一定的知识和技能,这些知识和技能可以通过正规教育和不断实践获得。

管理学是一门系统研究管理活动的基本规律和一般方法的科学,是一门实践性很强的综合学科,它所提出的管理基本原则、基本思想是各类管理学科的概括和总结,是整个管理学科体系的基石。管理学的研究范围很广,研究方法很多,并有其自身的特点。在管理学中几乎不存在什么纯粹的定律,它需要借助多种知识、方法和手段,在运用时具有较强的技巧性、创造性、灵活性和艺术性,并处于不断更新、完善和大发展之中。

管理在中国必将成为第一生产力。人们在生活中已开始认识到良好的管理对整个社会的重要性。学习管理,对于那些想从事管理工作的人,可得到其成为更有效的管理者的系统知识;对于那些不想从事管理的人,则可以帮助其了解上级的行为方式和组织内的活动,并有助于其个人理想的实现。

习　题

1. 管理产生的原因是什么?管理是不是在任何情况下都是必需的?
2. 什么是管理?你是如何理解管理这一概念的?
3. 管理的目的是什么?什么是管理的五要素?在管理的五要素中,你认为哪个要素最重要,为什么?
4. 管理者在管理活动中追求的是什么?
5. 对于管理的"一个中心,两个基本点",你认为这两个基本点哪个更重要,为什么?
6. 管理可以理解为"追求 1+1>2 的过程",有没有需要 1+1<2(部分功能之和大于整体功能)的时候呢?
7. 管理中遵循的为什么是满意原则,而不是最优?
8. 管理的基本职能有哪些?它们之间有什么关系?
9. 管理者在组织中起什么作用?当管理者在组织中的地位发生变化时,其管理工作有何异同?
10. 一名合格的管理者应该具备怎样的素质?应如何培养和提高自己的管理素质?
11. 为什么说管理是科学性与艺术性的统一?
12. 为什么说管理学是一门不精确的学科?
13. 何谓系统?如何理解系统的概念?
14. 请说出下面体现了系统的什么特性?

(1) 某城市一直存在"打车难"的问题。因此,很多市民强烈要求增加出租车数量。但是,如果仅仅增加出租车数量,而道路和车辆调度与管理又没有相应措施,就会进一步加剧城市拥堵。

(2) 春、夏、秋、冬依次更替。

(3) $100-1=0$。

(4) 小明一顿饭要吃三个馒头。一天,小明问爸爸:"我能不能只吃第三个馒头呢?"。

(5) 学员队严格一日生活制度。

(6) 三个臭皮匠,顶个诸葛亮。

(7) 大三了,小张看着身边的同学有的准备复习考研,有的在办公室学习管理和政工,有的在文艺团队培养特长……有些不知所措。他与很多同学进行了交流,但同学们各有各的说法,听着都有道理,自己还是不知道应该怎么办。请教教导员后得知,自己不知道应该怎么办,主要是因为自己没有清楚的目标定位。

15. 如何学习和研究管理学?
16. 通过本章的学习,你对管理有了什么新的认识和见解?

第 2 章 管理思想发展史

【学习目的】

(1) 了解中国早期管理思想的基本观点,并能有所借鉴应用;
(2) 明确 20 世纪前西方管理思想的主要贡献;
(3) 掌握泰勒的主要管理思想;
(4) 掌握法约尔的一般管理理论及主要思想;
(5) 理解马克斯·韦伯的官僚行政组织思想;
(6) 掌握古典管理理论的局限;
(7) 掌握霍桑实验的主要研究内容及对管理的贡献;
(8) 了解现代管理理论发展的特点及主要流派。

管理从 19 世纪末才开始形成一门学科,但是管理的观念和实践已经存在了数千年。纵观管理思想发展的全部历史,大致可以划分为四个阶段。

第一阶段为早期的管理思想,产生于 19 世纪末以前。

第二阶段为古典的管理思想,产生于 19 世纪末到 1930 年之间,以泰勒与法约尔等人的思想为代表。

第三阶段为中期的管理思想,产生于 1930 年到 1945 年之间,以梅奥与巴纳德等人的思想为代表。

第四阶段为现代管理思想,产生于 1945 年以后。这一时期管理领域非常活跃,出现了一系列管理学派,每一学派都有自己的代表人物。

将管理思想的发展按时间划分为四个阶段,只是为了讨论的方便,而不是说各阶段的管理思想是彼此独立、互不相关的。管理思想的发展大多是互相影响、互相补充的,很少是全部弃旧立新的。不能认为仅有现代管理思想才是正确的,前期的管理思想已无用途。对历史遗留下的各种管理思想,我们都应该采取分析和扬弃的态度。

2.1 早期的管理思想

2.1.1 中国古代管理思想

中国是一个具有 5000 年悠久历史的文明古国,在中华民族长期生存繁衍发展的历史长河中,创造了光辉灿烂的传统民族文化。据说在《尧典》中就记载着尧和舜管理国家的事迹。公元前 12 世纪至公元前 11 世纪,《周礼》第一次把中国官僚组织机构设计为 360 职,并规定了相应的级别和职数,层次、职责分明。公元前 4 世纪前后,中国已出现了相当完备的国家管理制度。春秋战国时期的《孙子兵法》一书是世界上第一部系统论述战略与战术问题的杰出著作,迄今已有2500多年。悠久的中国传统文化蕴育了博大精深的管理思想,产生了多姿多彩的、独具特色的管理方式和方法,其管理思想的精髓不仅影响着中华民族,而且也对日本列岛的大和民族、朝鲜半岛的高丽民族及东南亚诸国的管理思想产生了深远的影响。世界上任何国家的管理思想都是深深地植根于这个国家民族的生活生存环境和这个国家的民族文化土壤之中,都无一例外地会带有这个国家、民族的传统文化印痕。中国古代的管理思想同样也带有鲜明的中国地域和传统文化的烙印。下面我们按照中国传统文化的体系以及各个时期的主要管理思想分别予以介绍。

1. 儒家的管理思想

战乱纷飞的春秋战国时代,儒家主张关心国家兴衰与社会治乱,一向注重管理人才的培养。儒家鼻祖孔丘,先后担任过祭祀、喜庆和丧葬礼仪、仓库管理账目的"委吏"和看管牛羊的"乘田",后在鲁国先后担任中都任、司空、司寇等官职,主管行政、工程和司法,一生念念不忘的就是如何"为政"。孔子以后的儒学大师大多沿袭了这个传统。

管理的对象是人,人性假设必然会成为管理思想形成的理论依据。先秦儒家管理思想的人性假设主要有三种,即性无善无恶论、性善论以及性恶论。

(1) 孔子的"性无善无恶论"。孔子认为人性无善与不善之分,"性相近也,习相远也"(《论语·阳货》)。人的性情原本相近,但由于个人所处的习俗不同,经过后天习染,人与人之间便渐渐拉开了距离。基于此,孔子认为在管理过程中,管理者就应主要通过道德教化来进行管理。他认为,"道之以政,齐之以刑,民免而无耻;道之以德,齐之以礼,有耻且格"(《论语·为政》)。用行政命令来治理百姓,用刑法来制约百姓,老百姓只是勉强克制自己避免犯罪而不知道犯罪是耻辱的;用德来治理百姓,用礼来约束百姓,老百姓就知道做坏事可耻而且能自行纠正错误。

(2) 孟子的"性善论"。孟子认为,人的善性是先天所具有的,是人的本性使然。孟子说:"恻隐(怜爱)之心,人皆有之;羞恶之心,人皆有之;恭敬之心,人皆有之;是非之心,人皆有之。恻隐之心,仁也;羞恶之心,义也;恭敬之心,礼也;是非之心,智也。仁义礼智,非由外铄我也,我固有之也,弗思矣。"(《孟子·告上》)恻隐之心属于"仁",羞恶之心属于"义",恭敬之心属于"礼",是非之心属于"智"。孟子指出,仁、义、礼、智四德,不是外面强加于人的,而是人的本性所固有的。仁、义、礼、智四德是性善的表现,其核心是"仁"。

孟子认为,人的善性来源于人先天具有的善端,即在人先天所固有的本性中就具善的萌芽或幼芽。这些先天的善端存在于人的心性之中,后天通过教育使这些善的萌芽成长起来,人的善性就能充分地表现出来。扩充善端,使善性发扬开来,就能使国家安宁,就能保住政权;如果不扩充善端,不发扬善性,就不能侍奉父母,从而成为一个不孝之子。所以,仁、义、礼、智四德是协调家庭和社会的重要伦理规范。

孟子的性善论是他仁政学说的基础,把人的善性运用到政治领域,就是以"不忍人之心,行不忍人之政",(《孟子·公孙丑上》)即"仁政";推广到自然界,就是爱护生态环境,就是所谓"仁民爱物"。这就是所谓"推恩"的原则。也即是说,要用人性善的理论出发,用推恩的原则进行社会管理和社会控制,把人作为管理的核心,运用道德教化,从人的内在因素中去提高人们自觉遵守各种社会规范和法律的自律性,用无为而治的原则来协调社会的各种矛盾,使社会各方面的关系能达到和谐统一,从而达到管理的目的。

(3) 荀子的"性恶论"。性恶论是儒家的另一种人性理论,是由先秦儒家的集大成者荀子提出来的,继而又为法家重要思想家韩非子所发展,在我国历史上有着重要的影响。

荀子性恶论的基本出发点是"性伪之分"。荀子认为,人的本性是恶的,善良是人为的。

在论述了人的"性伪之分"之后,荀子还指出了人的本性是"好利恶害"。他说:"凡人有所一同:饥而欲食,寒而欲暖,劳而欲息,好利而恶害,是人之所生而有也,是无待而然者也,是禹桀所同也。"(《荣辱》)所以荀子认为人天生就有趋利避害的自然本性。

如果顺从人的"好利恶害"的自然本性而任其发展,人就必然会产生争夺、残杀和淫乱等不道德的行为,而礼义道德正是为了"矫饰人之情性"使之归于善而设,故善为"伪"。

荀子把人的生理欲求看成是邪恶的,比性善论更接近于真理。因为他看到了人的生存需求的重要性,看到了教育引导的重要作用,他既看到邪恶的一面,又看到了可以为善的一面。如果对人不进行教育、引导,而是放纵、任意让其人欲发展,其结果是人欲横流,道德沦丧,贪污盗窃,吸毒嫖娼,杀人越货,乌烟瘴气。要想对社会进行有效的管理和控制,必须对人进行教育,不断地改造人的邪恶的一面,使之合乎社会的规范。因此,荀子特别强调管理者应该自觉地担负起礼义教化的责任。

2. 道家的管理思想

道家的管理思想是以"道法自然""无为而治"的柔性管理为特征的。所谓"柔性"管理,就是按照事物自身的法则来进行管理,不把人的主观意志强加给事物及其过程,这就是"无为而无不为";强调"柔弱胜刚强",认为只有柔弱的东西才是有生命力的东西,刚性的事物很快要走向反面。人们在认识问题时,不要只看到眼前的状况,要看它的发展和将来;管理还要像水一样,水普利万物而不争利,它虽然柔弱,可是其力量却强大无比。

老子从世间万物由强到弱的转化中看到了"柔弱"的强大力量。"飘风不终朝,骤雨不终日。孰为此者?天地。天地尚不能久,而况于人乎?"(《老子》)"人之生也柔弱,其死也坚强。草木之生也柔脆,其死也枯槁"。(《老子》)基于此,老子认为坚强的东西实际上就是正在接近于死亡,"坚强者死之徒",是"兵强则灭,木强则折",而柔弱才有生命力,"柔弱者生之徒",故"坚强处下,柔弱处上"。因此,老子认为要永远立于不败之地,就应处于柔弱和谦下的地位,以退为进,以守为攻,以不为而为。故曰"守柔曰强",持守柔弱才为"强"。老子说:"上善若水。水善利万物而不争,处众人之所恶,故几于道。""天之道,损有余而补不足。"也就是说道的人应当无私奉献。不难看出,老子"守柔"的根本目的是为了加强管理的基础性,尤其提醒那些居于领导地位的领导者不能忘记管理的基础在于下层,在于民众。正是在这种意义上,老子认为"圣人无常心,以百姓之心为心"。也就是说要适应民众的需要,不辞辛苦为民众谋福利。

道家还主张顺应自然,在尊重人不同特点的前提下,任用具有不同才能和特长之人。老子还提出了"无弃人"的管理思想:"圣人常善救人,故无弃人;常善救物,故无弃物。"(《道德经》)也就是说,只要善于用人,根本没有无用的人(弃人);只要善于用物,根本没有无用的物(弃物)。弃人和弃物,不过是那些未被认识,未被发现,没有派上用场的人和物罢了。

3. 法家的管理思想

春秋末期,王室衰微,王权旁落,周天子早已失去驾驭诸侯的权势,诸侯国争夺霸权,卿大夫专权跋扈,新旧势力斗争激烈,出现了所谓"礼崩乐坏"的动荡局面。为求国富民强,新兴地主阶级走上政治舞台变法改革,相继出现了一大批重视法律,提倡"依法治国"的政治家,如齐国的管仲、郑国的子产、秦国的商鞅与韩非子等。他们大都参与国政,执掌国柄,实施了不同程度的政治改革,为后世留下了可资借鉴的管理思想。

(1) 商鞅的"法治"思想。商鞅是战国时期一位极力主张实行变法的著名法家代表人物、法家理论的主要奠基者。他在总结早期法家代表人物的法律思想和各诸侯国变法经验的基础上,对中国古代法家的法律思想作了全面的论述,为先秦法家思想体系的形成和发展奠定了基础。他的法律思想,尤其是"法治"思想,具有鲜明的时代特色,体现社会重大变革时期新兴地主阶级的政治主张和利益要求,对中国封建社会法律制度的形成和发展产生了深远的影响。

商鞅认为,"法"是人类社会发展到一定阶段的产物,强调"治世不一道,便国不法古"(《史记·商君列传》)。时代变了,治国治民的原则自然也应随之转变,应该实行封建制的刑治或法治,靠立君置官立法来统治。在两次变法期间,他都提出了一系列的具体措施,主张施行严厉刑法,对于破坏变法的人处以重刑,即使是皇亲国戚也不例外。

(2) 韩非子的"法治"思想。在国家管理问题上,韩非子特别重视管理的控制职能,所以主张法治。所谓法治,就是对国家作为一个组织整体进行控制。它属于管理控制范畴。

韩非子提出了以法治为中心,法、术、势相结合的政治思想体系。法,就是统治者公布的政策、法令、制度,前期法家代表商鞅首先提出"法"治的主张。韩非子强调治国要有法治,赏罚都要以"法"为标准。法是整个社会的行为准则和规范,任何人都不能独立于法外。韩非子说:"法不阿贵,刑过不避大臣,赏善不遗匹夫。"也就是说,在"法"面前,不存在贵族和平民之分。"术"就是国君驾驭群臣的权术,由国君秘密掌握,使得大臣们摸不清国君的心理,不敢轻举妄动,背后搞鬼。"术"最先由申不害提出。但韩非子认为,申不害重术不讲法,往往造成新旧法令相互抵触、前后矛盾;商鞅重法不讲术,则难于对官吏察辨"忠"和"奸",导致国君的大权旁落于大臣之手。所以韩非子主张"法"和"术"必须结合,二者缺一不可。同时,韩非子还认为,"势"就是国君占据的地位和掌握的权力,也是统治者实行统治的必要手段之一。"势"的理论最终是由慎到提出的。韩非子吸取了这一理论,他认为,要推行法令和使用权术,必须依靠权势;没有权势,即使是尧这样的贤明君主,连三户人家也管理不了。因此,韩非子提出"抱法而处势"的主张,认为只有稳固地掌握了权势,才能有效地推行法和术。

4. 墨家的管理思想

墨家的管理思想强调"兼爱""非攻""尚同""尚贤""节用",同时还赞成劳动过程分工的合理性,提出"各从事其所能"的原则。强调"利"和"力"是墨子管理思想的又一显著特征,墨家学派创始人墨子强调"交相利""义者,利也""万民被其大利""凡五谷者,民之所仰也""民无食,不可为事"。墨子还强调"非命",认定人生在世要竟力而争,"赖其力者生,不赖其力者不生",要与命运、自然进行抗争。人只要能发挥自己的力量,与自然争战就能求得生存。

5. 兵家的管理思想

兵家十分重视管理中谋略的运用,管理的战略和策略的正确运用,是管理是否成功的关键,还强调管理的环境,即天时、地利、人和的运用等。兵家思想的代表人物孙武就认为战争决策是一种综合性的活动,其目标的实现要受到诸多复杂因素的制约,只有对这些因素进行全面、综合的考虑,才能做出正确的决策;而正确的决策恰恰是克敌制胜的根本保证,故曰"知彼知己,胜乃不殆"(《地形》)。这句军事术语蕴涵着丰富的管理决策思想。历经军事管理专家的系统管理、概括,先秦出现了诸多兵家管理思想典籍,如《六韬》《孙子兵法》《孙膑兵法》《吴子》《尉缭子》等。这些著作集中体现了先秦时期兵家的管理思想。

1) 兵家认识到民心向背的重要性

民心向背是战争胜负的关键,这已成为先秦诸多兵家管理思想者的共识。在孙武看来,民心的向背是决定战争胜负的首要的关键的因素。从现代管理学角度来看,这也就是把所管理的组织之中的人们的普遍要求和共同意愿视为决策的首要依据。此乃要求一个组织的管理者在进行决策时,应首先求得其组织上下思想的统一。

2) 兵家强调通过多种渠道解决战争

"不战而屈人之兵""上兵伐谋,其次伐交,其次伐兵,其次攻城,攻城为不得已"等是兵家指导战争的根本原则。战国时期的"合纵""连横",《尉缭子》中"战胜于外,备主于内",孙膑的"围魏救赵"等都是这种思想的典型反映。"围魏救赵"强调的是战争中的计谋,"合纵""连横"强调的是战争外的外交,"战胜于外,备主于内"强调的是富国强兵,与其说是谋求战争的胜利,毋宁说是凭借战争外对对方的威慑作用而真正地做到"不战而屈人之兵",也可以说是战争取胜的方式更趋多样化。

2.1.2 西方早期管理思想

自从有了人类,就有了管理。人类在其历史上取得的任何一项重大成就,都凝结着人类智慧的光辉,正是管理照耀着人类历史的前进,也正是管理使人类从粗放式的野蛮社会发展到有组织的文明社会。管理活动和管理思想的出现正是人类智慧的结晶。纵览人类社会发展的历史长卷,人类管理思想的演进,记录了其从远古走过来的脚步。溯源历史的脚步,又仿佛把我们带回到人类初期为了求得生存而产生的自觉意识。这种自觉意识经过历史的锤炼,经过无数次成功与失败的考验,最终成为人类社会前进的灯塔。

1. 古代埃及的管理思想

古埃及人首先在国家制度上,建立了以法老为首的一整套专制体制的管理机构。埃及人很早就懂得了分权。法老掌握行政、司法、军事大权。法老拥有许多农庄,全国的土地都属于他。国家统一后,开始统一管理灌溉系统,观测、记录尼罗河的水位,以便发展农业生产。法老下面设有各级官吏,最高的是宰相。宰相辅助法老处理全国政务,并且总管王室农庄、司法、国家档案,监督公共工程的兴建;宰相每天向法老汇报工作,接受指示并经常代表法老巡视各地,了解和监督地方工作。宰相之下设一批大臣,分别管理财政、水利建设和各地的事务。这些机构和人员的设立,说明他们已经有了自上而下的关于管理者的责任和权力的规定,有了较严格的体现为国家管理机构和体制的管理思想。

其次,埃及金字塔的修建,也反映了古埃及时代在管理方面取得的重大成就。其中最有代表性的是建于公元前27世纪的胡夫金字塔。据估计,埃及人在修建这座金字塔的过程中花费了10万人次20年以上的劳动。这表明,他们已经有了分工和协作的思想,并较好地把科学技术运用于劳动过程,体现了较严密的组织制度。

2. 古代巴比伦王国的管理思想

巴比伦王国的统治阶级是奴隶主阶级,其管理思想主要体现在以下管理实践中。

第一,从整个国家机构来看,古巴比伦的国家权力高度集中在中央,即集中在国王手里。国家的一切最高权力,包括立法、行政、司法和宗教等均由国王执掌。国王之下是宫廷总管,他秉承国王的旨意处理中央的各项具体工作,此项职务颇似古埃及的宰相。军队在专制国家中的地位日益突出,国王除拥有常备军以外,还有民兵和雇佣军。

第二,司法在古巴比伦的国家管理中具有极为重要的地位。在当时建立的乌尔王朝,就以成文法典来管理国家。当时的法典就经商、物价控制、以牙还牙的刑事处罚等作了不少规定。著名的《汉谟拉比法典》可以说是迄今所发现的古代法典中最完备的一部。它由古巴比伦国王亲自制定,整部法典较全面地反映了当时的社会情况,并以法律形式来调节全社会的商业交往、个人行为、人际关系、工薪、惩罚以及其他社会问题。汉谟拉比法典对古代东方其他奴隶制国家的法律也产生了巨大的影响。

3. 古希腊的管理思想

早期希腊文化的主要成就集中体现在《荷马史诗》的形成上。在希腊历史上,从公元前11世纪到公元前9—8世纪,因《荷马史诗》的形成而称为"荷马时代"。

古希腊的城邦国家产生于地中海东部的希腊半岛、爱琴海诸岛一带,并于公元前8世纪至公元前6世纪形成。先后出现的城邦国家数以百计,它们所建立的管理格局也各式各样,而其中以斯巴达和雅典城邦最具有代表性。古希腊还孕育了许多优秀的改革家、思想家,在他们之中最出色的有苏格拉底、色诺芬、柏拉图、亚里士多德等。这些人的思想,无论从哪个层面来讲,对后人的影响都很大。

1) 苏格拉底

苏格拉底(Socrates,公元前470—前399年),既是古希腊著名的哲学家,又是一位个性鲜明、从古至今毁誉不一的著名历史人物。苏格拉底认为管理具有普遍性。他说,"管理私人事务和管理公共事务仅仅是在量上的不同",并且认为,一个人不能管理他的私人事务,肯定也不能管理公共事务。因为公共事务的管理技术与私人事务的管理技术,应该是可以相互通用的。同时,根据《世界上下五千年》一书的观点,苏格拉底也看到了管理的特殊性。他主张专家治国论,认为各行各业乃至国家政权都应该让经过训练、有知识才干的人来管理,而反对以抽签选举法实行的民主。他说:管理者不是那些握有权柄、以势欺人的人,不是那些由民众选举的人,而应该是那些懂得怎样管理的人。例如,一条船应由熟悉航道的人驾驶;纺羊毛时,妇女应管理男子,因为她们精于此道,而男子则不懂。他还说,最优秀的人是能够胜任自己工作的人。精于农耕的便是一个好夫,精通医术的便是一个良医,精通政治的便是一个优秀的政治家。

2) 色诺芬

色诺芬(Xenophon,约公元前430—前350年),出生于雅典一个富人家庭,是苏格拉底的学生。他的《家庭管理》(又称《经济论》)一书是古希腊流传下来的专门论述经济问题的第一部著作。色诺芬强调社会分工的必要性,在《经济论》中,他指出,没有人能够变成一个万事通。他说,波斯王餐桌上的食品之所以无比美味,来源于手艺的精湛,而只有广泛的社会分工才能产生这样的结果。一个人从事多种职业又要把一切做好,几乎是不可能的。相反,一个人只要从事一种职业,就足以谋生而且会无条件地把工作干得更好,制做出来的产品也更加精美,这是必然的,烹调工作也是一样。用现代的语言来说就是,社会的丰腴和生活质量的改善,大多得益于社会分工。

3) 柏拉图

柏拉图(Plato,公元前427—前347年),是古希腊最著名的唯心论哲学家和思想家,是西方哲学史上第一个使唯心论哲学体系化的人。他的著作和思想对后世有着十分重要的影响。柏拉图是苏格拉底的学生,一生著述颇丰,除了苏格拉底的25篇对话外,还有《理想国》和《法律篇》等。《理想国》是柏拉图最重要的著作。

在柏拉图看来,劳动分工是自然的或天赋的要求。上天赋予人们不同的天分,要求人们从事不同的职业。这是关于分工产生的"命定论"。他说,"我们大家并不是生下来都一样的。各人性格不同,适合于不同的工作",因此,不同的秉赋应该有不同的职业,而且,每个人应该做天然适宜于自己的工作。

柏拉图在《理想国》中还重点探讨了理想国家的问题。他认为,国家就是放大了的个人,个人就是缩小了的国家。人有三种品德:智慧、勇敢和节制。国家也应有三等人:一是有智慧之德的统治者;二是有勇敢之德的卫国者;三是有节制之德的供养者。前两个等级拥有权力但不可拥有私产,第三等级有私产但不可有权力。他认为这三个等级就如同人体中的上中下三个部分,协调一致而无矛盾,只有各就其位,各谋其事,在上者治国有方,在下者不犯上作乱,就达到了正义,就犹如在一首完美的乐曲中达到了高度和谐。

4) 亚里士多德

亚里士多德(Aristotle,公元前384—前322年),是古希腊著名的科学家和哲学家。亚里士多德在其著作《政治学》中体现了一些对后世产生较大影响的管理思想,并在某种意义上揭示了管理者和被管理者的关系的问题。他说:"从来不知道服从的人不可能是一位好的指挥官。"他认为,管理一个国家和管理一个家庭是可相通的艺术,唯一的不同仅仅是管理范围的差异。另外,亚里士多德对于事物内在发展规律的揭示,对管理思想的发展也极具启发意义。他认为,一切具体事物都可归结为"形式"和"质料"。其中,形式是事物的目的因和动力因,因此,是积极能动的因素;而"质料"即物质,则是消极被动的因素。亚里士多德肯定具体事物的运动、变化、发展是真实的,认为它们的这种运动、变化、发展是"质料"实现的"形式"。他把这个过程称之为"潜能"向"现实"转化的过程。亚里士多德的这一思想实质上揭示了管理矛盾的运动、变化和发展过程,即"目的→(物质+管理)→新的目的"的过程。

4. 古罗马的管理思想

古罗马地处意大利半岛,最初是意大利北部的一个奴隶制城邦,经过200多年的武力扩张,终于成为横跨亚、欧、非三洲的大帝国。古罗马首先意识到现代企业的某些性质。罗马人发展了一种类似工厂的体制,并且用建立公路体系的办法来保障军事调动和商品分配。古罗马首创性地采取类似现代股份制公司的形式,向公众出售股票。罗马人在长期的军事生涯中,具备了遵守纪律的品格以及以分工和权力层次为其基础的管理职能设计能力。正因为如此,罗马帝国才能在它所处的历史阶段势不可挡,所向披靡。正如雷恩所说："罗马人也具有遵守秩序的天赋,而军事独裁政府以铁腕手段统治着整个帝国。"

2.2 古典管理思想

20世纪的前半期是一个管理思想的多样化时期。科学管理从如何改进作业人员生产率的角度看待管理;一般行政管理者关心的是整个组织的管理和如何使之更有效;一批管理研究人员强调管理中"人的方面"。在本节中,我们将描述这几种理论和方法对管理的贡献。要记住的是每一种方法都与同一个对象有关,他们之间的差异反映出研究者不同的背景和兴趣。正如盲人摸象这则寓言所比喻的:第一个人摸到大象的躯干就说它像堵墙;第二个人摸到大象的鼻子就说它像条蛇;第三个人摸到大象的腿就说它像大树;第四个人摸到大象的尾巴就说大象像条绳子。每一个盲人触到的都是同一头大象,而他们对大象的认识取决于他们各自所站的位置。类似地,下面的每一种观点都是正确的,并且都为我们理解管理做出了重要贡献。但是,每一种观点都有它的局限性。

2.2.1 泰勒的科学管理理论

如果人们要确认现代管理理论诞生的年代,那么有充足的理由将其定在1911年,就在这一年,弗雷德里克·温斯洛·泰勒(Frederick Winslow Taylor)出版了《科学管理原理》一书,它的内容很快被全世界的管理者们普遍接受。这本书阐述了科学管理(Scientific management)理论,即应用科学方法确定从事工作的"最佳方法"。

19世纪末之前,工业上实行的是传统的管理办法,它的特点在于工厂的管理主要是凭工厂主个人的经验。不仅管理凭经验,而且生产方法、工艺制定以及人员培训也都是凭个人经验,靠饥饿政策迫使工人工作。企业主为了赚取更多的利润采用的手段不外乎是延长绝对劳动时间,或增加劳动强度。这种办法当时能够得以存在是因为工人阶级没有组织起来,并且失业现象严重。而随着工人阶级的成长壮大,工厂主的这两种办法激起了工人阶级越来越强烈的反抗。劳资双方矛盾很大,工人阶级为了加强同企业主的斗争,组织起来成立工会,要求缩短工作日,降低劳动强度,增加工资。这就迫使工厂主不得不放弃单靠解雇工人的办法去延长劳动时间,增大劳动强度。另外,当时生产力的发展水平也急需一套系统的管理理论和科学的管理方法与之适应。尽管早期的管理思想有其科学的一面,但毕竟非常零散,没有系统化。工厂主不可能完全认识到怎样进行管理才能既解决劳资关系问题,又不减少所获取的剩余价值。因此,如何改进工厂和车间的管理成了迫切需要解决的问题。当时许多工程师和管理实践家都在进行这方面的研究。泰勒是其中最有成就的一个,后人将他尊为"科学管理之父"。

泰勒的大部分工作生涯是在宾夕法尼亚州的米德韦尔和伯利恒钢铁公司度过的。泰勒于1856年出生在美国费城一个富裕家庭里,19岁时因故停学进入一家小机械厂当徒工。22岁时进入费城米德维尔钢铁公司,开始当技工,后来迅速提升为工长、总技师。28岁时任钢铁公司的总工程师。1890年泰勒离开这家公司,从事顾问工作。1898年进入伯利恒钢铁公司继续从事管理方面的研究,后来他取得发明高速工具钢的专利。1901

年以后,他用大部分时间从事写作、讲演,宣传他的一套企业管理理论,即"科学管理——泰勒制"。他的代表作为《科学管理原理》。

1. 泰勒科学管理的主要内容

泰勒科学管理的内容概括起来主要有五条。

1) 工作定额原理

泰勒认为,当时提高劳动生产率的潜力非常大,工人们之所以"磨洋工",是由于雇主和工人对工人一天究竟能做多少工作心中无数,而且工人工资太低,多劳也不多得。为了发掘工人们劳动生产率的潜力,就要制定出有科学依据的工作量定额。为此,首先应该进行时间研究和动作研究。

(1) 所谓时间研究,就是研究人们在工作期间各种活动的时间构成,它包括工作日写实与测时。

工作日写实,是对工人在工作日内的工时消耗情况,按照时间顺序,进行实地观察、记录和分析。通过工作日写实,可以比较准确地知道工人工时利用情况,找出时间浪费的原因,提出改进的技术组织措施。例如某位工人在工作时间内,进行工作准备用了多长时间,干活用了多长时间,谈天用了多长时间,满足自然需求用了多长时间,停工待料用了多长时间,清洗机器用了多长时间等,都可以通过工作日写实清楚地记录下来,然后加以分析,保留必要时间,去掉不必要的时间,从而达到提高劳动生产率的目的。

测时,是以工序为对象,按操作步骤进行实地测量并研究工时消耗的方法。测时可以研究总结先进工人的操作经验,推广先进的操作方法,确定合理的工作结构,为制定工作定额提供参考。

(2) 所谓动作研究,就是研究工人干活时动作的合理性,即研究工人在干活时,其身体各部位的动作,经过比较、分析之后,去掉多余的动作,改善必要的动作,从而减少人的疲劳,提高劳动生产率。

泰勒进行了一项很有名的实验。当时,他在伯利恒钢铁公司研究管理,他看到该公司搬运铁块的工作量非常大,有 75 名搬运工人负责这项工作。每个铁块重 40 多千克,距离为 30 米,尽管每个工人都十分努力,但工作效率并不高,每人每天平均只能把 12.5 吨的铁块搬上火车。泰勒经过认真的观察分析最后计算出,一个好的搬运工每天应该能够搬运 47 吨,而且不会危害健康。他精心地挑选了一名工人开始实验。泰勒的一位助手按照泰勒事先设计好的时间表对这位工人发出指示,如搬起铁块、开步走、放下铁块、坐下休息等。到了下班时间,这名工人如期地把 47 吨铁块搬上了火车。而且从这以后,他每天都搬运 47 吨。泰勒据此把工作定额一下提高了将近 3 倍,并使工人的工资也有所提高。

所谓工作定额原理,即认为工人的工作定额可以通过调查研究的方法科学地加以确定。

2) 能力与工作相适应原理

泰勒认为,为了提高劳动生产率,必须为工作挑选第一流的工人。第一流工人包括两个方面:一方面是该工人的能力要适合做这种工作;另一方面是该工人必须愿意做这种工作。因为人的天赋与才能不同,他们所适于做的工作也就不同。身强力壮的人干体力活可能是第一流的,心灵手巧的人干精细活可能是第一流的。所以要根据人的能力和天赋把他们分配到相应的工作岗位上去。而且还要对他们进行培训,教会他们科学的工作方法,激发他们的劳动热情。

所谓能力与工作相适应原理,即主张一改工人挑选工作的传统,而坚持以工作挑选工人,每一个岗位都挑选第一流的工人,以确保较高的工作效率。

3) 标准化原理

标准化原理是指工人在工作时要采用标准的操作方法,而且工人所使用的工具、机器、材料和所在工作现场环境等等都应该标准化,以利于提高劳动生产率。

泰勒在这方面也做过一项实验。当时伯利恒钢铁公司的铲运工人每天上班时都拿着自己家的铲子,这些铲子大小各异,参差不齐。泰勒观察一段时间之后发现,这样做是十分不合理的。每天所铲运的物料是不一样的,有铁矿石、煤粉、焦炭等,在体积相同时,每铲重量相差很大。那么,铲上的载荷究竟多大才合适?为此,他几星期改变一次铲上的载荷。最后,泰勒发现,对于第一流的铲运工人来说,铲上的载荷大约在21磅时生产效率最高。根据这项实验所得到的结论,泰勒依据不同的物料设计了几种规格的铲子,小铲用于铲运重物料,如铁矿石等。大铲用于铲运轻物料,如焦炭等。这样就使每铲的载荷都在21磅左右。以后工人上班时都不自带铲子,而是根据物料情况从公司领取特制的标准铲子。这种做法大大地提高了生产效率。这是工具标准化的一个典型例子。

4) 差别计件付酬制

泰勒认为,工人磨洋工的重要原因之一是付酬制度不合理。计时工资不能体现按劳付酬,干多干少在时间上无法确切地体现出来。计件工资虽然表面上是按工人劳动的数量支付报酬,但工人们逐渐明白了一件事实,只要劳动效率提高,雇主必然降低每件的报酬单价。这样一来,实际上是提高了劳动强度。因此,工人们只要做到一定数量就不再多干。个别人想要多干,周围的人就会向他施加压力,排挤他,迫使他向其他人看齐。

泰勒分析了原有的报酬制度之后,提出了自己全新的看法。他认为,要在科学地制定劳动定额的前提下,采用差别计件工资制来鼓励工人完成或超额完成定额。如果工人完成或超额完成定额,按比正常单价高出25%计酬。不仅超额部分,而且定额内的部分也按此单价计酬。如果工人完不成定额,则按比正常单价低20%计酬。泰勒指出,这种工资制度会大大提高工人们的劳动积极性。雇主的支出虽然有所增加,但由于利润提高的幅度大于工资提高的幅度,所以对雇主也是有利的。

5) 计划和执行相分离原理

泰勒认为应该用科学的工作方法取代经验工作方法。经验工作方法的特点是工人使用什么工具,采用什么样的操作方法都根据自己的经验来定。所以工效的高低取决于他们的操作方法与使用的工具是否合理,以及个人的熟练程度与努力程度。科学工作方法就是前面提到过的在实验和研究的基础上确定的标准操作方法和采用标准的工具、设备。泰勒认为,工人凭经验很难找到科学的工作方法,而且他们也没有时间研究这方面的问题。所以,应该把计划同执行分离开来。计划由管理当局负责,执行由工长和工人负责,这样有助于采用科学的工作方法。这里的计划包括三方面内容:①时间和动作研究;②制定劳动定额和标准的操作方法,并选用标准工具;③比较标准和执行的实际情况,并进行控制。

以上五条就是科学管理的主要内容。泰勒认为科学管理的关键是工人和雇主都必须进行一场精神革命,要相互协作,努力提高生产效率。当然,雇主关心的是低成本,工人关心的是高工资。关键是要使双方认识到提高劳动生产率对双方都是有利的。泰勒对此有这样的论述"劳资双方在科学管理中所发生的精神革命是,双方都不把盈余的分配看成头等大事,而把注意力转移到增加盈余的量上来,直到盈余达到这样的程度,以至不必为如何分配而进行争吵。……他们共同努力所创造的盈余,足够给工人大量增加工资,并同样给雇主大量增加利润。"这就是泰勒所说的精神革命。遗憾的是泰勒所希望的这种精神革命一直没有出现。

2. 泰勒科学管理的贡献

(1) 泰勒在历史上第一次使管理从经验上升为科学。泰勒科学管理的最大贡献在于泰勒所提倡的在管理中运用科学方法和他本人的科学实践精神。泰勒科学管理的精髓是用精确的调查研究和科学知识来代替个人的判断、意见和经验。他本人曾明确说过"科学管理不是什么效率设计,不是计算成本的制度,不是一种计件工资制,不是时间动作研究,不是职能工长制,不是一般人在谈到科学管理时所想到的任何设计"。他认为管理部门和劳动者双方都必须采纳一种观点,"双方都必须承认,在一切关于在组织中所进行的工作方面,用精确的调查研究和科学知识来代替个人的判断或意见乃是必不可少的"。由此可见,泰勒所强调的是一种与传统的经验方法相区别的科学方法。

泰勒在进行科学管理的研究以及在推行他的科学管理的过程中遇到了巨大的阻力,有来自工人阶层的,也有来自于雇主们的。但泰勒没有屈服,坚韧不拔,百折不挠,为科学管理献出了自己的毕生精力。

(2) 讲求效率的优化思想和调查研究的科学方法。泰勒理论的核心是寻求最佳工作方法,追求最高生产效率。他和他的同事创造和发展了一系列有助于提高生产效率的技术和方法。如时间与动作研究技术和差别计件工资制等。这些技术和方法不仅是过去,而且也是近代合理组织生产的基础。

由此可见,泰勒的科学管理和传统管理相比,一个靠科学地制定操作规程和改进管理,另一个靠拼体力和时间;一个靠金钱刺激,另一个靠饥饿政策。从这几点看,科学管理有了很大的进步。

3. 泰勒科学管理的局限性

(1) 泰勒对工人的看法是错误的。他认为工人工作的主要动机是经济因素,工人最关心的是提高自己的收入,即坚持"经济人"假设。他还认为工人只有单独劳动才能好好干,集体的鼓励通常是无效的。泰勒规定在伯利恒钢厂中不准四个人以上在一起工作,经过工长的特别允许除外,但不得超过一周。他认为工人是很笨拙的,对作业的科学化完全是无知的。工人的一举一动只能严格按照管理者的指示去做,只能服从命令和接受工资。他曾说"现在我们需要最佳的搬运铁块的工人,最好他蠢得和冷漠得像公牛一样。这样他才会受到有智慧人的训练"。

(2) 泰勒的科学管理仅重视技术的因素,不重视人群社会的因素。他所主张的专业分工,管理与执行分离、作业科学化和严格的监督等,加剧了对工人的剥削。当时的工人将差别计件工资制愤怒地叫做"血汗工资制"。"泰勒制"加剧了劳资之间及管理人员和工人之间的矛盾。过去的管理仅是一般地规定任务,而现在还要规定一整套操作方法。控制越来越严密,管理越来越专横,越来越强调服从。由于强调采用科学的合理的最快的方法,工人的分工越来越细,操作越来越简单,越来越成为机械的附属品。

(3)"泰勒制"仅解决了个别具体工作的作业效率问题,而没有解决企业作为一个整体如何经营和管理的问题。

2.2.2 法约尔的一般行政管理理论

亨利·法约尔,法国人,1860年从矿业学校毕业,从1866年开始一直担任高级管理职务。他一生中写了很多著作。其内容包括采矿、地质、教育和管理等。特别是他在管理领域的贡献,使他受到后人的瞩目。法约尔和泰勒处于同一时代,但经历不同。研究管理的着眼点也不同。泰勒是以普通工人的身份进入工厂的,所关注的管理处于组织的最底层,所研究的重点内容是企业内部具体工作的作业效率,采用的是科学方法。而法约尔一直从事领导工作,关注的是所有管理者的活动,他把企业作为一个整体加以研究,并把他的个人经验上升为理论。他把管理看作一组普遍的职能,即计划、组织、指挥、协调和控制。泰勒是一个科学家。法约尔则作为法国一家大型煤矿企业的总经理,是一个实践者。法约尔的代表作是《工业管理与一般管理》。

1. 法约尔一般管理的主要内容

1) 企业活动类别和人员能力结构

在《工业管理与一般管理》一书中,法约尔强调了管理的普遍性,克服管理只局限于工厂的狭隘的观点,并把对管理的研究作为一个项目而独立出来。这在当时来讲是一个重大的贡献。

法约尔论述了管理的定义。他认为企业的全部活动分为以下6种:①技术活动(生产、制造、加工);②商业活动(购买、销售、交换);③财务活动(筹集和利用资本);④安全活动(保护财产和人员);⑤会计活动(财产清点、资产付债表、成本、统计等);⑥管理活动(计划、组织、指挥、协调和控制)。在这6种活动中,法约尔主要集中研究了管理活动。

法约尔认为,企业经营的这6种活动,适应于企业里所有的职能人员。而职能特点,包括技术、商业、财务、安全和会计,是相应的下属人员应具备的主要能力(在工业中为技术能力,在商业中为商业能力,在财务中为财务能力等),而越到高层领导,管理能力所占比重越大。对不同规模的企业来说,其领导人必要能力的构成也各有侧重。一般来说,小型工业企业领导人侧重于技术能力,中等企业的领导人对这两种能力的构成大致相等,大型企业管理能力居主导地位,而商业和财务能力对于中小企业领导人比对企业中的中下层工作人员起的作用更多。不论企业是大是小、是复杂还是简单,这6种活动总是存在的。法约尔指出前5种活动都不负责制定企业的总经营计划,不负责建立社会组织,协调各方面的力量和行动,而这些至为重要的职能应属于管理。所以他定义管理就是实行计划、组织、指挥、协调和控制。他将领导和管理进行了区分,领导就是从企业拥有的所有资源中获寻尽可能大的利益以引导企业达到目标,就是保证6项基本职能的顺利完成。

法约尔把管理活动与其他职能分开对以后管理思想的发展起着重要的作用,使这一思想成为管理过程学派和组织理论的重要基础。

2) 管理工作的五大职能

法约尔管理思想的另一内容是他首先把管理活动划分为计划、组织、指挥、协调与控制五大职能,并对这五大管理职能进行了详细的分析和讨论。法约尔认为,"计划就是探索未来和制定行动方案;组织就是建立企业的物质和社会的双重结构;指挥就是使其人员发挥作用;协调就是连接、联合、调和所有的活动和力量;控制就是注意一切是否按已制定的规章和下达的命令进行。"法约尔还认为,管理的这五大职能并不是企业经理或领导人个人的责任,它同企业其他五大类工作一样,是一种分配于领导人与整个组织成员之间的职能。另外,法约尔特别强调,不要把管理同领导混同起来。领导是寻求从企业拥有的资源中获得尽可能大的利益,引导企业达到目标,保证六大类工作顺利进行的高层次工作。

3) 法约尔的 14 项管理原则

法约尔根据自己多年的工作经验提出了著名的 14 条管理原则。

(1) 劳动分工。实行劳动的专业化分工可以提高效率。这种分工不仅限于技术工作,也适用于管理工作。但专业化分工要适度,不是分得越细越好。

(2) 权力与责任。权力与责任是互为依存互为因果的。权力是指"指挥他人的权以及促使他人服从的力"。而责任则是随着权力而来的奖罚。法约尔认为,一个人在组织阶梯上的位置越高,明确其责任范围就越困难。避免滥用权力的最好办法乃是提高个人的素质,尤其是要提高其道德方面的素质。

更为重要的是法约尔将管理人员职位权力和个人权力划出了明确的界限。职位权力由个人的职位高低而来。任何人只要担任了某一职位,就须拥有一种职位权力。而个人权力则是由于个人的智慧、知识、品德及指挥能力等个性形成的。一个优秀的领导人必须兼有职位权力及个人权力,以个人权力补充职位权力。

(3) 纪律。法约尔认为,纪律实际上是企业领导人同下属人员之间在服从、勤勉、积极、举止和尊敬方面所达成的一种协议。纪律对于企业取得成功是绝对必要的。法约尔还认为,纪律是领导人创造的。无论哪种社会组织,其纪律状况取决于领导人的道德状况。一般人在纪律不良时,总是批评下级。其实,不良的纪律来自不良的领导。高层领导人和下属一样,必须接受纪律的约束。制定和维护纪律的最有效方法是各级都要有好的领导,尽可能有明确而公平的协定,并要合理地执行惩罚。

(4) 统一指挥。无论什么时候,一个下属都应接受而且只应接受一个上级的命令。法约尔认为,这不仅是一条管理原则,而且是一条定律。双重命令对于权威、纪律和稳定性都是一种威胁。在工业、商业、军队、家庭和国家中,双重命令经常是冲突的根源。这些冲突有时非常严重,特别应该引起各级领导人的注意。

法约尔虽然钦佩泰勒在时间研究与动作研究方面的卓越贡献,但他对泰勒提出的 8 个职能工长制提出了反对意见。他认为,这种观念否定了统一指挥原则。

(5) 统一领导。这项原则表明,凡是具有同一目标的全部活动,仅应有一个领导人和一套计划。只有这样,资源的应用与协调才能指向实现同一目标。

不要把统一领导原则与统一指挥原则混同起来。人们通过建立完善的组织来实现一个社会团体的统一领导,而统一指挥取决于人员如何发挥作用。统一指挥必须在统一领导下才能存在,但并不来源于统一领导。

(6) 个人利益服从集体利益。集体的目标必须包含员工个人的目标。但个人均不免有私心和缺点。这些因素常促使员工将个人利益放在集体利益之上。因此,身为领导,必须经常监督又要以身作则,才能缓和两者的矛盾,使其一致起来。

(7) 报酬。法约尔认为,薪给制度应当公平,对工作成绩与工作效率优良者应有奖励。但奖励不应超过某一适当的限度,即奖励应以能激起职工的热情为限,否则将会出现副作用。他还认为,任何良好的工资制度都无法取代优良的管理。

(8) 适当的集权和分权。提高下属重要性的作法就是分权,降低这种重要性的作法就是集权。就集权的制度本身来说,无所谓好与坏。一个组织机构,必须有某种程度的集权,但问题是集权到何种程度才为合适。恰当的集权程度是由管理层和员工的素质、企业的条件和环境决定的。而这类因素总是变化的,因此一个机构的最优的集权化程度也是变化的。所以领导人要根据本组织的实际情况,适时改变集权与分权的程度。

(9) 等级链也称为跳板原则。企业管理中的等级制度是从最高管理人员直至最基层管理人员的领导系列。它显示出执行权力的路线和信息传递的渠道。从理论上说,为了保证命令的统一,各种沟通都应按层次逐渐进行。但这样可能产生信息延误现象。为了解决这个问题,法约尔提出了"跳板"原则。

法约尔用图来解释跳板原则(图 2-1)。他说:"在一个等级制度表现为 I—A—S 双梯形式的企业里,假设要使它的 F 部门与 P 部门发生联系,这就需要沿着等级路线攀登从 F 到 A 的阶梯,然后再从 A 下到 P。这之间,在每一级都要停下来。然后,再从 P 上升到 A,从 A 下降到 F,回到原出发点。"

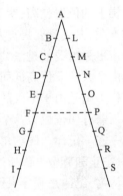

图 2-1 跳板原则解释

"非常明显,如果通过 F—P 这个'跳板',直接从 F 到 P,问题就简单多了,速度也快多了,人们经常也是这样做的。"

"如果领导人 E 与 O 允许他们各自的下属 F 与 P 直接联系,等级制度就得到了捍卫;如果 F 与 P 立即向他们各自的领导人汇报他们所共同商定的事情,那么,整个情况都完全合乎规则。"

"只要 F 与 P 双方意见一致,而且他们的活动都得到了他们直接领导人的同意,这种直接关系就可以继续下去;他们的协作一旦中止,或他们的直接领导人不再同意了,这种直接关系就中断,而等级路线又恢复了原样。"

法约尔认为,"跳板"原则简单、迅速,而且可靠,它减少了信息失真和时间延误,既维护了统一指挥原则,又大大地提高了组织的工作效率。但是,必须事先请示,事后汇报。在实际工作当中,违反"跳板"原则的现象屡见不鲜,而怕负责任是这种现象的主要原因,换句话说,领导人管理能力不够是违反"跳板"原则的主要原因。

(10) 秩序。所谓秩序是指"凡事各有其位"。法约尔认为这一原则既适用于物质资源,也适用于人力资源,如设备、工具要排列有序,人员要有自己确定的位置,合理的秩序是按照事物的内在联系确定的。他认为要使人们做到这点,不仅有赖于有效的组织,而且也有赖于审慎的选人。

(11) 公平。什么叫公平?它与公道有什么区别?法约尔认为,公道是执行已订立的协定。但制定协定时,人们不可能预测到将来要发生的一切事情,因此,要经常地说明它,补充它的不足之处。领导人为了激励其下属人员全心全意地做好工作,应该善意地对待他们。公平就是由善意和公道产生的。在怎样对待下属人员问题上,领导人要特别注意他们希望公平和希望平等的愿望。为了使这种愿望得到最大的满足,而同时又不忽视其他原则,不忘记总体的利益,领导人应该充分发挥自己的能力,努力使公平感深入人心。

在正常情况下,几乎每个人都有平等的愿望,都希望领导者能公平地对待他们以及他们的工作。领导者如果不公平,往往导致他们积极性下降,甚至造成思想上的混乱。

(12) 保持人员稳定。一个人要有效地、熟练地从事某项工作,需要相当长的时间。假如他刚刚开始熟悉自己的工作就被调离了,那么他就没有时间为本组织提供良好的服务。领导者的工作更是如此,熟悉工作的过程需要更长的时间。所以,一个成功的企业管理人员必须是稳定的。人员多有变动的机构必然是不成功的。人员不必要的流动是管理不善的原因和结果。因此任何组织都有必要鼓励职工做长期的服务。

(13) 首创精神。首创精神是创立和推行一项计划的动力。除领导人要有首创精神外,还要使全体成员发挥其首创精神,这样,将促使职工提高自己的敏感性和能力,对整个组织来说将是一种巨大的动力。因此,领导者要在不违背职权和纪律的情况下,鼓励和发挥下级的首创精神。高明的领导人可以牺牲自己的虚荣心来满足下级的虚荣心。

(14) 人员的团结。一个机构内集体精神的强弱取决于这个机构内职工之间的和谐和团结情况。培养集体精神的有效方法是严守统一指挥原则并加强情况的交流,多用口头沟通。在一个企业中,全体成员的和谐与团结是这个企业发展的巨大力量,所以领导者应尽一切可能,保持和巩固人员的团结。

以上是法约尔提出的 14 条管理原则,它们包含了许多成功的经验和失败的教训,为后人的管理研究与实践指明了方向。但并不是说,人们只要记住这些原则,就能进行有效的管理,要真正使管理有效,还必须积累自己的经验,并掌握住应用这些原则的尺度。

2. 对法约尔一般管理的评价

虽然法约尔的管理思想同泰勒的管理思想都是古典管理思想的代表,但法约尔管理思想的系统性和理论性更强,他对管理的五大职能的分析为管理科学提供了一套科学的理论构架。后人根据这种构架,建立了管理学并把它引入了课堂。

法约尔是以大矿企业最高管理者的身份自上而下地研究管理的。虽然他的管理理论是以企业为研究对象建立起来的,但由于他强调管理的一般性,就使得他的理论在许多方面也适用于政治、军事及其他部门。

法约尔提出的管理原则,经过多年的研究和实践证明,总的说来仍然是正确的,这些原则过去曾经给实际管理人员巨大的帮助,现在仍然为许多人所推崇。可以预见,这些原则的大多数在将来一定也有其实用价值。

法约尔一般管理理论的主要不足之处是他的管理原则缺乏弹性,以至于有时实际管理工作者无法完全遵守。

2.2.3 韦伯的行政组织理论

马克斯·韦伯(Max Weber,1864~1920 年)是德国著名的社会学家和哲学家,也是当代西方极具影响力的学者。他出生于德国,于 1882 年进入海德堡大学学习法律,并先后就读于柏林大学和哥丁根大学,毕业后先在柏林任见习律师,后进入弗莱堡大学、海德堡大学、慕尼黑大学任教。他受过三次军事训练,1888年参与波森的军事演习,因而对德国的军事生活和组织制度有相当的了解,这对他日后建立组织理论有相当大的影响。

韦伯是现代社会学的奠基人,他的观点对其后的社会学家和政治学家都有着深远的影响。他研究了工业化对组织结构的影响,他不仅研究组织的行政管理,而且广泛地分析了社会、经济和政治结构;他在组织管理方面有关行政组织的观点是他对社会和历史因素引起复杂组织的发展的研究结果,也是其社会学理论的组成部分,因而在管理思想发展史上被人们称为组织理论之父。

韦伯的行政组织理论分成三个部分。

1. 理想的行政组织

韦伯勾画出的理想的行政组织模式具有下列特征。

(1) 组织是根据合法程序制定的,应有其明确目标,并靠着这一套完整的法规制度,组织与规范成员的行为,以期有效地追求与达到组织的目标。

(2) 组织的结构是一层层控制的体系,在明确的权力等级制基础上组织起来。在组织内,按照地位的高低规定成员间命令与服从的关系。

(3) 成员间的关系只有对事的关系而无对人的关系。

(4) 关于成员的选用与保障,每一职位根据其资格限制(资历或学历),按自由契约原则,经公开考试合格予以使用,务求人尽其才。

(5) 以书面文件为基础,并按照需要特殊训练才能掌握的程序来进行行政管理。对成员应进行合理分工并明确每人的工作范围及权责,然后通过技术培训来提高工作效率。

(6) 成员的工资及升迁,应按职位支付薪金。并建立奖惩与升迁制度,使成员安心工作,培养其事业心。

韦伯认为,这种理想的行政组织是最符合理性原则的,其效率是最高的,在精确性、稳定性、纪律性和可靠性等方面都优于其他组织形式。而且这种组织形式适用于各种管理形式和大型的组织,包括企业、教会、学校、国家机构、军队和各种团体。

2. 韦伯对权力的分类

韦伯认为,任何一种组织都是以某种形式的权力为基础的。没有这种形式的权力,其组织的生存都是非常危险的,也就更谈不上实现组织的目标了。权力可以消除组织的混乱,使组织有序进行。韦伯把这种权力划分为三种类型。

(1) 传统权力。传统权力是以古老的、传统的、不可侵犯的和执行这种权力的人的地位的正统性为依据的。

(2) 超凡权力。超凡权力是建立在对个人的崇拜和迷信的基础上的。

(3) 法定权力。法定权力指的是依法任命并赋予行政命令的权力。对这种权力的服从是依法建立的一套等级制度,这是对确认职务或职位的权力的服从。

韦伯认为,在这三种权力中只有法定权力才能作为行政组织体系的基础。对于传统权力,人们对其服从是因为领袖人物占据着传统所支持的权力地位,同时,领袖人物也受着传统的制约。但是,人们对传统权力的服从并不是以与个人无关的秩序为依据,而是在习惯义务领域内的个人忠诚。领导人的作用似乎只为了维护传统,因而效率较低,不宜作为行政组织体系的基础。而超凡权力的合法性,完全依靠对于领袖人物的信仰,他必须以不断的奇迹和英雄之举赢得追随者,超凡权力过于带有感情色彩并且是非理性的,不是依据规章制度,而是依据神秘的启示。所以,超凡的权力形式也不宜作为行政组织体系的基础。法定权力最根本的特征在于它提供了慎重的公正。原因在于:①管理的连续性使管理活动必须有秩序地进行;②为以"能"为本的择人方式提供了理性基础;③领导者的权力并非无限,应受到约束。

3. 理想的行政组织的管理制度

韦伯指出,最纯粹的应用法定权力的形态是应用于一个行政组织管理机构的。只有这个组织的最高领导由于占有、被选或被指定而接任权力职位,才能真正发挥其领导作用。每一个官员都应按照下列准则被任命和行使职能,这些准则包括以下几项。

(1) 他们在人身上是自由的,只是在与人身无关的官方职责方面从属于上级的权力。

(2) 他们按明确规定的职务等级系列组织起来。

(3) 每一个职务都有明确规定的法律意义上的职权范围。

(4) 根据契约受命,即原则上建立在自由选择之上。

(5) 候选人是以技术条件为依据来挑选的,他们是被任命而不是被选举的。

(6) 他们有固定的薪金作为报酬。工资等级基本上是按等级系列中的级别来确定的。

(7) 这个职务是任职者唯一的或至少是主要的工作。

(8) 它成为一种职业,存在着一种按年资或成就或两者兼而有之的升迁制度。

(9) 工作中官员完全同"行政管理物资分开",并且不能滥用职权。

(10) 他在行使职务时受到严格而系统的纪律的约束和控制。

韦伯界定的官僚组织结构,其实是一种效率很高的组织形式,因为它能在技能和效率的基础上使组织内人们的行为理性化,具有一致性和可预测性。尽管官僚组织结构有较多的缺陷,但从纯技术的角度看,官僚制强调知识化、专业化、制度化、标准化、正式化和权力集中化,确实能给组织带来高的效率。

2.3 中后期管理思想

在20世纪20年代,资本主义国家中许多企业尽管采取了泰勒的科学管理,但劳资纠纷和罢工还是此起彼伏,此种情况促使资产阶级的管理学者们深入研究是什么决定工人的劳动效率。于是有了在美国国家科学委员会的赞助下开展的著名的霍桑实验。当时人们并没有认识到霍桑实验的伟大意义之所在,这一实验持续了8年多,取得了意想不到的成果。霍桑实验是从1924年到1932年在美国芝加哥郊外的西方电器公司的霍桑工厂中进行的。霍桑工厂具有较完善的娱乐设施、医疗制度和养老金制度,但是工人们仍然有很强的不满情绪,生产效率很低。为了探究原因,1924年11月,美国国家研究委员会组织了一个包括多方面专家的研究小组进驻霍桑工厂,开始进行实验。实验分成了四个阶段:照明实验、继电器装配实验、大规模访问交谈和接线板接线工作室的研究。

1. 霍桑实验的过程

1) 照明实验

照明实验的目的是研究照明情况对生产效率的影响。在开始实验前,专家小组以泰勒科学管理作为指导思想,他们认为,工作的物理环境是影响工作效率的主要因素之一,所以,他们决定做此实验。

专家们选择了两个工作小组:一个为实验组;另一个为控制组。实验组照明度不断变化,控制组照明度始终不变。当实验组的照明度增加时,该组产量如预期的开始增加;当工人要求更换灯泡时,而实际只给他们更换了一个同样光度的灯泡时,产量继续增加。与此同时,控制组的产量也在不断提高。通过这个实验,专家们发现照明度的改变不是效率变化的决定性因素,而另有未被掌握的因素在起作用。于是他们决定继续进行研究。

2) 继电器装配实验

为了有效地控制影响生产效率的因素,研究小组决定单独分出一组工人进行研究。他们选择了 5 位女装配工和一位划线工,把他们安置在单独一间工作室内工作。另外:研究小组还专门指派了一位观察员加入这个工人小组,他专门负责记录室内发生的一切。研究小组告诉这些女工,这项实验并不是为了提高产量,而是研究各种不同的工作环境,以便找出最合适的工作环境。研究小组还告诉这些女工,一切工作按平时那样进行。

实验过程中,研究小组分期改善工作条件。例如,增加工间休息,公司负责供应午餐和茶点,缩短工作时间,实行每周工作五天工作制,实行团体计件工资制等。这个装配小组的女工们在工作时间可以自由交谈,观察人员对她们的态度也非常和蔼。这些条件的变化使产量不断上升。在实行了这些措施的一年半以后,研究小组决定取消工间休息,取消公司供应的午餐和茶点,每周仍然工作 6 天,结果产量仍然维持在高水平上。

究竟什么原因使这些女工提高了生产效率呢?研究小组把可能影响生产效率的因素——排列出来。他们提出了五种假设:①改善了材料供应情况和工作方法;②改善了休息时间,减少了工作天数,从而减轻了工人的疲劳;③改善了休息时间从而缓和了工作的单调性;④增加产量后每人所得的奖金增加了;⑤改善了监督和指导方式,从而使工人的工作态度有所改善。

此后,研究小组对这五个假设——进行实验论证。最后,推翻了前四项假设,而把注意力集中于第五项假设上,即监督和指导方式的改善能促使工人改变工作态度、提高产量。研究小组为了在这方面收集更多的资料,决定进一步研究工人的工作态度及可能影响工人工作态度的其他因素。这是霍桑试验的一个转折点。

3) 大规模访谈实验

试验进行到第三阶段,研究小组决定进行大规模访问交谈。他们共花了两年时间对两万名职工进行访问交谈。通过交谈,了解工人对工作、工作环境、监工、公司和使他们烦恼的任何问题的看法以及这些看法如何影响生产效率。经过数次面谈,研究小组发现按事先设计好的问答式访问并不能获得他们所需要的材料。相反,工人们愿意自由地谈些他们认为重要的事。因而,后来采用自由交谈方式。这些访问交谈是很有价值的。工人们通过交谈得以大大地发泄胸中的闷气,许多人觉得这是公司所做的最好事情。工们的工作态度之所以有所转变，是因为他们看到他们的许多建议被采纳，他们参与了决定公司的经营与未来，而不是只做一些没有挑战性和不被感谢的工作。

通过这些研究发现，影响生产力量重要的因素是工作中发展起来的人群关系，而不是待遇及工作环境。研究小组还了解到，每个工人的工作效率的高低，不仅取决于他们自身的情况，而且还与他所在小组中的其他同事有关，任何一个人的工作效率都要受他的同事们的影响。这个结论非常重要。为了进一步进行系统地研究，研究小组决定进行第四阶段的实验。

4）接线板接线工作室实验

在第四阶段实验中，研究小组决定选择接线板接线工作室这一群体作为研究对象。该室有14名工人，其中9位接线工、3位焊接工和2位检查员。研究小组持续观察他们的生产效率和行为达6个月之久，结果有许多重要发现。

大部分成员都故意自行限制产量。公司本来根据时间与动作研究确定其工作定额为每天焊接7312个接点，但工人们仅完成6000~6600个接点，这是他们自己确定的非正式标准。一旦完成这个数量，即使还有许多时间，他们也自动停工，不再多干。工人们说："假如我们的产量提高了，公司就会提高工作定额，或者造成一部分人的失业。"还有的工人说："工作不要太快，才能保护那些工作速度较慢的同事，免得他们受到管理阶层的斥责。"

工人对待他们不同层次的上级持不同态度。对于小组长，大部分工人都认为他是小组的成员之一，因此没有反对小组长的表现。至于小组长的上级股长，大家看见他待遇较高，所以认为他有点权威。而对于股长的上级领班，大家看法就有了较明显的变化。每当领班出现时，大家都规规矩矩，表现良好。这说明，一个人在组织中职位越高，所受到的尊敬就越大，大家对他的顾忌心理也越强。

成员中存在着一些小派系。工作室中存在着派系，每一派系都有自己的一套行为规范，谁要加入这个派系，就必须遵守这些规范。派系内成员如果违反这些规范，就要受到惩罚。例如，某个派系的规范是：①不能工作太多；②不能工作太少；③不能在主管面前打小报告；④不得打官腔，孤芳自赏，找麻烦，即使是检查员，也不能像一个检查员；⑤不得唠叨不休，自吹自擂，一心想领导大家。这种派系是非正式组织，这种组织并不是由于工作不同所形成的，而是和工作位置有些关系。这种非正式组织当中也有领袖人物。他存在的目的是对内控制其成员的行为，对外保护自己派系的成员，并且注意不受管理阶层的干预。

研究小组在霍桑工厂进行的这四个阶段的实验，虽然经历了8年时间，但是获得了大量的第一手资料，为人际关系理论的形成以及后来行为科学的发展打下了基础。

2. 梅奥及其人群关系理论的主要内容

梅奥是对中期管理思想发展作出重大贡献的人物之一。他是澳大利亚人，后移居美国。从1926年起，他应聘于哈佛大学，任工业研究副教授。梅奥曾经学过逻辑学、哲学和医学等三个专业，这种背景大大有利于他后来的研究工作。梅奥的代表作为《工业文明的人类问题》。在这本书中，他总结了亲身参与并指导的霍桑实验及其他几个试验的初步成果，并阐述了他的人群关系理论的主要思想，从而为提高生产效率开辟了新途径。为此，他的名字同他的著作一起载入了管理发展史册。

梅奥的人群关系理论的内容主要有下面几点。

1) 工人是"社会人"而不是"经济人"

科学管理的基础是把人当成"经济人",认为金钱是刺激人们工作积极性的唯一动力。梅奥则认为,工人是"社会人",影响人们生产积极性的因素,除了物质方面的以外,还有社会和心理方面的,如他们追求人与人之间的友情、安全感、归属感、受人尊敬等。

2) 企业中存在着非正式组织

"非正式组织"和"正式组织"是相对应的概念。正式组织是为了实现企业目标所规定的企业成员之间职责范围的一种结构。古典管理理论仅注意正式组织的问题,诸如组织结构、职权划分、规章制度等。梅奥认为,人是社会动物,在企业的共同工作当中,人们必然相互发生关系,由此就形成了一种非正式团体,在该团体中,人们形成共同的感情,进而构成一个体系,这就是非正式组织,它在某种程度上左右着其成员的行为。

梅奥还认为,非正式组织对组织来说有利有弊。它的缺点是可能集体抵制上级的政策或目标,强迫组织内部的一致性,从而限制了部分人的自由和限制产量等。它的优点是,使个人有表达思想的机会,能提高士气,可以促进人员的稳定,有利于沟通,有利于提高工人们的自信心,能减少紧张感觉,在工作中能够使人感到温暖,扩大协作程度,减少厌烦感等。作为管理者的一方,要充分认识到非正式组织的作用,注意在正式组织的效率逻辑与非正式组织的感情逻辑之间搞好平衡,以便使管理人员之间、工人与工人之间、管理人员与工人之间搞好协作,充分发挥每个人的作用,提高劳动生产率。

3) 新型的领导能力在于提高工人的满足程度

科学管理认为生产效率主要取决于作业方法、工作条件和工资制度。因此只要采用恰当的工资制度,改善工作条件,制定科学的作业方法,就可以提高工人的劳动生产率。梅奥等人根据霍桑实验得出了不同的结论,他们认为,生产效率的高低主要取决于工人的士气,而工人的士气则取决于他们感受到的各种需要的满足程度。在这些需要中,金钱与物质方面的需要只占很少的一部分,更多的是获取友谊、得到尊重或保证安全等方面的社会需要。因此,要提高生产率,就要提高职工的士气,而提高职工士气就要努力提高职工的满足程度。所以,新型的管理人员应该认真地分析职工的需要,不仅要解决工人生产技术或物质生活方面的问题,还要掌握他们的心理状态,了解他们的思想情绪,以便采取相应的措施。这样才能适时、充分地激励工人,达到提高劳动生产率的目的。

3. 对梅奥人群关系理论的评价

1) 梅奥人群关系理论的贡献

梅奥的人群关系理论克服了古典管理理论的不足,奠定了行为科学的基础,为管理思想的发展开辟了新的领域,也为管理方法的变革指明了方向,导致了管理上的一系列改革,其中许多措施至今仍是管理者们所遵循的信条。

2) 梅奥人群关系理论的局限性

(1) 过分强调非正式组织的作用。人群关系论认为,组织内人群行为强烈地受到非正式组织的影响。可是实践证明,非正式组织并非经常地对每个人的行为有决定性的影响,经常起作用的仍然是正式组织。

(2) 过多地强调感情的作用,似乎职工的行动主要受感情和关系的支配。事实上,关系好不一定士气高,更不一定生产效率高。

(3) 过分否定经济报酬、工作条件、外部监督、作业标准的影响。事实上，这些因素在人们行为中仍然起着重要的作用。

2.4 现代管理思想

心理学的发展，促成了行为科学理论的产生与发展。而当人们对人性认识得越多，其人性本身的复杂性和研究的深化就会产生更多的人性假设，因而人们在管理学的研究方向上，就越发呈现出多样性。而另一方面，自然科学思想也以其成熟的魅力渗透进管理科学的研究中，众多自然科学新的研究成果，如信息论、系统论和控制论，对管理科学研究百花齐放局面的出现起到了推波助澜的作用。第二次世界大战后，科学技术和社会格局的巨大变化，使管理学的主流从行为科学逐渐演变成现代管理理论的丛林。

2.4.1 社会系统学派

社会系统学派的代表人物是美国著名的管理学家切斯特·巴纳德。巴纳德出生于1886年，1906年进入哈佛大学经济系学习，三年内他以优异的成绩学完全部课程，但因缺少实验科学学分而未能获得学士学位。他在1909年离开哈佛后，进入了美国电话电报公司统计部服务。从1927年起巴纳德担任美国新泽西贝尔公司的总经理直到退休。他还在其他许多组织中兼职，例如，在洛克菲勒基金会任董事长四年，在联合服务组织任主席3年等。巴纳德虽然未获得学士学位，但是由于他将社会学的概念用于管理上，在组织的性质和理论方面做出了杰出的贡献，他却得到了七个荣誉博士学位。1938年，巴纳德出版了《经理的职能》一书，他在该书中详细地论述了自己的组织和管理理论。

巴纳德组织管理理论的主要内容包括以下几个方面。

1. 组织是一个合作系统

在巴纳德之前，人们总把组织当成是一种僵硬的结构，只注意到组织中的职责、分工和权力结构。这种组织观点是比较机械的、孤立的。而巴纳德认为"组织是2人或2人以上，用人类意识加以协调而成的活动或力量系统"，他所强调的是人的行为，是活动和相互作用的系统。他认为在组织内主管人是最为重要的因素，只有依靠主管人的协调，才能维持一个"努力合作"的系统。他认为主管人有三个主要职能。

(1) 制定并维持一套信息传递系统。这是主管人员的基本工作。通过组织系统图（以图表形式表现出组织在某一既定时期的主要职能和权力关系），加上合适的人选，以及可以共存的非正式组织来完成这项工作。非正式组织在沟通中十分重要，管理人员要给予足够的注意。

(2) 促使组织中每个人都能做出重要的贡献，这里包括职工的选聘和合理的激励方式等。

(3) 阐明并确定本组织的目标。这里包括要有适当的权力分散，组织中的每个人都要接受总体计划的一部分，主管人员要促使他们完成计划，然后经由信息反馈系统来发现计划实施中的阻碍和困难，据此来适当地修改计划。

2. 组织存在要有三个基本要素

巴纳德认为，组织不论大小，其存在和发展都必须具备三个要素，即明确的目标、协作的意愿和良好的沟通。

（1）明确的目标。①一个组织必须有明确的目标，否则协作就无从发生。因为组织的目标不明确，组织成员就不知道需要他们做出哪些行为和努力，就不知道协作会给他们个人带来哪些满足，他们的协作意愿也无从发生。②组织不仅应当有目标，而且目标必须为组织的成员所理解和接受，倘若组织的目标不能为组织成员所理解和接受，也就无法统一行动和决策。然而组织目标能否为其成员所接受，又要看个人是否有协作意愿。因此，目标的接受与协作意愿是相互依存的。③对于组织目标的理解可以分为协作性理解和个人性理解。协作性理解是指组织成员站在组织利益立场上客观地理解组织目标。个人性理解是指组织成员站在个人利益立场上主观地理解组织目标。这两种理解往往是矛盾的。当目标简单具体时，两者的矛盾较小。当目标复杂抽象时，两者产生矛盾的可能性较大。一个目标只有当组织成员认为他们彼此的理解没有太大差异时，才能成为协作系统的基础。因此，主管人的重要职能就是向组织成员灌输组织目标和统一对组织目标的理解。④必须区分组织目标与组织成员的个人目标。巴纳德认为参加组织的个人具有双重人格，即组织人格与个人人格。前者是指个人为实现组织目标作出理性行动的一面，后者是指为了满足个人目标所作非理性行动的一面。组织目标是外在的非个人的客观的目标。个人目标属于内在的个人的主观的目标。这两者之间并无直接的关系，也并不一致。一个人之所以愿意为组织目标作出贡献，并不是因为组织目标就是个人目标，而是因为实现组织目标将有助于达成个人目标。因此，个人目标的实现是个人参与组织活动的决策基础。如何协调组织目标与个人目标的差异是主管者另一重要的任务。

此外，一个组织要存在和发展，必须适应环境的变化，组织目标也必须随环境作适当的变更。

（2）协作的意愿。协作意愿是指组织成员对组织目标做出贡献的意愿。某人有协作意愿，意味着实行自我克制、交出个人行为的控制权，让组织进行控制。若无协作意愿，组织目标将无法达成。组织内部个人协作意愿强度的差异性很大，有的人强烈，有的人一般，有的人较弱，对于同一个人，其协作意愿的强度也不是固定不变的，而是随时间和外界条件的变化经常地变化着。因此组织内持有强烈协作意愿的人数与持有较弱协作意愿的人数也是经常变动的。组织内协作意愿的总和是不稳定的。

一个人是否具有协作意愿依个人对贡献和诱因进行合理的比较而定。所谓贡献，是指个人对实现组织目标做出的有益的活动和牺牲。所谓诱因，是指为了满足个人的需要而由组织所提供的效应。巴纳德认为，当一个人决定是否参与组织的活动时，首先要将自己对组织可能作出的贡献和从组织那里可能取得的诱因进行比较。只有当诱因大于贡献时，个人才会有协作意愿，而当比较的结果为负数时个人协作意愿会减弱。不仅如此，个人还要将参加这一组织和不参加这一组织或参加另一组织的净效果进行比较，从而决定是参加这一组织或参加另一组织或独立从事生产活动。然而对贡献和诱因以及其净效果的度量都不是客观的，而是个人的主观判定，它随个人的价值观念不同而有很大变化。作为组织，要在条件许可的情况下，针对不同的人来增大诱因，给职工的需求以更大的满足，从而激发他们为组织作出贡献的意愿。

（3）良好的沟通。良好的沟通是组织存在和发展的第三个因素。组织的共同目标和个人的协作意愿只有通过意见交流将两者联系和统一起来才具有意义和效果。有组织目标而无良好沟通，将无法统一和协调组织成员为实现组织目标所采取的合理行动。因此良好的沟通是组织内一切活动的基础。

以上就是一个组织能够存在的必要条件，这里指的是正式组织。这三个条件中若有一条不满足，组织就要解体。

3. 组织效力与组织效率原则

要使组织存在和发展，不仅要包含三个基本要素，而且必须符合组织效力和组织效率这两个基本原则。

所谓组织效力是指组织实现其目标的能力或实现其目标的程度。一个组织协作得很有效，它的组织目标就能实现，这个组织就是有效力的。若一个组织无法实现其目标，这个组织就是无效力的，组织本身也必然瓦解。因此组织具有较高的效力是组织存在的必要前提，组织是否有效力是随组织环境以及其适应环境能力而定的。

所谓组织效率是指组织在实现其目标的过程中满足其成员个人目标的能力和程度。一个组织若不能满足其成员的个人目标，就不可能使其成员具有协作意愿和做出实现组织目标所必须的贡献，他们就会不支持或退出该组织，从而使组织的目标无法实现，使组织瓦解。所以组织效率就是组织的生存能力。一个组织要实现其目标，必须提供充分诱因满足组织成员的个人目标。

4. 权威接受论

巴纳德还认为，管理者的权威并不是来自上级的授予，而是来自由下而上的认可。管理者权威的大小和指挥权力的有无，取决于下级人员接受其命令的程度。他认为单凭职权发号施令是不足取的，更重要的是取得下级的同意、支持和合作。

巴纳德在他的《经理的职能》一书中有这样一段论述，"如果经理人员发出的一个指示性的沟通交往信息为被通知人所接受，那么对他来说，这个权力就是被遵从或成立了。于是，它就被作为行动的依据。如果被通知人不接受这种沟通交往信息，就是拒绝了这种权力。按照这种说法，一项命令是否具有权威，决定于命令的接受者，而不在于命令的发布者。"这是巴纳德对权威的一种全新的看法。

5. 对社会系统学派的评价

社会系统学派对管理理论做出了重大贡献。

（1）巴纳德最早把系统理论和社会学知识应用于管理领域，创立了社会系统学派。

（2）关于经理的职能，他与他的前人不同，他的前人多采用静态的、叙述的方式来说明，而巴纳德则采用分析性和动态性的方式加以说明。

（3）巴纳德首先对"沟通""动机""决策""目标"和"组织关系"等问题进行了开创性的专题研究，这引发了后人对此进行更深入的研究。

（4）巴纳德将法约尔等人的研究向前推进了一大步。法约尔等人主要从原则与职能的角度来研究管理，而巴纳德却从心理学和社会学的角度来研究管理，并且将其中的概念加以发展，从而为管理研究开辟了新的领域。

（5）巴纳德的"权威接受论"对权威提出了全新的看法，对我们很有启发。

巴纳德的理论具有广泛的影响，他用社会的系统的观点来分析管理，这是他的独到之处，后人把他的主要观点归纳起来称为社会系统学派。

2.4.2 决策理论学派

决策理论学派是从社会系统学派发展而来的。它的代表人物是美国的卡内基—梅隆大学的教授赫伯特·西蒙(HASimon)，其代表作为《管理决策新科学》。西蒙由于在决策理论方面的贡献，曾荣获1978年的诺贝尔经济学奖。

该学派认为管理的关键在于决策，因此，管理必须采用一套制定决策的科学方法，要研究科学的决策方法以及合理的决策程序。有人认为西蒙的大部分思想是现代企业经济学和管理科学的基础。

决策理论的主要内容包括以下四点。

1. 决策是一个复杂的过程

人们常常认为，决策只是在一瞬间即能完成的一种活动，是在关键时刻做出的决定。而决策理论学派认为，这种看法太狭窄了。它仅注意了决策的最后片刻，从而忽略了最后时刻之前的复杂的了解、调查、分析的过程，以及在此之后的评价过程。作为决策的过程在大的方面至少应该分成四个阶段：即提出制定决策的理由；尽可能找出所有可能的行动方案；在诸行动方案中进行抉择，选出最满意的方案；然后对该方案进行评价。这四个阶段中都含有丰富的内容，并且各个阶段有可能相互交错，因此决策是一个反复的过程。

2. 程序化决策与非程序化决策

西蒙认为，根据决策的性质可以把他们分为程序化决策和非程序化决策。程序化决策是指反复出现和例行的决策。这种决策的问题由于已出现多次，人们自然就会制定出一套程序来专门解决这种问题。比如为病假职工核定工资，排出生产作业计划等。非程序化决策是指那种从未出现过的，或者其确切的性质和结构还不很清楚或相当复杂的决策。例如，某个企业要开发某种市场上急需而本厂又从未生产过的新产品，这就是非程序化决策的一个很好的例子。程序化决策与非程序化决策的划分并不是严格的，因为随着人们认识的深化，许多非程序化决策将转变为程序化决策。此外，解决这两类决策的方法一般也不相同。

3. 满意的行为准则

西蒙认为，由于组织处于不断变动的外界环境影响之下，搜集到决策所需要的全部资料是困难的，而要列举出所有可能的行动方案就更加困难，况且人的知识和能力也是有限的，所以在制定决策时，很难求得最佳方案。在实践当中，即使能求出最佳方案，出于经济方面的考虑，人们也往往不去追求它，而是根据令人满意的准则进行决策。具体地说，就是制定出一套令人满意的标准，只要达到或超过了这个标准，就是可行方案。这种看法，揭示了决策作为环境与人的认识能力交互作用的复杂性。

4. 组织设计的任务就是建立一种制定决策的人—机系统

由于计算机的广泛应用，它对管理工作和组织结构产生了重大影响。这使得程序化决策的自动化程度越来越高，许多非程序化决策已逐步进入了程序化决策的领域。从而导致了企业中决策的重大改革。由于组织本身就是一个由决策者个人所组成的系统，现代组织又引入自动化技术，就变成了一个由人与计算机所共同组成的结合体。组织设计的任务就是要建立这种制定决策的人—机系统。

2.4.3 系统管理学派

系统管理理论侧重于用系统的观念来考察组织结构及管理的基本职能,它来源于一般系统理论和控制论。代表人物为卡斯特(FEKast)等人。卡斯特的代表作为《系统理论和管理》。

系统管理理论认为,组织是由人们建立起来的、相互联系并且共同工作着的要素所构成的系统。这些要素被称之为子系统。根据研究的需要,可以把子系统分类。例如,可以根据子系统在企业这个系统中的作用划分为:传感子系统,用来量度并传递企业系统内部和周围环境的变化情况;信息处理子系统,如会计、统计等数据处理工作;决策子系统,接受信息,制定决策;加工子系统,利用信息、原料、能源、机器加工和制作产品等。根据管理对组织中人的作用可划分为:个人子系统,群体子系统,士气子系统,组织结构子系统,相互关系子系统,目标子系统,权威子系统等。系统的运行效果是通过各个子系统相互作用的效果决定的。它通过和周围环境的交互作用,并通过内部和外部的信息反馈,不断进行自我调节,以适应自身发展的需要。

该学派认为,组织这个系统中的任何子系统的变化都会影响其他子系统的变化。为了要更好地把握组织的运行过程,就要研究这些子系统和它们之间的相互关系,以及它们怎样构成了一个完整的系统。

尽管这个学派在20世纪60年代达到它的鼎盛时代,以后逐渐衰退,但这个学派的一些思想还是有助于管理研究的。

2.4.4 管理过程学派

管理过程学派是在法约尔管理思想的基础上发展起来的。该学派的代表人物有美国的哈罗德·孔茨(Harold Koontz)和西里尔·奥唐奈(Cyril O'Donnell)。其代表作为他们两人合著的《管理学》一书。

最初这个学派对组织的功能研究较多,而对其他功能注意不够。第二次世界大战后,法约尔的名著《工业管理和一般管理》的英译本在美国广为流传。法约尔将管理分为计划、组织、指挥、协调、控制五种职能使这个学派开阔了视野,迅速成长,并普遍为大家所接受。为什么这个学派能为人们广泛接受呢?有如下几条原因。

(1) 这个学派视管理为一种程序和许多相互关联着的职能。在该派学者的著作中,尽管对管理职能分类的数量有所不同,都含有计划、组织和控制职能,这是它们的共同之处。

(2) 这个学派认为可以将这些职能逐一地进行分析,归纳出若干原则作为指导,以便于更好地提高组织效力,达到组织目标。

(3) 这个学派提供了一个分析研究管理的思想构架。其内涵既广泛,又易于理解,一些新的管理概念和管理技术均可容纳在计划、组织及控制等职能之中。

(4) 该学派强调管理职能的共同性。任何组织尽管它们的性质不同,但所应履行的基本管理职能是相同的。

管理过程学派一方面为人们普遍接受;另一方面也常常受到批评。主要批评意见有以下几点。

（1）将管理看成是一些静态的不含人性的程序，忽略了管理中人的因素。

（2）所归纳出的管理原则适用性有限。对静态的、稳定的生产环境较为合适，而对于动态多变的生产环境难以应用。

（3）管理程序的通用性值得怀疑，管理职能并不是普遍一致的。不仅因职位的高低和下属的情况而异，而且也因组织的性质和结构的不同而发生变化。

2.4.5 管理科学学派

管理科学学派也称数量管理科学学派。管理科学学派的理论渊源，可以追溯到20世纪初泰勒的"科学管理"。但作为科学管理学派的进一步发展，管理科学学派运用了更多的现代自然科学和技术科学的成就，研究的问题也比"科学管理"更为广泛。

管理科学学派的管理思想，注重定量模型的研究和应用，以求得管理的程序化和最优化。这个学派认为管理就是利用数学模型和程序系统来表示管理的计划、组织、控制、决策等职能活动的合乎逻辑的过程，对此作出最优的解答，以达到企业的目标。因为这个学派是新理论、新方法与科学管理理论相结合而逐渐形成的一种以定量分析为主要方法的学派，所以广泛应用于研究城市的交通管理、能源分配和利用、国民经济计划编制以及世界范围经济发展的模型等一些更大和更复杂的经济与管理领域。

1. 管理科学学派的特点

管理科学学派的管理思想是建立在系统思维的基础上的。管理科学学派认为，组织中的任何部分或任何功能的活动必然会影响其他部分或功能，所以评价一个组织中的任何决策或行动都必须考虑到它对整个组织的影响和相关问题。正确的决策必须从整个系统出发，考虑到各个部门和各个因素，对整个组织最有利才是最优化。管理科学学派主要有如下几个特点。

（1）从系统的观点出发研究各种功能关系。该学派认为，组织中任何部分或任何功能的活动必然会影响其他部分或功能，所以评价一个组织中的任何决策或行动都必须考虑到它对整个组织的影响和所有的重要关系。

（2）应用多种学科交叉配合的方法。该学派认为，尽管各个学科对问题的描述各不相同，但如果把各个方面综合起来看，会对问题有更全面的理解，更有助于问题的解决。除了计算机和数学以外，随着研究对象的不同，需要应用经济学、管理学、心理学、行为学、会计学、物理学、化学等各种自然科学和工程技术。

（3）应用数学模型定量化地解决问题。数量管理科学学派的重要特点就是模型化和定量化，把一个要研究的问题按预期的目标和约束条件，将其主要因素和因果关系变为各种符号来建立数学模型以便求解。

（4）不断修正模型以适应变化。随着情况的变化而修改模型，求出新的最优解，通过模型来解决问题通常对问题有着较为深入的了解。随着对问题由简单到复杂的深入了解，其模型也逐渐复杂，以前的最优解后来或许就不是最优了，这时就要不断地对模型进行优化。

"管理科学"理论把现代科学方法运用到管理领域中，为现代管理决策提供了科学的方法。它使管理理论研究在从定性到定量的科学轨道上前进了一大步，同时它的应用对企业管理水平和效率的提高也起到了很大作用。

2. 管理科学学派的优点

（1）使复杂的、大型的问题有可能分解为较小的部分,更便于诊断和处理。

（2）制作与分析模式必须重视细节并遵循逻辑程序,这样就把决策置于系统研究的基础上,增进了决策的科学性。

（3）有助于管理人员估计不同的可能选择。如果明确各种方案包含的风险与机会,便更有可能作出正确的选择。

3. 数量管理科学学派的局限性

尽管数量管理科学学派具有定量化解决决策问题的优越性,但是有些学者对其仍然持批判态度,认为定量化并不能解决所有管理中的问题。有许多管理问题由于涉及的因素众多而且复杂,很难用数学模型进行定量化的模拟,而且有些管理学家侧重于定量的技术方面而不了解管理中存在的问题,尤其是对管理对象中的人的因素往往无法进行定量计算,这样数量学派的特长就得不到很好的发挥。

（1）管理科学学派的适用范围有限。并不是所有管理问题都是能够定量的,这就影响了它的使用范围。例如,有些管理问题往往涉及许多复杂的社会因素,这些因素大都比较微妙,难以定量,当然就难以采用管理科学的方法去解决。

（2）过分依赖物质工具。过分依赖物质工具而忽视管理中人的决定性作用是该学派明显的局限性。实际上,管理科学一直将企业组织看成是一个人—机系统,二者交互作用。人不仅是工具(机器)的使用者,也是工具的能动的创造者。因此,没有决定性的人进行相关的管理改造,建立相应的管理制度,理顺信息的流转和沟通,MIS 或 ERP 就永远停留在计算机软件和硬件的物质层面上。

（3）忽视定性分析的重要作用。持该学派观点的研究者往往忽视定性分析的作用,而实际上管理问题的研究与实践,不可能也不应该完全只限于定量分析而忽视定性的分析。

（4）应用与普及困难。实际解决问题中存在许多困难,管理人员与管理科学专家之间容易产生隔阂。实际的管理人员可能对复杂、精密的数学方法很少理解,无法作出正确评价。而另一方面,管理科学专家一般又不了解企业经营的实际工作情况,因而提供的方案不能切中要害、解决问题。这样,双方就难以进行合作。此外,采用此种方法大都需要相当数量的费用和时间,由于人们考虑到费用问题,也使它往往只是用于那些大规模的复杂项目。这一点,也使它的应用范围受到限制。

因此可以说,管理科学不是万能的。我们要充分认识到它是一种重要的管理技术和方法,而起决定作用的还是人。所以,要求管理人员要尽快地掌握各种管理理论和管理方法,而不是拘泥于某个学派,使各种管理技术、管理方法有机结合,以便发挥更大的作用。

2.4.6 经验主义学派

经验主义学派又被称为经理主义学派,这一学派以向大企业的经理提供管理企业的成功经验和科学方法为目标。经验主义学派与我们通常理解的经验主义不尽一致,它主要是以其将管理研究的视角放到实际的管理经验而得名的。可以划归这一学派的人很多,其中有管理学家、经济学家、社会学家、大企业的董事长、总经理及管理咨询人员等。

这一学派的人在某些基本问题上的看法也不尽相同,但他们的研究对象都是以企业的管理经验为主要目标。

1. 经验主义学派的主要管理思想

1) 管理的性质

经验主义学派认为古典管理理论和行为科学都不能完全适应企业发展的实际需要,"归根到底,管理是一种实践,其本质不在于'知'而在于行;其验证不在于逻辑而在于成果;其唯一权威就是成就"。因此,管理理论是"自实践而产生,又以实践为归宿"。从这一观点出发,经验主义学派主张,要用大量的企业管理实践中总结出来的经验为依据,建立一套完整的管理理论,用以充实企业管理人员,指导他们的思想和行动。

经验主义学派的各个代表人物虽然对管理理论和实践的一些看法有相当大的分歧,但都认为管理是对人进行管治的一种技巧,是一种特殊的独立的活动,同时也是一个独立的知识领域。他们认为,管理学是由工商企业管理的理论和实践的各种原则组成,管理的技巧、能力、经验不能移植并应用到其他机构中去,管理的定义是努力把一个人群或团体朝着某个共同目标引导、领导和控制。显然,一个好的管理者就是能使团体以最少的资源和人力耗费达到其目的的管理者。他们还认为,管理应侧重于实际应用而不是纯粹的理论研究。

2) 管理的任务

在德鲁克看来,企业和一切社会机构都是社会的器官,是为了满足社会的某种需要而存在的。而管理则是这些机构的器官,是为了服务于这些机构的。因此,不能把管理看成是独立的东西,而只能把它看成是完成某种任务的手段。他认为,管理的任务主要有以下三项:①取得经济成果,使企业具有生产性;②使工作人员有成就感,妥善处理企业对社会的影响;③企业承担对社会的责任的问题。

3) 管理的职责

经验主义学派的一些学者认为,管理人员的管理技能包括下列四项:①作出有效的决策;②在组织内部和外部进行信息交流;③正确运用控制与协调;④正确运用分析工具,即管理科学。没有一个管理人员能掌握所有这些技能。但每一个管理人员都必须对这些基本的管理技能有所了解。至于目标管理,则是使管理人员和广大职工在工作中实行自我控制并达到工作目标的一种管理技能和管理制度。

作为企业的主要管理经理,有两项职责是别人不能替代的。第一个职责是他必须造成一个生产的统一体,这个生产统一体的生产力要比它的各个组成部分的生产力的总和更大。从这个意义上讲,经理要造成生产统一体就要克服企业中的所有弱点,并使各种资源(特别是人力资源)得到充分的发挥。第二个职责是在作出每一次决策或采取每一个行动时,要把当前的利益和长远的利益协调起来。每一个经理都有一些共同的必须执行的职责,这些职责是确定目标、组织工作、实施激励、分析与评价工作成果、促进职工的成长和发展等。

4) 组织结构

经验主义学派的一些代表人物对企业管理的组织结构问题都很重视,如德鲁克、戴尔等人,都在自己的著作中用大量篇幅论述这个问题,斯隆更是所谓事业部制的首创者之一。

经验主义学派认为：①法约尔和斯隆有关组织结构不是"自发演变"的观点是正确的，"自发演变"的组织结构只能带来混乱、摩擦和不良后果。组织结构的设计是需要思考、分析和系统研究的。②设计一个组织结构并不是第一步，而是最后一步。第一步是确定一个组织结构的基本构造单位，即那些必须包含在最后结构之内并承担已建成大厦的负荷的业务活动。③战略决定结构。战略就是对"我们的企业是什么？应该是什么？将来是什么？"这些问题有明确的答案。它决定组织结构的宗旨，因而决定某一企业或机构中那些最关键的活动。

2. 经验主义学派的特点

经验主义学派主张通过分析经验（通常是案例分析）来研究管理问题。经验主义学派有如下三个特点。

1）主要代表人物兼任重要管理职务

例如，德鲁克既是纽约大学的管理学教授，又是众多美国大公司（通用汽车公司、国际商用机器公司、克莱斯勒公司）的顾问，他在1945年创办德鲁克管理咨询公司，任董事长。

2）理论与实践相结合

这个学派注意将理论研究和实践活动结合起来，注意吸收古典学派和人际关系学派的理论。

3）未形成有效的原理和原则

经验主义学派并未形成完整的理论体系，其内容也比较庞杂，但其中的一些研究反映了当代社会化大生产的客观要求，是值得注意的。

2.4.7 权变理论学派

权变理论学派是20世纪60年代末至70年代初在美国经验主义学派基础上进一步发展起来的管理理论。所谓权变，简而言之就是随机应变，即根据不同的情况和条件，灵活地区别对待某种事物的意思。西方管理学者也有人将权变管理理论称作"管理情景论"或"形势管理论"。权变理论认为，在组织管理中要根据组织所处的环境和内部条件的发展变化随机应变，没有什么一成不变、普遍适用以及"最好的"管理理论和方法。这个学派强调，管理者的实际工作取决于所处的环境条件，因此，管理者应根据不同的情境及其变化决定应采取何种行动。权变管理就是依托环境因素和管理思想及管理技术因素之间的变数关系来研究的一种最有效的管理方式，权变理论的出现意味着管理理论向实用主义方向前进了一大步。

权变学派的管理方法主要包括三个方面。

1. 计划制定的权变论

权变学派认为，计划是事先制定的，为了进行某项工作，应预先决定做什么和怎么做的程序，包括确定总任务，确定产生主要成果的领域，规定具体的目标以及制定靠目标所需要的政策、方案和程序。在拟订计划前要对下面四个方面因素加以分析：①环境中的机会——组织可能做到些什么？②组织的能力与资源——组织实际能做些什么？③经营管理上的兴趣和愿望——组织要做些什么？④对社会的责任——组织应做些什么？制定计划的权变方法就是要对上面四个方面的因素及其相互关系进行分析。

权变学派认为,制定计划时对目标的明确性问题要做具体分析,对封闭式的机械组织和程序化的活动来说,明确目标是可行的,并能收到良好的效果。但是对开放式有机组织和非程序化的作业活动来说,明确目标以及达到目标而规定的效果就不会那么理想。这里要考虑一下是模糊性还是明确性,在比较复杂的管理过程中要能恰当地掌握明确性和模糊性相结合的度是非常重要的。

2. 权变理论的组织论

权变学派认为,每一种有着类似目的和类似工艺技术复杂程度的生产系统都有其独特的组织模型和管理原则。企业目的指的是它的产品和市场,这些目的决定着它会有什么样的生产技术和组织的复杂性。可以把这种组织复杂性的结构因素分为如下五种:①工作的专业化程度;②程序标准化程度;③规划或信息正规化(以书面形式记录)程度;④集权化程度(由具有正式决策权力的等级层次数目来判断);⑤权力结构的形式(由管理幅度和等级层次数目来判断)。他们研究发现,组织面貌同企业的规模大小和企业对其他单位的依赖程度是密切相关的。

这样,可把企业分为四种类型:①工作流程——行政型。这类组织的活动结构程度高,权力集中程度低,非人格的控制成分高,大企业和大规模制造业属于这种类型。②人员——行政组织型。这类组织的活动结构程度低,权力集中程度高,直接控制成分高。地方和中央政府部门和大企业所属的小工厂就属于这种类型。③含蓄结构型。这类组织的活动程度低,权力集中程度低,直接控制成分高,一些在管理和所有权上重复、主要依靠习惯而不是依靠规则工作的单位就属于这种类型。④完全的行政组织型。这类组织的活动结构程度和权力集中程度都高,非人格的控制成分高。这类组织很少,只有中央政府部门所属的制造工厂才属于这一类型。

3. 权变理论的控制论

权变控制模型理论研究的是在动态领导过程中领导者个性与领导情境之间的相互关系。构成权变模型的第一个重要变量是领导者个性。领导者个性即领导者的动机构成,是通过其在领导情境中设定的主要目标来确定的。一种类型的领导是"以关系为动因"的,其在领导的情境中是凭借良好的人际关系完成任务并以此来获得自我尊重的。在一些不太确定的情境中,重关系的人目标尤为明显。在一定的时期内,他可能对下属体贴,下属愿意为他出力。一旦取得了良好的效果,这种个性的领导人马上就会通过关系取得上级的认可。为了极力给上级留下好的印象,他对下属的福利不太关心。领导者的另一种个性是"以任务为动因"。他们试图通过证明自己的才干来得到尊重和满足。在一些不确定的领导情境中,他们的注意力主要集中在完成任务上面。当然,一旦"以任务为动因"的领导人在确信任务可以完成时,也会变得比较有人情味,花费时间同下属结成良好的人际关系。

权变模型的另一个重要变量是领导情境。领导情境包括三个指标,一是领导者与成员的关系,指的是领导人得到或感到群体成员认可和支持的程度;二是任务的结构性,指的是任务的明确性程序,上下级之间的关联性程度及对工作目标、程序、进度所作规定的详尽程度;三是职位权力,指的是领导者实施奖惩的能力以及通过组织制裁的权威性。如果领导者得到群体支持,任务的结构性明确,职位权力强,则他对情境有高度的控制力。反之,如果领导者得不到群体支持,任务模糊不清且无结构性,职位权力弱,则他对情境的控制力就小。可见,在领导情境系统中,最重要的是领导者与成员的关系,最不重要的是职位权力。菲德勒的这一发现十分重要。在以往的研究组织领导的理论中,特别是韦伯的理论中,职位权力占有最为重要的地位。

4. 理论评析

权变学派的主要作用是用管理理论有效地指导管理实践,它在管理理论与实践之间成功地架起了一座桥梁。它反对不顾具体的外部环境而一味追求最好的管理方法和寻求万能模式的教条主义,强调要针对不同的具体条件采用不同的组织结构、领导模式及其他的管理技术等。该理论把环境作为管理理论的重要组成部分,要求企业各方面活动要服从环境的要求。权变理论的出现,对于管理理论有某些新的发展和补充,主要表现在它比其他一些学派与管理实践的联系更具体一些,与客观现实更接近一些。但是,权变理论在方法论上也存在着严重的缺陷,主要问题是仅仅限于考察各种具体的条件和情况,而没有用科学研究的一般方法来进行概括;只强调特殊性,否认普遍性;只强调个性,否认共性。这样研究自然不可避免地滑到经验主义的立场上。权变学派把各个学派的优点加以综合,也看到了其他学派的不足。尽管它得到了广泛的应用,但是权变学派对于管理理论没有突破性的发展,它的成绩在于以往的管理理论的灵活应用,所以它本身并没有独特的内容。

应当肯定地说,权变理论为人们分析和处理各种管理问题提供了一种十分有用的方法。它要求管理者根据组织的具体条件及其面临的外部环境,采取相应的组织结构、领导方式和管理方法,灵活地处理各项具体管理业务;这样,就使管理者把精力转移到对现实情况的研究上来,并根据对于具体情况的具体分析,提出相应的管理对策,从而有可能使其管理活动更加符合实际情况,更加有效。所以,管理理论中的权变的或随机制宜的观点无疑是应当肯定的。同时,权变学派首先提出管理的动态性,人们开始意识到管理的职能并不是一成不变的,以往人们对管理的行为的认识大多从静态的角度来认识,权变学派使人们对管理的动态性有了新的认识。

本 章 小 结

自从有了人类社会,就有了早期的管理实践活动,长期的实践经验的积累,形成了早期的管理思想。但把管理思想进行总结、提炼比系统化为管理理论则是在19世纪末才开始的。

古典管理理论的代表人物:泰勒、法约尔和韦伯从三个不同的角度,即个人、组织和社会来解答整个资本主义社会宏观和微观的管理问题,为资本主义解决劳资关系、生产效率、社会组织等方面的问题,提供了管理思想的指导和科学理论方法。科学管理史管理从经验走向科学的标志,也是管理走向现代化和科学化的标志。

行为科学的产生源于梅奥教授领导的著名的"霍桑实验",并产生了人际关系学说,提出了工人是"社会人"的观点,奠定了行为科学理论的基础。行为科学理论把重点放在分析影响组织中人的行为的各种因素上,强调管理的重点是理解人的行为。

第二次世界大战以后,由于管理受到世界各国各地区的普遍重视,管理思想得到了迅速发展,出现了许多新的理论和学说,形成了众多学派,主要包括管理过程学派、社会系统学派、决策理论学派、系统管理学派、管理科学学派、经验主义学派和权变理论学派等。

习 题

1. 管理理论的发展分为哪几个阶段?
2. 泰勒的科学管理理论的核心思想和主要内容是什么?
3. 泰勒的科学管理与当今我国的组织管理实践有什么关系?试说明之。
4. 法约尔的"十四条管理原则"的主要内容是什么?法约尔的管理思想与泰勒的管理思想有何差别?
5. 试述霍桑实验的主要内容及其对管理实践与理论的贡献。
6. 行为科学理论的研究对象和研究内容是什么?
7. 现代管理理论主要包括哪些学派?各学派的主要观点是什么?
8. 你是否同意这种说法"管理思想的发展是由时代和当时的条件决定的",试讨论之。
9. "泰勒和法约尔给予我们一些明确的管理原则,而权变方法却说一切取决于当时的情境,我们倒退了75年,从一套明确的原则退回到一套不明确的和模糊的指导方针上去了。"你是否同意这种说法,为什么?
10. 有人说,忘记过去的人应受到谴责并应重温历史。分析这种说法,并以实例说明学习管理思想的发展历史能够帮助一个人成为更好的管理者。

第3章 计 划

【学习目的】
(1) 理解目标的含义、作用和特点；
(2) 掌握目标的制定原则；
(3) 理解计划的含义、作用和地位；
(4) 了解计划的内容、原则和类型；
(5) 掌握计划编制的要求和过程；
(6) 理解计划方法的基本原理和实施。

管理的魅力在于科学预见未来,这一点主要通过计划而实现的。计划的意义就在于制订未来发展的蓝图,连接现在和将来要达到的目标。现代战争的发展,打破了以往"按部就班"、层层推进的行为模式,在管理中更加强调"见机行事"、动态控制,但这并未否定计划的重要性,计划始终是管理的首要职能,是其它管理活动的基础。

3.1 目 标

3.1.1 目标的含义

目标是一个组织中各项活动所指向的终点,是组织任务的具体化,是一个组织奋力争取的希望达到的未来状况。

1. 目标的定义

各种组织都有一定的目的(宗旨或任务),这是一种使命、职责,这个目的表明了社会所赋予这个组织的基本职能或组织应完成的社会委托给它的任务。例如企业的目的是生产、分配商品,提供服务,满足社会需要;公路部门的目的是形式公路系统的公路设计、建造和经营;大学的目的是教育和研究;军队的目的是保家卫国;医院的目的是救死扶伤等。

目标是指组织一定时期内期望的成果,也就是组织在一定时期内追求的结果。这些成果可能是个人的、团队的或整个组织努力的结果。目标为所有的管理决策指明了方向,并且作为标准可用来衡量实际的绩效,可以说,目标是计划的基础。

确定的目标是引导组织行为的一个重要激励和方向,明确了组织和个人的具体努力方向。一般来说,明确的目标要比只要求人们尽力去做会有更高的业绩,而且高水平的业绩是和高水平的意向有关联的,如图3-1所示。

2. 目标的作用

(1) 指明管理工作的方向。目标的作用就在于为管理指明方向。只有明确的目标,

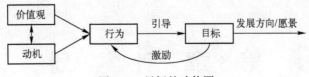

图 3-1 目标的功能图

才能便于优化配置组织资源,实现组织资源的合理利用,同时检验组织成员为实现目标而做的贡献。将总目标分解而设定的目标体系,实际上是为组织各部门、员工在一定时间里安排的任务,对各部门、员工具有指明方向的作用。

(2) 凝聚作用。组织凝聚力的大小受到多种因素的影响,其中的一个因素是组织目标。当组织目标充分体现了组织成员的共同利益,并能够与组织成员的个人目标取得最大程度的和谐一致时,才能极大地激发组织成员的工作热情、献身精神和创造力。而组织目标与个人目标之间潜在的冲突,则是削弱组织凝聚力的。

(3) 激励作用。目标是一种激励组织成员的力量源泉。对组织中员工而言,目标的激励作用是:①个人只有明确了目标才能调动起潜在的能力,尽力而为,创造出最佳成绩;②个人只有在达到了目标后,才会产生成就感和满意感。因此,要使目标对组织成员产生激励作用,一方面要符合员工的需要,另一方面要有挑战性。

(4) 考核标准。根据明确的目标进行考核比较客观、科学、合理,有利于调动员工的积极性;而凭主观印象的考核极为不科学,对某些工作热情高的员工甚至是一种打击,不利于激发员工的工作热情。一种有效的方法是对总目标进行分解,然后从具体工作的角度制定目标。采用分解的方法,将员工技术素质具体化,就比较容易制定出可考核的目标。

3.1.2 目标的分类

由于目标具有不同的属性,从而使得目标表现出不同的对应类型,如主要目标和次要目标,控制性目标和突破性目标,长期目标和短期目标,明确目标和模糊目标,定量目标和定性目标等等。

1. 主要目标和次要目标

就企业来说,企业生存、赢利和发展作为企业三个最为重要的目标同时存在,相辅相成,缺一不可。某种程度上它们是所有企业的最终目标。

次要目标是有助于实现主要目标的目标。例如,营销目标作为次要目标,追求的是确保产品设计能够始终迎合顾客的需求而使顾客重复购买。它与企业的总目标是一致的,也是主要目标所必需的。同样,如人事目标作为次要目标,追求的是创造良好的工作环境以使企业人员调整率低于2%。生产目标则追求最大限度地降低生产的次品数量。每一个次要目标都贯穿在企业的经营中,并有助于总目标的实现。然而,并非目标越多越好,相反,应当尽可能减少目标的数量,尽量突出主要目标。

2. 控制性目标和突破性目标

控制性目标是指使生产水平或经营活动水平维持在现有水平。美国可口可乐公司由于拥有世界性专利,在20世纪60年代前一度以生产单一口味的品种、单一标准的瓶装和统一的广告宣传作为其产品设计和营销的目标和手法,长期占领了世界软饮料市场;

而我国第一汽车制造厂在20世纪80年代中期以前的长时间内,也是以生产单一规格、单一车型、单一颜色、单一价格的"解放"牌汽车,行销全国。以上两例的生产经营战略都是采取的控制性目标。

突破性目标是指使生产水平或经营活动水平达到前所未有的水平。例如,某企业产品的废品率在15%左右,在计划中要提高工作质量,使废品率降到10%。这个10%就是突破性目标。

3. 长期目标和短期目标

将目标分为短期目标和长期目标是相对时间跨度而言。一般来说,时间跨度达5年以上的目标称为长期目标。由于长期目标历时较长,中间发生的变动因素很多,因此,随着时间的推移,长期目标在实施过程中会不断进行调整。短期目标通常是指一年以内要求达到的目标。

短期目标是长期目标的基础,任何长期目标的实现必然是由近及远。另外,短期目标必须体现长期目标,必须是为了实现长期目标。为了使长期计划和短期计划之间形成一个整体关系,首先应使长期目标与短期目标之间形成一个整体关系,否则,可能产生相悖的效果。例如,生产管理人员为了降低维修费用,可能疏忽为保持机器良好运转所必需的费用。最初,机器的损坏并不明显,但是,以后修理费用可能花得更多。因此,为了使短期目标有助于长期目标的实现,必须拟订实现每个目标的计划,并把这些计划汇合成一个总计划,以此来检查它们是否合乎逻辑,是否协调一致和是否切实可行。

4. 明确目标和模糊目标

从管理的角度讲,目标一般应当越明确越好。明确的目标既有利于计划,又有利于控制。例如,某大型企业制定的3年内要达到的利润的绝对额或投资报酬率、销售额及雇员数量等方面的增长,本企业销售额与行业全比重即所占市场份额等目标,这些都是明确目标,便于有效执行。但任何事情都有其另一面。当不能没有目标,又不宜规定具体目标时,我们不妨提出一种模糊的目标,这样也许效果会更好。联想集团总裁柳传志,1995年在联想集团产业发展报告会上阐述集团的发展目标时说:"我们想做一个长久性的公司,要做百年老字号,这是第一条最重要的目标;第二要做一个有规模的公司,要有国际性的市场地位;第三要做一个高技术的公司,不想什么赚钱做什么。"这显然比明确规定的具体数字更为合理贴切。评价模糊目标是否实现的标准也不同于明确目标,它是一种满意标准,是一种价值判断。

5. 定量目标和定性目标

人们有时必须回答这样的问题:"最终,我将如何知道目标已经完成?"要得出正确的答案,关键则在于其目标具有可考核性,并使之走量化。但是,许多目标是不宜用数量表示的,硬性地将一些定性的目标数量化,这种做法也是不科学的。在组织的经营活动中,定性目标是不可缺少的。在政府机构,定性目标则更显重要。有时,提出一个定性目标可能比规定一个定量目标更能使主管人员处于有利主动的地位。

任何定性目标都能用详细说明规划或其他目标的特征和完成日期的方法来提高其可考核的程度。但有时定性目标要用可考核的评述来说明结果会更加困难些。例如,确立年内安装一个自动供水系统目标,只说"要安装一个自动供水系统"却是一个不可考核的目标。但是,如果我们明确提出"在2005年12月31日前,生产部门要安装一个自动供水系统(有一定的指标),耗费不多于500个工作小时",那目标完全可以加以计量了。此外,质量也可以根据实际供水数量和时间的多少做出准确的说明。

3.1.3 目标的特点

1. 目标的多元性

面对未来,组织也会有多个目标。可能有多个主要目标,或者主要目标之外还有一些次要的目标。不同类型的社会公众会对同一组织提出不同的要求,因此组织目标的多元性是组织为了适应组织内外环境的不同要求而导致的必然结果。

2. 目标的层次性

企业除了需要考虑不同利益相关者的要求,设计多元化的目标以外,还需要针对内部不同层次来设计不同层次的目标,表3-1所列即为高层与中基层目标的比较。

表3-1 高层与中基层目标的比较

高层	中基层
战略目标	战术目标
组织整体目标	个别功能目标
长期目标	短期目标
对外目标	对内目标

上述不同层次之间的目标相互影响、相互制约、有机联系。组织目标的确定通常由最高层开始,然后将高层目标进行分解,形成下一层次的目标;下一层次目标进一步分解,直至确定每个人员的个人目标。为了保证组织目标的实现,首先必须保证其下一层次目标的实现,由此类推,只有下一层次目标的实现,上一层次目标的实现才有可能,因此,下一层次的目标可以称为上一层次目标实现的手段。经过层次分解后,在组织中形成了一个不中断的"目标—手段链(means-ends chain)"。

3. 目标的时间性

从目标的定义可以看出目标的实现有一定的时间限制,因此,组织在制定目标的过程中还必须考虑到不同时间限制的目标内容。通常可以根据目标实现所需要的时间将企业目标划分为短期目标(short-term objective)、中期目标(medium-term objective)和长期目标(long-term objective)。

4. 目标的差异性

不同类型的组织,由于组织基本宗旨不同,组织目标也大不相同。同一类型的组织,尽管组织基本宗旨相同,但由于受其所处的具体环境、所拥有的组织资源及价值观念等的制约和影响,即使组织目标指标体系可能相同,其目标的具体数值也常表现出很大的差异。

3.1.4 目标的制定

管理者只有清楚地了解和把握了组织目标,才能做出正确的决策。然而,目标并不是可以随意设定的,管理者会利用其聪明才智,按照一定的程序制定合理的组织目标。

1. 设置"聪明的(Smart)"目标

管理者可以根据组织的需要来设置目标,但一个好的目标通常具备五项基本特征:具体明确、可衡量、可考核、可实现、结果导向、时间限制,俗称为 Smart 目标。

1)具体明确(Specific)

含糊不清的目标,不仅不利于下级人员执行任务,而且,激励作用效果也不好,所以目标应该明确说明不能含糊其辞。

2)可考核(Measurable)

只要可能,目标就要可以考核或者可以进行量化,也就是说应该有方法可以度量目标达到的程度。具体例子如表3-2所示。

表3-2 可考核与不可考核的目标

不可考核目标	可考核目标
获取合理利润	本会计年度终了实现投资收益率12%
加强信息沟通	自2006年7月1日开始发行两页的新闻月刊
提高生产部门的生产率	到2006年12月31日为止,增加产品的产出量5%,不增加成本,并保持现有的质量水平
培养更好的管理人员	设计并开办一个"管理学基础"班,室内课程40小时,在2006年10月1日之前完成,包括不多于200个工作小时的管理开发人员配备,并至少有90%的管理人员通过考试
安装一个计算机控制系统	在2006年12月31日之前,生产部门安装一个计算机控制系统,要求不多于500个工作小时的系统分析,在投入运行的最初3个月内,停机时间不超过10%

3)可实现(Attainable)

目标需要具有挑战性,但是,目标也不能让人难以企及。一旦员工通过努力,组织的目标都不可能实现,那么,员工的积极性会受到挫伤。但是,如果目标太容易达到,员工又感觉不到激励的效果。

弹性目标(Stretch goal)也许是解决问题的有效方法,即设计既有挑战性又客观实在的目标,以激励员工达到更高的标准。有效的弹性目标的关键是,保证目标的设定是在现有资源基础的范围之内,而不会超过各部门的时间资源、设备资源或经济资源。

4)结果导向(Results oriented)

选择一定数量的目标是重要的,但是这些目标应该是结果导向的,并且它们应该支持组织的愿景。设定目标时应该用"完成、获得、增加"这样的字眼而不是"发展、管理、执行"等字眼。

5)时间限制(Timetable)

没有时间限制的目标失去了其存在意义。一般说来,当高层管理者指定战略目标的时间限制为3年,那么,各个分公司、各个部门相应地就确定了自己的时间界限,也便于确定具体的行动方案。

2. 组织目标的制定

管理者为了制定"聪明的(Smart)"组织目标,必须组织人们按照一定的程序来制定组织目标。制定组织目标的过程一般包括以下几个步骤。

(1)环境条件分析。一方面要了解和分析组织自身的条件和运行状况;另一方面要了解和分析组织外部环境状况及其发展趋势。

（2）确定总体目标内容。组织目标制定的第（2）步要确定组织的总体目标。总体目标一般又包括财务目标、生产市场目标和职能目标三个方面。

（3）目标的分解和协调。总体目标需进一步分解成一些低层次的具体目标，以便将组织目标层层落实到组织的各个层次和各个岗位，使其形成一个目标网络。对不同的分目标进行协调，使目标网络化为一个"相互支援的矩阵"。

3.2　计划的基本概念

3.2.1　计划的含义

在汉语中，"计划"一词词性既可能是名词，也可能是动词。从名词意义上说，计划是指用文字和指标等形式所表述的，组织以及组织内不同部门和不同成员，在未来一定时期内，关于行动方向、内容和方式安排的管理文件。计划既是决策所确定的组织在未来一定时期内的行动目标和方式在时间和空间的进一步展开，又是组织、领导、控制和创新等管理活动的基础。从动词意义上说，计划是指为了实现决策所确定的目标，预先进行的行动安排。这项行动安排工作包括：在时间和空间两个维度上进一步分解任务和目标，选择任务和目标实现方式，进度规定，行动结果的检查与控制等。我们有时用"计划工作"表示动词意义上的计划内涵。

计划是一种结果，它是在计划工作所包含的一系列活动完成之后产生的。计划工作的成绩好坏只有通过计划的实施是否顺利的达到既定目标来反映。

计划工作有广义和狭义之分。广义的计划工作是指制定计划、执行计划和检查计划的执行情况三个阶段的工作过程。而狭义的计划工作则是指制定计划。这里的计划工作概念是从狭义上讲的。

正如哈罗德·孔茨所言，"计划工作是一座桥梁，它把我们所处的这岸和我们要去的对岸连接起来，以克服这一天堑。"计划工作给组织提供了通向未来目标的明确道路，给组织、领导和控制等一系列管理工作提供了基础，同时计划工作也要着重于管理创新。有了计划工作这座桥，本来不会发生的事，现在就可能发生了；模糊不清的未来变得清晰实在。虽然我们几乎不可能准确无误地预知未来，虽然那些不可控制的因素可能干扰最佳计划的制订，并且我们几乎不可能制订最优计划，但是除非我们进行计划工作，否则我们就只能听任自然了。

计划，是为实现既定目标而事先选定的最佳行动方案。计划是行动的依据。为确保管理活动按照预定的目标滚动前进、协调发展，有效规避风险，防止出现大的震荡和反复，必须建立科学严密的计划体系。

无论在名词意义上还是在动词意义上，计划内容都包括"5W1H"，计划必须清楚地确定和描述这些内容。

What——做什么？目标与要求（以此来合理购置你的资源）。

Why——为什么做？原因和目的（要确定宗旨、目标，实现的可能性）。

Who——谁去做？人员，具体的执行者（这样才能做到职责明确）。

Where——何地做？地点（了解计划实施的环境）。
When——何时做？时间（计划的进度，这样才能合理配置你的资源）。
How——怎样做？方式、手段（如何将人力、物力、财力放置到不同的部门）。

3.2.2 计划的分类

计划是将决策实施所需完成的活动任务进行时间和空间上的分解，以便将其具体地落实到组织中的不同部门和个人。因此，计划的分类可以依据时间和空间两个不同的标准。除了时间和空间两个标准外，还可以根据计划的明确程度和计划的程序化程度对计划进行分类。把计划分类为战略性计划和战术性计划是管理活动中常见的。这一分类是根据综合性标准，综合了时间和空间两类标准，考察计划涉及的时间长短和涉及的职能范围的广狭程度。表3-3列出按不同方式分类的计划类型。

表3-3 计划类型表

分类标准	类型
时间长短	长期计划
	中期计划
	短期计划
职能空间	业务计划
	财务计划
	人事计划
综合性程度（涉及时间长短和涉及的范围广狭）	战略性计划
	战术性计划
明确性	具体性计划
	指导性计划
程序化程度	程序性计划
	非程序性计划

1. 长期计划、中期计划和短期计划

长期计划的内容主要包括组织的长远目标以及如何去达到组织的长远目标。一般来说，人们习惯把5年以上的计划称为长期计划。总的来说，长期计划只规定组织的目标和达到目标的总的方法，而一般不规定具体做法。中期计划是将长期计划的内容细化为每个阶段的目标。1年以上5年以下的计划称为中期计划。短期计划对活动有着较为详细的说明和规定。1年以下的计划称为短期计划。但应注意，这样的划分也不是绝对的。例如，航天企业一个项目短期计划可能需要5年。而一个小的服装厂，由于市场变化非常快，它的长期计划可能仅适应1年。

2. 业务计划、财务计划和人事计划

从组织的横向层面看，组织内有着不同的职能分工，每种职能都需要形成特定的计划。如企业要从事生产、营销、财务、人事等方面的活动，就要相应的制定生产计划、营销计划、财务计划等。

从职能空间分类，可以将计划分为业务计划、财务计划及人事计划。组织是通过从事一定业务活动立身于社会的,业务计划是组织的主要计划。我们通常用"人、财、物、供、产、销"6个字描述一个企业所需的要素和企业的主要活动。业务计划的内容涉及"物、供、产、销",财务计划的内容涉及"财",人事计划的内容涉及"人"。

作为经济组织,企业业务计划包括产品开发、物资采购、仓储后勤、生产作业以及销售促进等内容。长期业务计划主要涉及业务方面的调整或业务规模的发展,短期业务计划则主要涉及业务活动的具体安排。例如,长期产品计划主要涉及产品新品种的开发,短期产品计划则主要与现有品种的结构改进,功能完善有关;长期生产计划安排了企业生产规模的扩张及实施步骤,短期生产计划则主要涉及不同车间、班组的季、月、旬乃至周的作业进度安排;长期营销计划关系到推销方式或销售渠道的选择与建立,而短期营销计划则为在现有营销手段和网络的充分利用。

财务计划与人事计划是为业务计划服务的,也是围绕着业务计划而展开的。财务计划研究如何从资本的提供和利用上促进业务活动的有效进行,人事计划则分析如何为业务规模的维持或扩大提供人力资源的保证。例如,长期财务计划要决定,为了满足业务规模发展、从而资本增大的需要,如何建立新的融资渠道或选择不同的融资方式,而短期财务计划则研究如何保证资本的供应或如何监督这些资本的利用效率;长期人事计划要研究如何保证组织的发展提高成员的素质,准备必要的干部力量,短期人事计划则要研究如何将具备不同素质特点的组织成员安排在不同的岗位上,使他们的能力和积极性得到充分的发挥。

3. 战略性计划与战术性计划

根据涉及时间长短及其范围广狭的综合性程度标准,可以将计划分类为战略性计划与战术性计划。战略性计划是应用与整体组织的,为组织未来较长时期(通常为5年以上)设立总体目标和寻求组织在环境中的地位的计划。战术性计划是规定总体目标如何实现的细节的计划,其需要解决的是组织的具体部门或职能在未来各个较短时期内的行动方案。战略性计划显著的两特点是:长期性与整体性。长期性是指战略性计划涉及未来较长时期,整体性是指战略性计划是基于组织整体而制订的,强调组织整体的协调。战略性计划是战术性计划的依据,战术性计划是在战略性计划指导下制订的,是战略性计划的落实。从作用和影响上来看,战略性计划的实施是组织活动能力的形成与创造过程,战术性计划的实施则是对已经形成的能力的应用。

4. 具体性计划与指导性计划

根据计划内容的明确性标准,可以将计划分类为具体性计划和指导性计划。具体性计划具有明确规定的目标,不存在模棱两可。例如,企业销售部经理打算使企业销售额在未来6个月中增长15%,他也许制定明确的程序、预算方案以及日程进度表,这便是具体性计划。指导性计划只规定某些一般的方针和行动原则,给予行动者较大自由处置权,它指出重点但不把行动者限定在具体的目标上或特定的行动方案上。例如,一个增加销售额的具体计划可能规定未来6个月内销售额要增加15%,而指导性计划则可能只规定未来6个月内销售额要增加12%~16%。相对于指导性计划而言,具体性计划虽然更易于计划的执行、考核及其控制,但是它缺少灵活性,以及它要求的明确性和可预见性条件往往很难得到满足。

5. 程序性计划与非程序性计划

西蒙把组织活动分为两类。

（1）例行活动，指一些重复出现的工作，如订货、材料的出入库等。有关这类活动的决策是经常反复的，而且具有一定的结构，因此可以建立一定的决策程序。每当出现这类工作或问题时，就利用既定的程序来解决，而不需要重新研究。这类决策叫程序化决策，与此对应的计划是程序性计划。

（2）非例行活动，不重复出现，比如新产品的开发、生产规模的扩大、品种结构的调整、工资制度的改变等。处理这类问题没有一成不变的方法和程序，因为这类问题在过去尚未发生过，或因为其确定的性质和结构捉摸不定或极为复杂，以及因为其十分重要而需要个别方法加以处理。解决这类问题的决策称为非程序化决策，与此对应的计划是非程序性计划。

纽曼指出，"管理部门在指导完成既定目标的活动上基本用的是两种计划：常规计划和专用计划。"常规计划包括政策、标准方法和常规作业程序，所有这些都是准备用来处理常发性问题的。每当一种具体常见的问题发生时，常规计划就能提供一种现成的行动指导。专用计划包括为独特的情况专门设计的方案、进程表和一些特殊的方法等，它用来处理一次性的而非重复性的问题。

3.2.3 计划的作用和地位

1. 计划的作用

概括起来，计划的作用，主要体现在以下四个方面。

1）指明方向

计划为管理工作提供了基础，是管理者行动的依据。良好的计划可以通过明确组织目标和开发组织各个层次的计划体系，将组织内成员的力量凝聚成一股朝着同一目标方向的合力，从而减少内耗，降低成本，提高效率。

2）预测变化，减少冲击

计划是面向未来的，而未来无论是组织生存的环境还是组织自身都具有一定的不确定性和变化性。"凡事预则立，不预则废"，这就要求组织能及时预见威胁，或及时发现机会，以便早作准备，以应付万一。计划就是"预"。尽可能的变"意料之外的变化"为"意料之中的变化"。未来的情况是不断变化的，计划是预期这种变化并且设法消除变化对组织造成不良影响的一种有效手段。

3）力求经济合理

组织在实现目标的过程中，各种活动会出现前后协调不一、联系脱节等现象，同样在多项活动并行的过程当中也往往会出现不协调现象。良好的计划能通过设计好的协调一致、有条不紊的工作流程来避免上述现象的发生，从而减少重复和浪费性活动。

4）有利于有效地进行控制

组织在实现目标的过程中离不开控制，而计划则是控制的基础。如果没有既定的目标和规划作为衡量的尺度，管理人员就无法检查组织目标的实现情况，也就无法实施控制。控制中几乎所有的标准都来自于计划。

2. 计划的地位

尽管所有的管理职能在实际管理工作中交织在一起，形成一个管理系统，但是计划具有它的独特地位，这主要体现在以下两个方面。

1）计划工作的首要地位

计划工作要为全部的组织活动确定必要的目标。管理者必须先制定好计划,才能确定组织需要何种结构和人员,按照什么方针去领导组织成员,以及采用什么样的控制措施。

2）计划工作的普遍性

无论是什么组织,也无论是组织中哪个层次的管理者,要想实施有效管理,就必须要做好计划工作。组织中的每一位管理者尽管职权和管理范围存在不同,但都拥有制定计划的部分权利和责任,都要进行计划工作,计划工作是全体管理者的一项智能。

3.3 计划的编制

3.3.1 计划的编制原则

1. 计划的目的必须明确

计划是确定行动目标、拟订行动方案的过程,确定目标是计划的核心工作。计划要告诉我们做什么,为什么要做这些事。如果这些问题表述不清楚,计划的后续工作都将没有价值。

2. 计划要坚持可行性与创造性的结合

管理者在制订计划时要使计划具有可行性,否则,无法实现的计划将会使组织成员产生挫折感;而过低的计划又会缺乏对成员的激励作用,使组织成员消极怠工。同时,计划总是针对需要解决的新问题和可能发生的新变化而制订,这就要求计划的制订者要认识到环境的客观性,努力了解和找到影响计划的关键性因素,并据此提出对策。

3. 计划的制订要有弹性

使计划在正确的假设条件下保持相对稳定,是计划得以实现的基本条件之一。但外界的不确定因素又决定了计划必须有一定的弹性,以便组织能够有计划地应付环境的各种可能变化。

4. 要坚持长期计划与短期计划相结合

长期计划意味着风险和代价的增加,但没有长期计划就会使组织失去本来可以获得的更大的发展机会,所以要用长期计划统领和引导短期计划,用短期计划来补充和丰富长期计划。

3.3.2 计划的编制要求

1. 系统配套

计划的编制必须在时间纵轴和空间横轴两个方向上充分考虑系统配套的要求。一方面,要建立和完善远中近相衔接、各种专门(或部门)计划相配套的规划计划体系;另一方面,规划计划要与预算相结合,确保规划计划的实施有可靠的资源保证。

2. 全面周密

要全面周密地分析组织因素、环境因素、空间和时间等权变因素,掌握清制订计划的初始条件及所拥有的资源;准确预测发展趋势和结果,掌握计划的每一个中间过程,使各项活动之间、各个阶段之间的相互衔接更加顺畅;同时,还要充分考虑偶然性和不确定性因素的影响,准确适当的应变措施。

3. 抓住关键

要抓住关键任务,把关键性任务作为制订计划的关注重点,在人力、物力和财力上给予特别的关照;要抓住关键资源,确保关键性资源能够及时正常地供给;要抓住影响计划实施的关键性潜在的因素,着力消除它们对计划实施的负面影响。

4. 灵活可行

所谓灵活,就是要使计划具有一定的弹性,能够应对可能出现的变化。这就是说,在制定计划时,要为应对可能出现的偶然因素和不确定因素留有一定的资源,使计划自身具有一定的调节能力。所谓可行,就是指计划的目标、任务、完成主体和时限、完成的对策和措施等都要明确规定,使计划有较强的可操作性。同时,还要对计划实施的情况进行不间断的跟踪,及时发现问题,寻求应对措施,灵活地修改计划,确保计划连续地执行下去。

5. 力求最优

要有最优化的意识,应把追求最优化作为制订计划的一个目标,并尽量采取各种措施和方法去实现这一目标;要运用最优化的方法,通过对计划问题的细致分析,找出能够统筹兼顾整个活动所有环节的最优方案;对计划执行结果进行科学评估,认真总结计划过程中的经验和教训,创新制定计划的理论和方法,推动管理计划工作向前发展。

6. 立足困难

制订计划,必须要考虑最困难、最复杂的情况,着眼应对最困难、最复杂的情况,多准备几套应对方案,确保一旦实施计划就要成功。

3.3.3 计划的编制过程

计划编制本身也是一个过程。为了保证编制的计划合理,确能实现决策的组织落实,计划编制过程中必须采用科学的方法。

虽然可以用不同标准把计划分成不同类型,计划的形式也多种多样,但管理人员在编制任何完整的计划时,实质上都遵循相同的逻辑和步骤。

管理者在制订计划时,可以遵循如下基本流程,完成整个计划过程。如图3-2所示。

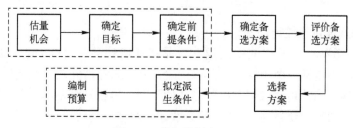

图3-2 制订计划流程图

1. 估量机会

估量机会包括分析问题和机会,是建立在组织的内外环境评价的基础上。问题主要代表组织现存的劣势,或者与理想的差距;机会主要代表外部环境中有利的一面,或者解决问题的可能性。分析问题和估量机会时计划工作的起点。因为只有存在问题需要解决或存在解决的机会时,才需要制订计划。

2. 认清现在

计划是连接我们所处的此岸和我们要去的对岸的一座桥梁。目标指明了组织要去的对岸。因此,制订计划的第二步是认清组织所处的对岸,即认清现在。认识现在的目的在于寻求合理有效的通向对岸的路径,也即实现目标的途径。认清现在不仅需要有开放的精神,将组织、部门置于更大的系统中,而且要有动态的精神,考察环境、对手与组织自身随时间的变化与相互间的动态反应。对外部环境、竞争对手和组织自身的实力进行比较研究,不仅要研究环境给组织带来的机会与威胁,与竞争对手相比的组织自身的实力与不足,还要研究环境、对手及其自身随时间变化的变化。"计划的方法"将对此内容进行详细讨论。

3. 研究过去

虽然"现在"不必然在"过去"的线性延长线上,但"现在"毕竟是从"过去"走来。研究过去不仅是从过去发生的事件中得到启示和借鉴,更重要的是探讨过去通向现在的一些规律。从过去发生的事件中探求事物发展的一般规律,其基本方法有两种:一为演绎法;二为归纳法。演绎法是将某一大前提应用到个别情况,并从中引出结论。归纳法是从个别情况发现结论,并推论出具有普遍原则意义的大前提。现代理性主义的思考和分析方式基本上可分为以上两种,即要么从已知的大前提出发加以立论,要么有步骤地把个别情况集中起来,再从中发现规律。根据所掌握的材料情况,研究过去可以采用个案分析、时间序列分析等形式。

4. 预测并有效地确定计划的重要前提条件

前提条件是关于要实现计划的环境的假设条件,是关于我们所处的此岸到达我们将去的彼岸过程中所有可能假设情况。预测并有效地确定计划前提条件的重要性不仅在于,对前提条件认识越清楚、越深刻,计划工作越有效,而且在于,组织成员越彻底地理解和同意使用一致的计划前提条件,企业计划工作就越加协调。

由于将来是极其复杂的,要把一个计划的将来环境的每个细节都做出假设,不仅不切合实际甚至无利可图,因而是不必要的。因此,前提条件是受到那些对计划来说是关键性的,或具有重要意义的假设条件的限制,也就是说,受到那些最影响计划贯彻实施的加色条件的限制。预测在确定前提方面很重要,最常见的对重要前提条件预测的方法是德尔非法。

5. 拟订和选择可行性行动计划

"条条道路通罗马""殊途同归",这些都是描述实现某一目标的途径是多条的。拟定和选择行动计划包括三个内容:拟订可行性行动计划、评估计划和选定计划。

拟订可行性行动计划要求拟订尽可能多的计划。可供选择的行动计划数量越多,被选计划的相对满意程度就越高,行动就越有效。因此,在可行的行动计划拟订阶段,要发扬民主,广泛发动群众,充分利用组织内外的专家,通过他们献计献策,产生尽可能多的行动计划。在寻求可供选择的行动计划阶段需要"巧主意",需要创新性。尽管没有两个人的脑力活动完全一样,但科学研究表明创新过程一般包括浸润(对一问题由表及里的全面了解)、审思(仔细考虑这一问题)、潜化(放松和停止有意识的研究,让下意识来起作用)、突现(突现绝妙的,也许有点古怪的答案)、调节(澄清、组织和再修正这一答案)。

具体的方式有头脑风暴法、提喻法。

评价行动计划,要注意考虑以下几点。

(1) 认真考查每一个计划的制约因素和隐患。

(2) 要用总体的效益观点来衡量计划。

(3) 既要考虑到每一计划的许多有形的可以用数量表示出来的因素,又要考虑到许多无形的不能用数量表示出来的因素。

(4) 要动态地考查计划的效果,不仅要考虑计划执行所带来的利益,还要考虑计划执行所带来的损失,特别注意那些潜在的、间接的损失。评价方法分为定性和定量两类。

(5) 按一定的原则选择出一个或几个较优计划。

6. 制订主要计划

完成了拟订和选择可行性行动计划后,拟订主要计划就是将所选择的计划用文字形式正式地表达出来,作为一项管理文件。拟写计划要清楚地确定和描述计划的内容。

7. 制订派生计划

基本计划几乎肯定需要派生计划的支持。例如,一家公司年初制订了"当年销售额比上年增长15%的销售计划",这一计划发出了许多信号,如生产计划、促销计划等。又如,当一家公司决定开拓一项新的业务时,这个决策是要制订很多派生计划的信号,如雇佣和培训各种人员的计划、筹集资金计划、广告计划等。

8. 制定预算,用预算使计划数字化

在做出决策和制订计划后,赋予计划含义的最后一步就是把计划转变成预算,使计划数字化。编制预算:一方面是为了计划的指标体系更加明确;另一方面是企业更易于对计划执行进行控制。定性的计划,往往在可比性、可控性和进行奖惩方面比较困难,而定量的计划,则具有较硬的约束。

3.4 现代计划方法

3.4.1 滚动计划法

1. 概念

滚动计划法是一种将短期计划、中期计划和长期计划有机地结合起来,根据近期计划的执行情况和环境变化,定期修订未来计划,逐期向前推进的方法。在制定长期计划时,由于很难准确地预测未来影响经济发展的各种变化因素,并且随着计划期的延长,不确定性会越来越大,如果机械地按照原定计划执行,就可能脱离实际而造成严重损失。滚动计划法采用了近细远粗的制定计划办法,可以有效避免不确定性带来的不良后果。

在每次编制和修订计划时,滚动计划法都要根据前一期计划执行情况和客观条件的变化,把近期的详细计划和远期的粗略计划结合在一起,在近期计划完成后,再根据执行结果的情况和新的环境变化逐步细化并修正远期计划,将计划期向前延伸一段时间,使计划不断向前滚动。

2. 编制方法

该方法是在已编制出的计划的基础上,每经过一段固定的时期便根据变化了的环境条件和计划的实际执行情况,从确保实现计划目标出发,对原计划进行调整。每次调整时,保持原计划期限不变,并逐期向前推移。在应用滚动计划法时,从第一个滚动期开始,由细到粗地编制整个计划期的计划。第一个滚动期的计划要详细,以利于计划的实施,往后则编制逐渐粗略的计划,使计划有一定的弹性。

采用滚动计划法,可以根据环境条件的变化和计划的实际完成情况,定期对计划进行修改,以增加计划的准确性,有利于计划的顺利实施;同时,这种计划方法使长、中、短期计划能够相互衔接,既保证了长期计划的指导作用,使各期计划能够基本保持一致,也保证了计划应具有的基本弹性。

下面以五年计划编制为例来说明该方法。某公司在2005年底制定了2006—2010年的五年计划。采用滚动计划法,到2006年底,就要根据2006年计划的实际完成情况和客观条件的变化,对原定的五年计划进行必要的调整和修订,在此基础上编制2007—2011年的五年计划,其后以此类推,如图3-3所示。

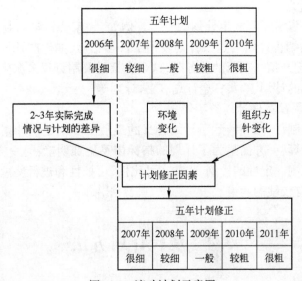

图3-3　滚动计划示意图

3. 滚动计划法优点

(1) 使计划更加切合实际,大大地提高了计划的准确性,更好地保证了计划的指导作用,提高了计划的质量。

(2) 使长期计划、中期计划和短期计划相互衔接,能检查计划实施效果,及时进行调整,使各期计划保持衔接和一致。

(3) 大大增加了计划的弹性,这在环境剧烈变化时尤为重要,可以有效提高组织的应变能力。我国国民经济与社会发展五年计划,即采用了滚动计划法。

3.4.2　网络分析技术

网络分析技术是国外20世纪50年代出现的一种较新的计划方法,它包括各种以网络为基础制定计划的方法,如关键路径法(CPM)、计划评审技术(PERT)、组合网络法(CNT)等。1956年美国的一些工程师和数学家组成了一个专门小组首先开始了这方面的研究。1958年美国海军武器计划处采用了计划评审技术,使北极星导弹工程的工期由原计划的 10 年缩短为 8 年。1961 年,美国国防部和国家航空航天总局规定,凡承制军用品必须用计划评审技术制订计划上报。从那时起,网络计划技术就开始被广泛地应用。

网络计划技术的原理,是把一项工作或项目分成各种作业,然后根据作业顺序进行排列,通过网络的形成对整个工作或项目进行统筹规划和控制。以便用最少的人力、物力和财力资源,用最高的速度完成工作。

3.4.3 线性规划方法

线性规划是另外一种较新的计划方法。1939 年,苏联经济数学家康脱诺维奇(Л. В. КОНТОРОВИЧ)首先提出用线性规划的方法进行经济计划工作,后来经许多科学家的继续研究,目前它已经成为一种相当成熟的计划方法。线性规划主要解决两类问题。一类是最大化问题,即在有限的资源条件下,如何使效果最好或完成的工作最多。另一类是最小化问题,即在工作任务确定的情况下,怎样使各种消耗减至最小。简而言之,所谓线性规划是解决某个问题的整体效益最优的问题。

3.4.4 投入产出法

投入产出方法是由美籍俄国经济学家沃西里·里昂惕夫(Wassily Leontief)在 1936 年首先提出来的,后来他又在这方面做了大量工作。由于他的突出贡献,1973 年他荣获了诺贝尔经济学奖。目前,已有一百多个国家采用投入产出法进行经济方面的研究。我国 1973 年以后正式引用投入产出法编制各种计划。

投入产出法是利用高等数学的方法对物质生产部门之间或产品与产品之间的数量依存关系进行科学分析,并对再生产进行综合平衡的一种现代的科学方法。它以最终产品为经济活动的目标,从整个经济系统出发确定达到平衡的条件。它的基本原理是,任何系统的经济活动都包括投入和产出两大部分,投入是指在生产活动中的消耗,产出是指生产活动的结果。在生产活动中投入和产出之间具有一定的数量关系,投入产出法就是利用这种数量关系建立投入产出表,根据投入产出表对投入与产出的关系进行科学分析,再用分析的结果来编制计划并进行综合平衡。投入产出表的基本形态如表 3-4 所列。

表 3-4 投入产出表基本形式

		中间产品					最终产品			总产品
		生产部门 j					消费	积累	合计	
		1	2	...	n	合计				
生产部门 i	1	x_{11}	x_{12}	...	x_{1n}	$\sum_{j=1}^{n} x_{1j}$			y_1	x_1
	2	x_{21}	x_{22}	...	x_{2n}	$\sum_{j=1}^{n} x_{2j}$			y_2	x_2
	⋮	⋮	⋮	⋮	⋮	⋮			⋮	⋮
	n	x_{n1}	x_{n2}	...	x_{nn}	$\sum_{j=1}^{n} x_{nj}$			y_n	x_n
	合计	$\sum_{i=1}^{n} x_{i1}$	$\sum_{i=1}^{n} x_{i2}$	...	$\sum_{i=1}^{n} x_{in}$	$\sum_{i,j=1}^{n} x_{ij}$			$\sum_{i=1}^{n} y_i$	$\sum_{i=1}^{n} x_i$

(续)

		中间产品					最终产品			总产品
		生产部门 j					消费	积累	合计	
		1	2	…	n	合计				
新创造价值	劳动报酬	v_1	v_2	…	v_n	$\sum_{j=1}^{n} v_j$				
	社会纯收入	m_1	m_2	…	m_n	$\sum_{j=1}^{n} m_j$				
	合计									
总产值		x_1	x_2	…	x_n	$\sum_{j=1}^{n} x_j$				

这张表共分四个象限,左上角为第一象限,横行表示产品的流向:

x_{ij}——第 i 个生产部门的产品作为第 j 个生产部门投入的数量;

$\sum_{j=1}^{n} x_{ij}$ ——第 i 个生产部门投入到所有生产部门产品的数量;

$\sum_{i=1}^{n} x_{ij}$ ——第 j 个生产部门生产所需要的所有资源的数量。

第二象限为右上角部分:

y_i——第 i 个生产部门产品中用于积累和消费的数量;

x_i——第 i 个生产部门在一定时期内生产的全部产品的数量。

第三象限为左下角部分:

v_j——第 j 个生产部门用于劳动报酬的数量;

m_j——第 j 个生产部门所创造的社会纯收入的数量;

第三象限表明了新创造价值的初次分配情况。

第四象限用来表示新创造价值的第二次分配。但是,由于这部分情况十分复杂,还有待于进一步研究,故一般的投入产出表都省略该部分。

这种投入产出表对于各种规模的经济部门都是适用的。对于这些部门的产品来说其流向都可分为三个部分:一是留作本部门使用,作为生产消耗部分;二是提供给其他部门作为生产消耗部分;三是直接满足社会最终需要部分,包括个人消费、社会消费、储备与出口。例如,表中横行第二个部门。

x_{22} 为自己产品留作自己使用;

$x_{21}, x_{23}, \cdots, x_{2n}$ 为提供给其他部门作为生产消耗部分;

y_2 为第二个部门生产的直接满足社会最终需要部分。

所以第二个部门生产的全部产品(总产品)x_2 就是所有这三部分之和。

从纵的方向说,仍以第二个部门为例。

x_{22} 为本部门提供的产品投入;

$x_{12}, x_{32}, \cdots, x_{n2}$ 为其他部门的产品作为本部门的投入。

这些投入是本部门生产必需的,也是物质方面的全部投入。

第三象限中 v_2 是给人的劳动报酬。

以上都可视为成本。m_2 就是剩下的社会纯收入部分。

把表中第二列全部加起来就构成第二个部门的总产值。总产品中的 x_2 和总产值中的 x_2 是相等的。因此，

$$\sum_{j=1}^{n} x_j = \sum_{i=1}^{n} x_i \tag{3-1}$$

即社会总产值等于社会总产品。投入产出法就是利用这种投入与产出的关系进行计划。

对投入产出表进行分析，可以确定整个国民经济或部门、企业经济发展中的各种比例关系，并且能够为制订合理的价格服务。此外，这种分析可以预测某项政策实施后所产生的效果；能够从整个系统的角度编制长期或中期计划，而且易于搞好综合平衡，还可以用此种办法计算出某个在建项目对整个系统的影响。总之，投入产出法是一种实用的科学的计划方法。

3.4.5 预测方法

1. 预测及其在管理中的作用

预测是一门实用学科。它研究的内容是如何对未来事物的发展做出科学的估计，目的是掌握对当前决策具有重要作用的、未来的不确定因素，提供信息和数据，为制定政策、拟定规划等重大决策服务。

对未来状况的科学估计，要依赖于对社会、经济、科学技术和自然环境发展规律的认识和了解，同时还要掌握科学的预测技术。科学的预测，可以帮助人们揭示和认识事物发展的规律，工作中对未来状况估计越准确，做出的决策才能越正确。所以，科学的预测是正确决策的前提和依据。

管理的关键是决策，而预测作为一门独立的学科，它的功能是为决策提供数据和信息，已形成可行性方案为决策与规划服务，从这个意义上讲，预测是管理的重要内容之一。

现代管理强调计划与规划，规划的前提是决策，决策的前提是预测，从程序上看，应该这样排列，如图 3-4 所示。

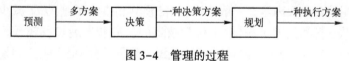

图 3-4 管理的过程

在这个过程中，预测是给决策提供方案和信息，决策是一个选择过程，规划是决策在时间上的安排和定向的布置。日本的索尼公司就把别人没有做过的项目作为经营的突破点，把研究和发展新产品作为宗旨。索尼公司 1946 年成立时，只是个十几个人的小厂，它没有追随当时日本的其他电器制造业生产"热门货"，而是考虑未来。通过科学预测，它把握住另一个发展方向——研制当时日本还没有的磁带录音设备。事实证明索尼公司当时的选择是正确的。

具体地讲，预测在管理中的作用突出表现在以下三个方面。

（1）为决策者提供可靠的目标，防止在发展方向上出现重大决策失误。

（2）为决策提供较为充分的科学依据，在整个管理过程中出谋献策，解决效率与效果问题。

(3) 使决策者心中有数,增强管理的自觉性,减少盲目性,防止造成人、财、物的浪费。

2. 预测内容与方法

预测所涉及的范围十分广泛,分类的方法也是各种各样。但就整体而言,主要有:研究社会发展有关问题(如人口、环境问题)的社会预测、研究经济增长与发展趋势的经济预测、研究有关战争问题的军事预测、研究科学技术发展趋势的科学技术预测等。

根据预测的时间期限来分有:长期预测、中期预测和短期预测。但期限划分的标准很不统一,长期预测的期限一般在五年以上,中期预测的期限约为三年,预测期限在1年以下,以季、月计的为短期预测。

随着预测内容和预测期限的不同,采用的方法也应不同,目前采用的预测方法很多,大致可以归纳为以下两大类。

1) *定性分析方法*

这种方法是指预测者根据历史与现实的观察资料,依靠个人经验的主观判断和分析能力为主,对未来的发展状况和变化趋势进行预测分析,故又称为直观法。包括主观估计法和技术分析法两类,其中主观估计法有个人判断法、专家会议法、头脑风暴法等,技术分析法有德尔菲法、历史类推法、系统分析法等。

2) *定量分析方法*

这种方法是根据调查研究所得的数据资料,应用数理统计方法来预测事物的发展状况,或者利用事物内部发展因素的因果关系来预测未来。常见的有时间序列法和因果分析法,其中时间序列法又包括滑动平均法、指数平滑法、趋势预测法等,因果分析法则主要是指回归分析方法,它有一元和多元之分。除此之外,还有一些定量预测方法,如投入产出分析法、库存控制法、数学规划法等。

3. 预测的步骤

预测进行的步骤一般可概括为下列三步。

第一步,确定预测的目标。根据预测的对象和内容,确定预测的范围,规定预测的期限,选择预测的方法。预测的目标一定要明确,要求尽可能用数量单位来描述。预测的期限决定于预测的对象和内容。一般来说,经济预测和市场预测,为了减少误差,提高预测效果,期限较短;科学技术预测,由于科学技术的研究和发展过程较长。因此,预测期限较长;至于企业的产品销售和原材料供应方面的预测,则决定于生产周期的长短,多属于中、短期预测。预测方法的选择,除了考虑预测范围、预测期限两个因素外,还要决定于历史数据的适用程度和有效性、预测的精确程度、预测费用和收益等因素的综合权衡。预测总的目的是要考虑到各种因素的影响,应用定性与定量分析结合的方法,尽量减少预测事物的不肯定程度。

第二步,收集和分析所需的历史资料和数据。统计资料是进行预测的依据。由于预测涉及的因素复杂,要求收集的资料种类很多,数据量很大。因此,为了提高预测工作效率和质量,必须掌握事物的变化规律;同时注意数据资料的可靠性和完整性,分析研究数据的代表性,排除个别偶然因素影响所出现的异常数据。

第三步,提出预测模型,进行检验和预测。

本 章 小 结

从名词角度讲,计划是指用文字和指标等形式表达的、在制订计划工作中所形成的各种管理性文件。从动词角度,计划是指为实现决策目标而制订计划的工作过程。计划的内容包括:计划的目标和要求;计划的原因和目的;计划的具体的执行者、地点、时间;执行计划方式、手段。制订计划的原则包括:计划的目的必须明确;要坚持可行性与创造性相结合;计划的制订要有弹性;要坚持长期计划与短期计划相结合。根据不同的标准,计划可分为长期计划、中期计划、短期计划;业务计划、财务计划、人事计划;战略性计划、战术性计划;具体性计划、指导性计划;程序性计划、非程序性计划。编制计划要求:系统配套、全面周密、抓住关键、灵活可行、力求最优、立足困难;计划的编制过程依次如下:确定目标;认清现在;研究过去;预测并有效地确定计划的重要前提条件;拟定和选择可行性行动计划;制订主要计划;制订派生计划;制订预算,用预算使计划数字化。现代计划的技术方法包括滚动计划法、网络分析技术、线性规划方法和投入产出法。

习 题

1. 联系实际,说明计划职能在组织管理中的重要性。
2. 计划编制过程有哪些步骤?遵循计划工作的流程为什么能提高计划工作的有效性和科学性?
3. 长期计划、中期计划和短期计划应如何衔接才能使它们有效?

第4章 组　　织

【学习目的】

（1）掌握组织的基本概念，熟悉常见的组织类型，明确组织工作的主要内容。

（2）了解影响组织发展的主要环境因素，能对某一特定组织的环境因素进行分析，明确组织与环境的关系，理解环境对于组织发展的重要作用，了解组织文化的基本概念。

（3）了解组织设计的概念，能够灵活运用组织设计的原则对某一特定组织进行分析。

（4）理解组织设计的过程，了解常见的部门化方法，理解管理幅度和管理层次对组织的影响，了解组织结构的概念，明确常见的组织结构类型及其优缺点和适用场合，并能对某一特定组织的结构进行分析。

（5）能分清组织中的不同权力类型及其关系，理解不同权力的处理原则与方法，了解授权与分权的相关概念。

（6）了解团队的基本特征，理解团队的发展趋势与发展阶段，掌握共享目标、自我激励的本质要求与方法，掌握建设团队文化与团队精神的基本要求与方法。

在现实管理中，常常可以看到一个组织在提出宏伟的发展目标，并制订出各方面详尽的行动计划后，尽管组织中的每一个人都在努力地工作，却并没有能够在计划期结束后取得预期的结果。人们抱怨组织下达了太多的任务，在工作中得不到应有的资源，或在需要其他人协助配合时往往得不到应有的支持，以至于无法完成既定的计划和实现预期的目标。

一个组织的目标和计划制订出来以后，一个重要的问题就是如何使它们变为现实。这宏伟的发展目标和详细的计划，如果不加以落实，最终只是一纸蓝图；如果组织不力，就无法得到预期的结果。这就要求管理者按照目标和计划要求，设计出合理的、高效的、能保证计划顺利实施的组织结构与体系，合理安排和调配各种资源，以保证计划和组织目标的顺利完成，也就是要做好组织工作。

中国近代著名军事理论家、军事教育家蒋百里曾说："人、物、组织是国力的三个元素，三者兼备者只有美国，有人有组织而物不充备者为英、法、德、意、日以及欧洲诸小邦，而有人有物但组织尚未健全者为中、俄，中国之生死存亡之关键，完全在此'组织'一事。"

4.1　组织的基本概念

4.1.1　组织的含义

作为名词的组织（organization）指的是人们有意识地形成的职务或职位的系统。每个人员都隶属于特定的组织,如文化组织、经济组织等。这些组织一般会有一个更为具体的名称,如学校(文化组织)、海尔集团公司(经济组织)等。

作为动词的组织(organize)则指的是为达成一定的目标而对组织资源进行配置的过程,如组织一些技术骨干进行新装备研发的攻关,或者运用现有的渠道进行生产材料采购等。

但是,作为管理职能的组织与一般意义上的组织有所差异。从管理过程可以看出,组织职能通常在计划职能之后,其内容不外乎是让被管理者按计划来进行工作,以实现计划所确定的目标。由是观之,作为管理职能的组织应该看作是实现计划目标的一种手段,它将作为名词的组织与作为动词的组织有效地结合起来。下面是一些管理大师对"组织"的定义。

(1) 德鲁克(Drucker):所谓组织,是一种工具,用以发挥人的长处,并综合人的缺点,使其无害。

(2) 孔茨(Koontz):建立组织结构的目的就是要建立起一种能使人们为实现组织目标而在一起最佳地工作,履行职责的正式体制。

(3) 巴纳德(Barnard):把组织定义为"有意识地加以协调的两个或两个以上的人进行活动或为之效力的系统"。

(4) 布朗(Brown):组织就是为了推进组织内部各组成成员的活动,确定最好、最有效的经营目的,最后规定各种成员所承担的任务及各成员间的相互关系。他认为组织是达成有效管理的手段,是管理的一部分。

(5) 爱桑尼(Etzioni):组织是为了达到特定的目标而故意建构、重建的社会单位(或人的群体)。

(6) W·R·斯科特(Scott):组织是在具有一定连贯性的基础上为了实现相对确定的目标而建立起来的集合体。

(7) 曼尼(Money):组织,就是为了达到共同目的的所有人员协力合作的形态。他指出,当人们为了一定的目的集中其力量时,组织也因而发生。

由上述不同定义及对组织职能的分析,可以将"组织"定义为"为达到某些特定目标经由分工与合作及不同层次的权力和责任制度,而构成的人的集合。"由此可以得到三条结论。

结论1:共同目标的存在是组织存在前提。

组织必须有目标,因为任何组织都是为目标而存在的。一个组织失去了共同目标就是失去了存在的基础。因此,管理者必须使组员确信共同目标的存在。但有时候目标过于长远会失去激励作用。管理者应将长远目标近期化,抽象目标具体化,这样大家始终都有目标的指引。所以,组织工作是从目标出发的。

结论2:没有分工与合作的群体不是组织。

分工与合作关系是由组织目标限定的。组织是通过分工和协作来形成群体的力量,产生较高的集团和效率,实现个人力量无法实现的目标,只有分工和协作结合起来才能产生较高的集团效率,没有分工与协作就是一盘散沙。

结论3:组织要有不同层次的权力与责任制度。

分工能不能得到落实,就要看是否有相应的权力和责任制度。一个组织进行了分工也明确了协作关系,但组织成员之间不配合或者说该履行的职责不履行,不去做怎么办呢?因此,分工之后就要赋予每个部门乃至每个人相应的权力与责任,以便实现组织目标。若想完成任何一项工作,都需要具有完成该项工作所必需的权力,这是不言而喻的,同时又必须让其负有相应的责任。所以,要建立相应的权力与责任制度,保证各项工作的顺利进行,保证组织目标的实现。

4.1.2 组织的类型

现实生活中有各种各样的不同组织形式,根据分类标准的不同,可以将组织分为不同类型。

1. 按组织的形成方式划分

1) 正式组织与非正式组织

正式组织是指通过组织设计建立的正规的组织架构、部门和权力体系,具有明确的目标,有明确规定的责、权、利,有明确规定的各个岗位之间的相互关系。正式组织的活动遵循效率逻辑,组织成是以效率为行为准则。其基本特征为:目的性、正规性和稳定性。

事实上,在组织内部除正式组织外,还存在着一种非正式的组织。非正式组织是伴随着正式组织的运转而形成的。每个组织成员在加入组织时,都带着本身的期望、兴趣与价值观,这些期望等有时无法在正式组织的活动中获得满足。于是,非正式组织就应运而生。它没有明确的目标,没有明确的岗位分工,更没有明确规定的责、权、利及其相互之间的关系。例如,同乡会、同学会、老上级和老下级、师生关系、同属某个团体等。非正式组织主要以感情和融洽的关系为标准,遵循感情逻辑,维系非正式组织的主要是接受与欢迎或鼓励与排斥等感情上的因素,其基本特征是:自发性(最初并不是有目的而建立的)、权力的非强制性(没有严格的规章制定约束成员的行为,更多的影响力是通过对群体规范的遵守压力实现的)、具有自然形成的领导人、某种程度上比正式组织具有行为更高的一致性和凝聚力、结构的不稳定性。

2) 非正式组织对正式组织的影响

非正式组织对正式组织的功能和目标的实现,具有重要的影响作用,表现为积极和消极的两个方面。

非正式组织的积极作用表现为:①人们在非正式组织中的频繁接触,会使相互之间的关系更加和谐、融洽,从而易于产生和加强合作的精神,促进正式组织的稳定;②非正式组织成员之间也可能在工作上互相帮助。对于那些工作困难、技术不熟练者,非正式组织中的伙伴往往会给予自觉的、善意的帮助与指导,从而可以帮助正式组织起到一定的培训作用;③非正式组织为了组织群体的利益,往往会自觉地帮助正式组织维护正常的活动秩序。

非正式组织的消极作用表现为:①非正式组织的目标如果与正式组织的目标冲突,则可能对正式组织的工作产生极为不利的影响;②非正式组织要求成员一致性的压力,往往会束缚成员的个人发展;③非正式组织的压力还会影响正式组织的变革,增加组织的惰性。

3) 正确对待正式组织中的非正式组织

非正式组织的上述影响是客观存在的,应能加以妥善处理。正式组织的领导应善于因势利导,最大限度地发挥非正式组织的积极作用,克服其消极作用,促进组织目标的顺利实现。

管理者应该发挥非正式组织的正面作用,主要表现为两个方面。

(1) 发挥非正式组织作用。首先要认识到非正式组织存在的客观必然性和必要性,允许乃至鼓励非正式组织的存在,为非正式组织的形成提供条件,并努力使之与正式组织相吻合。

(2) 引导非正式组织提供积极的贡献。通过建立和宣传正确的组织文化,影响非正式组织的行为规范。研究发现,形成良好的组织文化,有利于正式组织与非正式组织之间的协调,以及规范非正式组织的行为。

2. 按照权力和服从来划分

爱桑尼(Etzioni)将权力(power)和服从(compliance)作为分类标准,爱桑尼认为组织的权力可以分为强制型(coercive)、补偿型(remunerative)和规范型(normative)三类;而服从也有三种异化型(alternative)、工具型或算计型(calculation)、道德型(moral)。由此形成了3×3的分类方案,共产生了9种可能的组织类型,如图4-1所示。

服从的类型		权力的类型		
		强制	补偿	规范
	异化	强制—异化型	补偿—异化型	规范—异化型
	算计	强制—算计型	补偿—算计型	规范—算计型
	道德	强制—道德型	补偿—道德型	规范—道德型

图4-1 按照权力和服从划分的九种组织类型

图中,大多数属于"一致"的类型,即强制—异化型、补偿—算计型和规范—道德型,不一致的类型包括,强制—工具型等,有向一致型转化的趋势。

3. 按组织活动的受惠(益)者不同划分

布劳与斯科特(Blau & Scott)根据谁是组织的受益者,将组织分为四种类型。

(1) 互利组织(Mutual-benefit Association),这是一种组织的成员通过自身参加组织的活动而从中受益的组织,如俱乐部、宗教组织等。在这种组织中,成员参加组织是自愿的,因此成员在组织中的地位是平等的。如果组织中成员间的地位不平等,那么,遭遇不平等待遇的组织成员必然会选择退出,所以,其管理上的最大问题是组织内部的民主秩序问题。

(2) 经济组织(Business Concerns),这是一种使所有者受惠的组织,如各种类型的工商企业等。其目的主要是满足其所有者及管理当局的利益,组织面临的管理问题是如何最大限度地降低成本和提高组织的运行效率。

(3) 服务组织(Service Organization),是使一些有关的社会大众受惠的组织,如学校、医院等。其主要管理问题就是如何为这些有关公众(或者是客户)提供良好的服务。

(4) 公益组织(Commonwealth Organization),是使所有社会公众受惠的组织,如军队、警察局、政府机构等。其主要管理问题是如何使之接受外部的民主监督,发展创造力,为整个社会的所有公众(society-at-large)提供良好的服务。

4. 按设计模式不同划分

按照罗宾斯教授的分析,机械式组织与有机式组织是组织设计的两种一般模式。机械式组织是综合使用传统设计原则的产物,有机式组织(也称适应性组织)则是综合使用现代设计原则的产物。机械式组织与上述传统意义上的金字塔形实体组织具有较大的一致性:高度复杂化、高度正规化和高度集权化,有机型组织则低复杂性、低正规化、分权化等,见表4-1。

表4-1 机械式组织与有机式组织比较

机械式组织	有机式组织
严格的层级关系 固定的职责 高度的正规化 正式的沟通渠道 集权的决策	合作(纵向的和横向的) 不断调整的职责 低度的正规化 非正式的沟通渠道 分权的决策

5. 按组织的形态划分

组织的最初形态就是实体组织。虚拟组织只是社会及组织发展到一定阶段才出现的产物。特别是数字化网络出现之后,虚拟组织更是成为常见的学术名词及操作术语为大众所认同和接受。虚拟组织虽然不是因为国际互联网的出现才产生,但只有在国际互联网出现之后才得以全方位的发展。网络是虚拟组织产生的必要但非充分条件,网络也不仅仅是指国际互联网,传统意义上的邮政网、电信网(包括电话、电报、传真等)等都曾导致一定程度和数量的虚拟组织的产生。许多企业也曾利用低层次的虚拟组织为实体组织的目标实现发挥着难以替代的作用。

4.1.3 组织工作的主要内容

目标制定以后要得到落实,需切实落实组织职能,即开展组织工作。组织工作就是根据组织的目标,将实现组织目标所必须进行的各项活动和工作加以分类和归并,设计出合理的组织结构、配备相应人员、分工授权并进行协调的过程。组织工作的基本任务是:通过确定相应的组织结构和权责关系,使组织中的各个部门和各个成员协调一致地工作,从而保证组织目标的实现。它包含三项主要内容。

1. 组织结构的设计和变革

为了实现组织目标,组织内部就必然要进行分工与合作。如何合理设计和调整组织结构,建立分工合理、协作关系明确的组织模式,并使得组织的分工协作体系能够始终适应组织的发展,是组织保证不同时期的组织目标都能得以实现所要解决的基本问题。

管理小贴士——国防与军队改革

深化国防和军队改革,根本目的是实现强军目标,重中之重是军队领导指挥体制改革。军队领导指挥体制包括领导管理体制和联合作战指挥体制。这次改革,将改变长期实行的总部体制、大军区体制、大陆军体制,构建"军委管总、战区主战、军种主建"的新体制。

——《解放军报》

2. 人员的合理配置和使用

建立组织结构的目的是为了使组织成员能协调地开展工作,共同为组织实现目标而奋斗。①组织结构的建立是实现目标的一种手段,只有在明确分工协作的基础上,通过人员的合理配置和实用,充分发挥组织中每一个成员的才能,获得专业化的优势,才能最大限度地发挥群体的力量,更好地实现组织目标。②人员的合理配置和适用也是一项重要的组织工作内容。③组织部门一项很重要的工作就是选拔人、考核人、评价人,做到人岗匹配(这部分内容本书不做讨论,读者可以参考其他文献资料)。

3. 权力的分配和关系的协调

组织中人与人之间的关系主要表现为权力关系。分工以后,为了使人们能够履行其职责,就要赋予其完成该项工作所必需的权力;同时,为了保证各部门之间、各项工作之间的协调,就要对各项工作的责任和相互之间的权力关系进行协调。只有这样,才能保证各项工作的顺利进行,最后总保证组织目标的实现。因此,组织工作也包括权力的分配和权力关系的协调。

4.2 组织环境

现实生活中,经常可以看到这样一种现象:在外部有利条件的推动下,同行中各个组织业绩都有较大幅度的提升,但是一旦外部环境趋于恶劣,各个组织的业绩就开始趋于分化:有的组织仍然保持着较好的业绩,有的组织业绩则直线下降。与此情境相类似的是:一个在本单位业绩非凡、能力出众的管理者,在被派往另一个业绩较差的组织后不久,就是新组织的业绩大为改观;而另一个同样在本单位能力出众、业绩非凡的管理者,到另一个组织后,却并没有能够使组织业绩大为改观,甚至未能阻止业绩的继续下滑。

为什么同样的环境变化会导致组织产生不同的绩效?是因为管理者水平不同导致了组织的不同业绩吗?那为什么同样是能力出众的管理者,在不同的组织中其业绩表现却大不相同?是什么使一个在某个组织中非常能干的管理者在另一个组织中无所作为?

根据权变管理思想,管理者所在的组织是一个开放的系统,管理者的活动必然要受到组织内外部各种因素的影响,只有在内外部环境允许的范围内,管理者才能有所作为。

组织环境是指存在于一个组织外部和内部的影响组织生存和发展的各种力量和条件因素的总和。在这里,环境不仅包括组织外部环境,还包括组织内部环境。

4.2.1 影响组织的环境因素

影响组织的环境因素有很多,其中最主要的是人力、物资、资金、气候、市场、文化、政策和法律,如图4-2所示。这些因素几乎包罗了影响组织的环境要素,当然,由于各种组织对环境要求不同,有些组织对其中几种因素依赖的程度大些,而对其他因素依赖的程度小些。

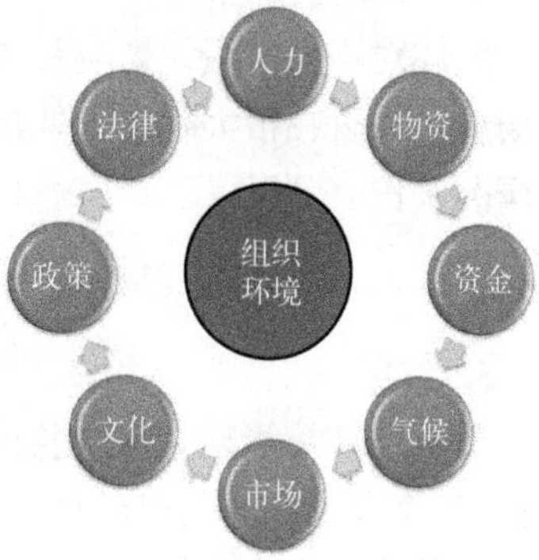

1. 人力

组织环境中最主要的资源是人力资源,工作中也会经常提到人力资源管理。如果在一个组织中没有足够的、训练有素的人才为组织工

图4-2 影响组织的环境因素

作,组织就很难生存。一支部队如果不能够吸收和吸引高素质人才,即使装备再先进也很难形成战斗力,一所大学必须能够吸引优秀教师和学生才能更好地发展。所以说,人力是组织的最基本的资源和环境条件。此外,人力资源还决定着组织其他资源的可利用性,也对其他因素产生影响。

思考题:你知道荀彧、刘晔、荀攸、许攸对官渡之战的战局产生了什么影响吗?

2. 物资

俗话说:兵马未动,粮草先行。物资对于一个组织的作用毋庸置疑,特别是军事领域。后勤保障、物资供给甚至可以决定一场战争的胜负。因此,装备管理、装备技术保障、后勤管理都是部队管理工作研究的重点领域。

管理小贴士

抗美援朝战争,是我军所经历的一场现代化程度最高的战争。与历次国内战争相比,最大的区别就是后勤工作被提到空前重要的位置上来,建设适应现代化战争的后勤体系成为我军建设中第一位的战略任务。在与装备优良、保障有力的美军作战中,为了赢得战争胜利,志愿军全面加强了包括后勤在内的现代化建设,我军后勤现代化建设由此迈开步伐,实现了向现代化的历史性转变。聂荣臻元帅指出:"后勤战线上的辉煌成绩,是取得抗美援朝战争胜利的重要因素之一"。抗美援朝战争中所积累的后勤建设的宝贵经验,对后来我军的后勤现代化建设产生了积极而深远的影响。毛泽东主席曾提出,要"研究朝鲜战争中后勤工作的状况和经验,以达到我军后勤工作现代化和正规化的目的"。志愿军的后勤工作,对于今天军队后勤现代化建设仍具有重要的参考价值和借鉴意义。

3. 资金

任何组织几乎都离不开资金这一资源。资金对于组织的生存和发展具有重要的作用。这几年,随着经济的快速健康发展,我国的国防力量也在不断增强。充足的资金可以保障武器装备的科学发展,也可以吸引更多的优秀人才。由此可以看出,资金对组织的生存和发展起着重要的作用,做任何事情几乎都离不开资金,而且资金还可能对其他因素也能产生巨大的影响。

4. 气候

气候对不同的组织影响程度不同。例如,一所大学对气候的依赖程度不大,而一个农场成功与否在很大程度上取决于气候的好坏。对于舰艇,出海前必须要了解风、流、涌等海况条件。

思考题:你知道金门战役失利的主要原因吗?

5. 市场

美国的质量管理大师朱兰说过:"21世纪是质量的世纪。"20世纪中叶以前是生产率的世纪,企业关心的是提高单位时间的产量。20世纪中叶以后特别是到了21世纪,任何组织必须注重调高产品质量。因为任何组织的产品(广义)都要面对自己的市场检验。市场是否愿意为组织的产品和服务付出一种满意的价格是组织关心的一个重要问题,而顾客是市场上的最终评判者。企业产品质量不好无法占领市场,政府为民服务质量不好就得不到人民的认可,学校人才培养质量不高不会有好的生源和发展,部队的战斗力不强老百姓就不会有安全感。

思考题:你所在的学校有没有市场,需不需要考虑市场?

6. 文化

文化包括了文化传统、社会风俗和政治背景等方面的条件是影响组织的重要环境因素。炼钢厂不能污染空气,汽车制造厂的产品要减低噪声,社会主义制度要求经营者尊重组织成员在组织中的主人翁地位。部队历来也是一个讲文化、讲传统的地方。前几年热播的《士兵突击》电视剧中钢七连入连仪式和"不抛弃不放弃"的传统至今令观众难忘。这些都是文化因素在起作用的典型例子。

7. 政策与法律

政策与法律也是影响组织的重要环境因素之一,它们也会对组织产生巨大影响。组织必须按照政策和法律行事,同时也受到其保护。例如,国家限制外国汽车进口,会给本国汽车制造企业提供机会;产业政策的改变使一些组织获得好处,而使另一些组织处于困境;为了加速发展某个地区的经济,政府可能会提供较多的投资,促使该地区的企业扩大再生产;消费资金的使用政策对组织成员的工作热情将产生影响。总之,政府的政策与法律,是影响组织的重要环境因素之一,它对组织也能产生巨大的影响。

4.2.2 组织与环境的关系

任何组织都是在一定的环境下生存和发展的。环境给组织提供资源,吸收组织的产出,同时又给予组织许多约束。组织与它的环境是相互作用的,组织依靠环境来获得资源以及某些必要的机会;环境给予组织活动某些限制,而且决定是否接受组织的产出。如果组织能够不断地提供环境所能接受的产品或服务,环境就会不断地给组织提供资源和机会。

一个组织要保持持续的发展,就必须适应其周围的环境。环境总是处于变化之中,有时变化剧烈,有时变化缓慢。当环境变到足以阻碍组织的发展时,就必须对组织进行调整和改革,以适应环境的变化。不适应环境是组织失败的主要原因之一。同样,一个人要发展进步,也必须具备适应环境的能力。

组织与环境的关系可总结为以下四点,如图4-3所示。

(1) 环境给组织提供资源和约束,这些将决定组织是否成功。

(2) 环境吸收组织的产出,当组织能够提供环境所需要的产品或服务时,才能为环境接受,继续生存。

(3) 环境评价组织的产出,并决定是否继续投入。

(4) 环境总是处于变化之中,当组织不适应环境的发展变化时,必须对组织进行调整和改革。

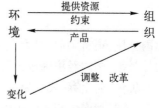

图4-3 组织与环境的关系示意图

4.2.3 组织文化

一个成功的组织背后都拥有一个非常丰富的,持续多年的价值、信念和道德标准。要使一个组织团结成一个整体,组织文化的灌输是必不可少的。组织的精神、文化不可能在职工中自然而然地形成,需要对他们进行组织信仰、组织文化观念的灌输,这也是组织管理的一个根本任务。

1. 组织文化的概念

组织文化(Organizational Culture)是指组织在长期的生存和发展中所形成的,为本组织所有的,并且是组织多数成员共同遵循的最高目标、价值标准、基本信念和行为准则等的总和及其在组织活动中的反映。

组织文化是组织成员共有的价值观、行为准则、传统习俗和做事的方式,它影响了组织成员的行为方式。在多数组织中,这些重要的共有价值观和惯例会随着时间演变,在很大程度上决定了组织成员对组织经历的认知及他们在组织中的行为方式。组织文化,即做事的方式,将影响组织成员的行为,并会影响他们如何看待、定义、分析和解决问题。

对文化的定义有以下三方面的含义:首先,文化是一种感知。个人基于在组织中所见、所闻、所经历的一切来感受组织的文化;其次,尽管个人具有不同的背景或处于不同的等级,他们仍往往采用相似的术语来描述组织的文化。这就是文化的共有方面;最后,组织文化是一个描述性术语。它与成员如何看待组织有关,而无论他们是否喜欢其组织。它是描述而不是评价。

研究表明,可以用7个维度准确地表述组织文化的精髓。正如所看见的那样,每一个特征都是由低到高连续变动的,并且只能简单地说明文化维度是高还是低。应用这7个维度评价一个组织,可以综合描述该组织的文化。在许多组织中,其中的一个文化维度通常会比其他维度强调得更多,并从本质上塑造该组织的个性以及组织成员的工作方式,例如,索尼公司以产品创新为核心。新产品的开发(成果导向)关系到公司的"生存与呼吸",而组织成员的工作决策、行为和行动围绕着这个目标提供支持。相比之下,西南航空公司以雇员作为其文化的核心部分(组织成员导向)。

2. 组织文化建设

1) 组织文化的形成机制

组织文化通常是在一定的生产经营环境中,为了适应组织生存发展的需要,首先由少数人倡导和实践,经过较长时间的传播和规范管理而逐步形成的。

(1) 组织文化是一定环境中组织为求得生存发展而形成的。存在决定意识,组织文化的核心价值观就是在企业图生存、求发展的环境中形成的。例如,用户第一,顾客至上的经营观念,是在商品经济出现买方市场,企业间激烈竞争的条件下形成的。大庆油田为国分忧、艰苦创业、自力更生的精神,在某种程度上是在20世纪五六十年代我国面临国外封锁、国内经济困难,石油生产分散又有一定危险性等环境下形成的。组织作为社会有机体,要生存、要发展,但是客观条件又存在某些制约和困难。为了适应和改变客观环境,就必然产生相应的价值观和行为模式。同时,也只有反映组织生存发展需要的文化,才能被多数组织成员所接受,才有强大的生命力。

(2) 组织文化发端于少数人的倡导与示范。文化是人们意识的能动产物,不是客观环境的消极反映。在客观上出现对某种文化的需要往往交织在各种相互矛盾的利益之中,羁绊与根深蒂固的传统习俗之内,因而一开始总是只有少数人首先觉悟,他们提出反映客观需要的文化主张,倡导改变旧的观念及行为方式,成为组织文化的先驱者。正是由于少数领袖人物和先进分子的示范,启发和带动了企业的其他人,形成了企业新的文化模式。

（3）组织文化是坚持宣传、不断实践和规范管理的结果。组织文化实质上是一个以新的思想观念及行为方式战胜旧的思想观念及行为方式的过程，因此，新的思想观念必须经过广泛宣传，反复灌输才能逐步被组织成员所接受。例如，日本经过几十年的宣传灌输，终于形成了企业组织成员乃至全民族的危机意识和拼命竞争的精神。

组织文化一般都要经历一个逐步完善、定型和深化的过程。一种新的思想观念需要不断实践，在长期实践中，通过吸收集体的智慧，不断补充、修正，逐步趋向明确和完善。

文化的自然演进是相当缓慢的，因此组织文化一般都是规范管理的结果。组织的领导者一旦确认新文化的合理性和必要性，在宣传教育的同时，便应制定相应的行为规范和管理制度；在实践中不断强化，努力转变组织成员的思想观念及行为模式，建立起新的组织文化。

2）组织文化建设模型

图 4-4 提供了一整套操作简单的组织文化建设的实施方案，共包括五个步骤。

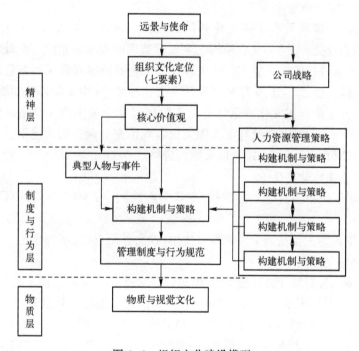

图 4-4　组织文化建设模型

第一步，建立组织文化研究会之类的运营团队，通过这一团队调查组织的文化现状，分析组织文化建设的要求，诊断出组织现有文化存在的各种问题，为文化的再定位奠定基础。

第二步，分析组织的行业特征、使命、愿景与战略，通过对"组织文化七要素"的界定，对组织文化进行再定位。

第三步，在成功地对组织文化再定位后，提炼出科学、简练、准确的核心价值观，完成组织文化精神层面的建设。

第四步，以核心价值观为中心，对相应的典型人物和典型案例进行宣传，并且精神文化建设构造一种能复制与放大组织核心价值观的机制与策略,同时运用人力资源管理的具体策略(任用、培训、绩效与激励、沟通等),将组织的核心价值观灌输到组织成员的头脑中、体现在组织成员的行动上,并结合公司战略与目标,形成公司的管理制度体系。这就是组织文化的行为与制度层面的建设。

第五步,在上述工作的基础上着手解决组织文化层面的建设问题,需要借助 CIS 之类营销手段。

这个组织文化的建设模型非常有效,主要原因在于:①系统地思考了精神文化、制度文化和物质文化的建设,并且认识到精神文化是组织文化最核心的组成部分,所以首先从精神文化(核心价值观)的建设入手,这比仅仅注重物质文化的建设或者从物质文化角度切入组织文化建设的做法要有效得多;②并不仅仅围绕组织文化进行组织文化建设,而是以系统观为指导,在组织文化建设、组织的战略设计、组织的人力资源管理策略三者之间建立了有机的联系,从而确保组织文化建设最终取得成功。

3. 跨文化管理

1) 跨文化管理的概念

跨文化管理,是指对具有不同文化背景的人、物、事进行的管理。彼德·德鲁克认为,跨国经营的企业是一种"多文化结构",它经营管理的根本就是把一个政治上、文化上多样性结合起来而进行的统一管理。这里涉及一个企业跨国经营的经营环境的问题,它一般包括经济环境、政治环境、法律环境和社会文化环境,其中文化环境对跨国经营活动有重大影响,充分了解异域文化背景将有助于跨国经营企业生产经营活动的正常进行。例如,20世纪70年代,美国在没有对泰国文化背景作充分调查的情况下,就盲目地向泰国人民推销油炸鸡块和汉堡包,结果以失败而告终。

2) 跨文化管理的必要性

文化差异对组织行为有很大的影响,主要会影响到个人的个性,进而影响到他的工作行为。

霍夫斯坦特认为主要是四个因素起着作用:权力差距、防止不确定性、个人主义与集体主义、男性化与女性化。

霍夫斯坦特认为对领导方式影响最大的主要是"个人主义与集体主义"和"权力差距的可接受程度"。对组织结构影响最大的主要是"权力差距的可接受程度"和"避免不确定性的程度",这是因为组织的主要功能,就是分配权力以及减少或避免经营中的不确定性。而对企业激励内容影响最大的因素,则是"个人主义与集体主义""避免不确定性的程度"和"男性化与女性化"。

随着世界经济国际化的趋势,跨国经营活动在全球范围内飞速发展。因而对于跨国经营企业来说,跨文化研究具有重要的意义,中国企业管理也不例外。首先,有利于吸收各国先进的管理理念和方法;其次,有利于进一步深化改革开放;最后,还有利于消除组织冲突。

由此可见,跨文化管理的必要性来自:公司经济一体化和区域经济一体化。

我们的企业应重视"跨文化管理",加强对跨国文化的了解,随时掌握当地经济、法律、社会等方面的信息,善于运用适合当地文化的管理方法,使企业经营更加符合本土文化和需求。

3) 跨文化管理的要求与方法

跨文化管理要求坚持自我,实事求是,勇于创新。

文化差异会影响组织行为,跨国经营企业在进行跨文化管理时,常常会使用以下几种方法:地方狭隘主义、种族中心主义、文化融洽法。文化融洽法是跨文化管理中最实用、最有效的方法。

4) 跨文化管理的策略与技巧

跨国经营企业在进行跨文化管理时,必须掌握好策略。在经营管理中,坚持以本组织文化特色为主导,融入当地文化,尽可能地了解当地居民生活习惯、传统风俗和消费特点等,才能使企业在异域也经营得出色。包括:专业知识和管理技巧;强化敏感性和沟通技巧;确认知识文化差异的影响。

4.3 组织设计

在本章4.1节中已提到组织工作的主要内容包括:组织结构的设计和变革、人员的合理配置和使用、权力的分配和关系的协调。本节将重点介绍组织设计的主要内容。

思考题:当你毕业后分配到一个新的单位,对于这个单位首先要了解的是什么呢?

4.3.1 组织设计的基本概念

1. 组织设计的概念

管理学家厄威尔曾说过:"成功的演出,不仅需要每个演员的天才表演,而且要求有优秀的剧本;同样,组织的高效运行,首先要求设计合理的组织结构。"

组织设计,是建立或改造一个组织的过程,即对组织活动和组织结构的设计和再设计,是把任务、权力和责任进行有效的组合和协调的活动。组织设计是组织工作的一项内容。

2. 组织设计的任务

组织设计的任务是建立组织结构和明确组织内部的相互关系。不仅可以为组织中的全体人员——指派工作职责并协调其工作,而且在达成组织目标的过程中能获得最佳的工作绩效。通过组织设计可以充分发挥集团效应,产生1+1>2的效果。

具体来说,组织设计的任务是进行专业分工和建立使各部分相互有机协调配合的系统,提供组织结构图、部门职能说明书、岗位设置方案、岗位职责说明书等。组织的规范化管理首先就体现在组织的设计中。

3. 组织设计的动因

其实,很多时候不得不进行组织设计。这是因为组织的状况已不适应当前环境的变化与发展需求。国防大学战略研究所所长金一南将军指出:"国际形势和国家发展的新情况是推动军队改革的主要原因。军队编制体制调整是军队改革的重中之重。"这句话表明:现行的部队编制体制、组织结构已经不适应国际形势和国家发展需要,不适应内外部环境的变化,需要进行改革,进行组织变革,而组织设计就是组织变革的体现。

4.3.2 组织设计的原则

组织设计是以组织结构安排为核心的组织系统的整体设计工作。当我们谈论决定决策应在哪一层次做出,或者组织成员要遵循哪些规则之时,我们所指的就是组织设计。组织设计的原则尽管体现为流动性,但历经数十年设计理论与实务的演化,还是存在着较为一般性的基本原则。这些基本原则,为设计既有效率又有效果的组织提供了强有力的指导作用。当然,任何原则性的条文,在发挥正向作用的同时,也不可避免地产生着负向作用。所以,我们在具体运用这些原则指导组织设计时,既要注意坚持,又要注意超越。

需要特别提醒读者的是,也许我们并不会从事组织设计工作,但组织设计的原则对于开展组织工作,对于提高管理的有效性十分重要。

1. 层级原则

组织中的每一个人都必须明确以下原则。

（1）自己的岗位、任务、职责和权限。

（2）自己在组织系统中处的位置,上级是谁,下级是谁,对谁负责。

（3）自己的工作程序和渠道,从何处取得情报和信息,从何处取得需要的决策和指示,从何处取得所需的合作。例如,在一个剧组里演员必须了解自己扮演什么角色、角色的性格和特征、在全剧中的作用、台词、什么时候出场,这些都应有明确的规定,只有这样才有可能把剧演好。

任何组织都必须遵守层级原则,这是组织能够运行的基础。

2. 指挥统一原则

该原则最早是由法约尔提出来的。他认为无论什么工作,一个下级只能接受一个上级的指挥。如果两个或两个以上领导人同时对一个下级或一件工作行使权力,就会出现混乱的局面。在法约尔之后,人们又把该原则发展为一个人只能接受同一个命令。如果需要两个或两个以上领导人同时指挥的话,那么必须在下达命令前,领导人互相沟通,达成一致意见后再行下达。这样下级才不会无所适从。在一个领导人下达命令时,可能由于情况紧急,来不及同其他领导人沟通,但是在事后必须及时把情况向其他领导人讲清楚,形成统一意见,避免出现多头指挥的现象。统一指挥原则十分重要,现代组织中出现的许多问题都是由于领导人违反这一原则引起的。看看我们周围的组织,就不难找出这样的实例。统一指挥这条原则常常遇到多方面的破坏,最常见的两种情况:一是跨"领域"领导,如 B 指挥 F;二是跨"层级"领导,如 A 指挥 D。如图 4-5 所示。

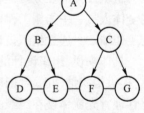

图 4-5 统一指挥原则破坏示例图

3. 责权一致原则

责权一致原则又称为权责对称原则。组织中的每个部门和部门中的每个人员都有责任按照工作目标的要求保质保量地完成工作任务;同时,组织也必须委之以自主完成任务所必需的权力。职权与职责要对等;如果有责无权,或者权力范围过于狭小,责任方就有可能会因缺乏主动性、积极性而导致无法履行责任,甚至无法完成任务;如果有权无责,或者权力不明确,权力人就有可能不负责任地滥用权力,甚至于助长官僚主义的习气,这势必会影响到整个组织系统的健康运行。

4. 人职结合原则

"人"是指管理者,"职"是指组织结构中的职位。人职结合原则其实是指人与职结合应遵循的原则。具体来说就是:因职设人与因人设职的关系原则。对此,应该首先明白,因人设职或是因职设人,目的都是一个:组织绩效极大化。分解开来就是人尽其能和职尽其效。所以,不能武断地将因职设人与因人设职对立起来,而应该结合组织目标及具体情景等进行考虑。

我们认为,因职设人将更大可能地发挥职位的功效,但也有可能错过因为不符合职位要求的确有真才实学的人才,因人设职将更大可能地发挥人的作用,但是也有可能因为专长不符合组织整体要求而对组织绩效没有什么作用或作用不大。这样,就有必要审视因人设职和因职设人:一方面不能将两者对立起来;另一方面更要将两者有机地结合在一起,从而使得职和人都能发挥其最大效能,提高组织绩效。从另一个角度讲,在组织设计的过程中,贯彻因职设人与因人设职相结合的原则,还要尽可能地让职位的设置有利于人的满足和发展;同时,也要尽可能地让人的操作有利于职位的完善和组织的优化。

5. 适当授权原则

组织日益庞大,业务活动日益复杂和专业化后,往往使原来的组织分工职责权力不能适应需要。必须实行授权,授权是领导将部分事情的决定权由高阶层移至低阶层。授权可将某些职能转交给下级,也可以针对某事把某项特殊任务的处理权交给下级,完成后权力收回。

领导者可以把职权授予下级,但是责任不可下授,工作可以让下级干,如果出了问题领导者还要对自己的下级负责。当然,得到权力的下级要对授予自己权力的领导者负责。

6. 精简与效率原则

精简、统一、效率是组织设计的最重要原则。机构精简、人员精干,控制好管理层次与管理幅度,才能实现高效率。机构精简了,协调工作量减少了,推诿扯皮也少了,沟通容易了;人员素质提高了,2个人干出5个人的活,效率大大提高,管理成本自然会降低。

西方发达国家流行一种"百人律"——即指任何一个组织的总部,管理人员总数不得多于一百人,否则就是低效率的组织。

20世纪80年代中期,美国企业界掀起了"减肥热",大量砍掉了公司的中层职能机构。仅在1983—1987年,美国就有甚至120万名年薪超过4万美元的中层经理人员失去工作。这是美国公司提高企业效率和效益的有效手段。

管理小贴士

在改革开放后,中国军队曾三次精简整编,尽管这三次精简兵员都包含着编制体制调整的改革意图,但是从结果看,仍基本停留在裁剪人头上。2016年军改是以编制体制调整而取得的30万名额的精简。这一独特之处,可视为军队领域改革的一次飞跃。

7. 职权与知识相结合原则

职权与知识相结合原则是指赋予职能人员和专家一些必要的权力,使其更有效地发挥作用,为组织服务。例如,在一般情况下,企业的总工程师、总经济师、总会计师与生产副厂长、后勤副厂长、销售副厂长是不同的人。但某单位总工程师兼任生产副厂长,总经济师兼任后勤副厂长,总会计师兼任销售副厂长。

8. 稳定性相适应性平衡原则

组织能够保持相对的稳定性是一个组织成熟的重要标志之一,也是一个组织能够持续健康发展的重要条件。因此,在组织的设计过程中,应该充分考虑组织结构的稳定性。但组织的稳定性优势是相对的,不可能是一成不变的。在当今快节奏的现代社会中,组织的内部条件和外部环境的变化越来越快,从这个意义上说,组织应主动适应变化才能保持稳定。适应变化是保持相对稳定的前提和条件,没有适应性就没有稳定性。因此,一个富有生命力并保持稳定的组织必定是富有弹性的。一个成功的组织,应该是既能维持自身稳定,又能很快适应环境变化的组织。

4.3.3 组织设计的过程

尽管每个组织的目标不同,组织结构形式也不同,但组织设计的基本过程是相同的,一般包括以下几个步骤。

1. 岗位设计:工作的专门化

岗位设计也称职务设计或工作设计,是指用一定的方法将各项任务结合起来,形成一组有限的工作,以构成一个完整岗位的过程。

岗位设计是组织设计最基础的工作。目标制定并分解之后,需要确定组织内从事具体工作所需的职务类别和数量,分析担任每个职务的人员应负的责任、应具备的素质要求。因此,岗位设计将实现组织目标必须进行的活动划分成最小的有机关联的部分,以形成相应的工作岗位。活动划分的基本要点是工作的专门化。通过工作的专门化,使得每一个组织成员或若干个成员能执行有限的一组工作。在进行工作专门化划分后,通过估算每一项工作所需的时间,就可以计算出完成组织目标所需的操作者人数。操作者人数等于完成各项工作所需时间之和除以每一个操作者一年的有效工作时间。

岗位设计的结果是若干岗位结构图和岗位职责说明书。

岗位是由一组有限的工作集合而成的。由于每一个人的能力都是有限的,不可能完成大量的各种不同性质的工作。因此,需要对各种工作进行合理组合,形成相应地岗位,使工作分工与组织成员的能力相匹配,从而切实保障各项工作能够得以落实。

1) 岗位结构图

部门内部的分工情况可用岗位结构图表示,图 4-6 所示为某单位的岗位结构图。岗位结构图表明了组织中的各种岗位及其岗位之间的权力关系。这里应当注意,一个岗位不一定就一个人,一个人也不一定就是一个岗位,可以一人数岗,编制和岗位不完全对应;岗位结构图加上编制表就是一张兵力部署图,有经验的管理者可以通过剖析这张"兵力部署图"找到组织运转中的问题。

思考题:你熟悉舰艇上的《水兵手册》吗?

2) 岗位职责说明书

岗位职责说明书是一个岗位的基本情况说明,它表明了各岗位的具体职责和上岗人员的素质要求。岗位职责说明书一般包括岗位名称、上、下级关系、工作描述、主要责任、岗位权力、岗位素质要求等内容。

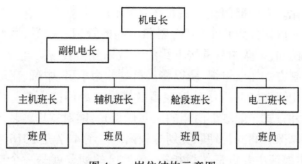

图4-6 岗位结构示意图

（1）岗位名称与编号：为了便于归类、查阅，给各岗位命名并按一定标准编号。

（2）职系：说明岗位性质，技术岗位还是行政岗位。

（3）职级与薪金标准：通过岗位评估可以给每个岗位确定相应的职级，岗位职级与薪金标准相对应。

（4）上、下级关系：对岗位进行定位，明确各个岗位在组织中、部门中所处的位置，以及岗位之间的关系。

（5）晋升岗位：反映该岗位未来的发展空间。

（6）岗位概要：概括该岗位的主要工作。

（7）工作描述：为了突出重点，将岗位工作分为重点工作与一般工作，各条工作前以4~6个字作为提要；与部门职能对应，每一项部门职能都能分解到相应的岗位；每一个岗位工作也都是部门职能的体现。

（8）主要责任：该岗位所承担的责任，避免"只对工作负责、不对结果负责"。

（9）岗位权力：为了完成岗位职责而应当具备的权力；通过岗位职责说明书梳理岗位权力，避免"有责无权、权责不对等"。

（10）岗位素质要求：从资历、技能、素质等方面描述该岗位应具备的最低条件。

岗位职责说明书是组织进行考核、人员培训的标准之一，岗位职责说明书的制定也是人力资源管理的基础工作。

总之，任何组织都是由一个个岗位所组成的。由于不同的岗位对上岗人员的要求各有不同，而不同的人也喜欢从事不同类型的岗位工作，因此，如何合理地设计岗位工作内容，使之不仅能够寻找合适的人员来担任，而且能够充分发挥上岗人员的潜力、提高其工作满意度便成为组织设计人员在进行岗位设计时必须考虑的重要问题。

2. 部门设计：工作的归类

一旦将组织的任务分解成了具体的可执行的工作，第二步就是将这些工作按照某种逻辑合并成一些组织单元，这其实就是部门化的过程。将整个组织通过部门化划分为若干个管理单元的目的是为了据此明确责任和权力，并有利于不同的部门根据其工作性质的不同采取不同的政策和加强每个部门内部的沟通与交流。

1）部门与部门化

所谓部门是指具有独立职能的工作单元的组合。部门化是指根据每个岗位的工作性质和相互关系，按照方便管理的原则，将各个岗位组合成部门的过程。常见的部门化方式有：

(1) 人数部门化。人数部门化是最传统的部门划分方式。它只是为了管理方便而将完成相同任务的人员划分为几个部分,划归不同的管理者领导,因此并不体现工作的专业化分工思想。例如,军队中常常按士兵的人数划分为班、排、连等。医院、消防队、航空公司常采用轮班制方式加以组织,所以将人员划分为早班、中班、夜班。

(2) 地域部门化。地域部门化是按地理区域设立部门的方式。许多全国性或国际性的大组织常用此种方式。地域部门化的主要优点是:能对本地区环境的变化作出迅速的反映。缺点是和总部之间的管理职责划分较困难。图 4-7 是 2016 年军队改革后的领导管理体系图,其中战区主要负责作战指挥,各战区的划分就是一个典型的地域部门化方式。

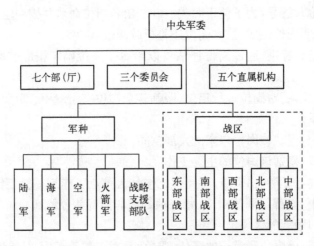

图 4-7　2016 年军改后领导管理体系图

(3) 顾客部门化。顾客部门化就是根据目标顾客的不同利益需求来划分组织的业务活动。在激烈的竞争中,顾客的需求导向越来越明显,组织应当在满足市场顾客需求的同时,努力创造顾客的未来需求,顾客部门化顺应了需求发展的这种趋势。

顾客部门化的优点是组织可以通过设立不同的部门满足目标顾客各种特殊而广泛的需求,同时能有效获得用户真诚的意见反馈,这有利于组织不断改进自己的工作;另外,组织能够持续有效地发挥自己的核心专长,不断创新顾客的需求,从而在这一领域内建立持久性竞争优势。缺点是可能会增加与顾客需求不匹配而引发的矛盾和冲突;需要更多能妥善协调和处理与顾客关系问题的管理人员和一般人员。另外,顾客需求偏好的转移,可能使组织无法时时刻刻都能明确顾客的需求分类,结果会造成产品或服务结构的不合理,影响对顾客需求的满足。

顾客部门化在医院最为典型。

(4) 职能部门化。职能部门化是按工作的相同或类似性进行归类,是一种传统而基本的部门化形式。

职能部门化的优点主要是能够突出业务活动的重点,确保高层主管的权威性并使之能有效地管理组织的基本活动;符合活动专业化的分工要求,能够充分有效地发挥员工的才能,调动员工学习的积极性,并且简化培训,强化控制,避免重叠,最终有利于管理目标的实现。缺点主要是由于人、财、物等资源的过分集中,不利于开拓远区市场或按照目标顾客的需求组织分工。同时,这种分法也可能会助长部门主义风气,使得部门之间难以协调配合。部门利益高于组织整体利益的后果可能会影响到组织总目标的实现。另外,由于职权的过分集中,部门主管员容易得到锻炼,却不利于高级管理人员的全面培养和提高,也不利于"多面手"式的人才成长。

(5) 产品部门化。由于不同的产品在生产、技术、市场等方面可能很不相同,就出现了根据不同的产品种类来划分部门的需要。在这种情况下,各产品部门的负责人对某一种产品或产品系列,在各方面都拥有一定的职权。产品部门化的优点是便于本部门内进行很好的协作,提高决策的效率,易于保证产品质量和进行核算。缺点是容易出现部门化倾向,整个组织行政管理人员过多,管理费用增加。

(6) 流程部门化。流程部门化就是按照工作或业务流程来组织业务活动。人员、材料、设备比较集中或业务流程比较连续紧密是流程部门化的实现基础。例如,一家发电厂的生产流程会经过燃煤输送、锅炉燃烧、汽轮机冲动、电力输出、电力配送等几个主要过程。

流程部门化的优点是组织能够充分发挥人员集中的技术优势,容易协调管理,对市场需求的变动也能够快速敏捷地反应,容易取得较明显的集合优势。另外,也简化了培训,容易在组织内部形成良好的相互学习氛围,会产生较为明显的学习经验曲线效应。缺点是部门之间的紧密协作有可能得不到贯彻,也会产生部门间的利益冲突;另外,权责相对集中,不利于培养出"多面手"式的管理人才。

(7) 综合部门化。即在同一个组织中,既有按职能划分的部门,也有按其他方面划分的部门以适应各种不同的需要。

思考题:你所在的单位有哪些部门化的方式呢?请举例说明。

2) 部门职能说明书

部门化的成果之一就是部门职能说明书。部门职能说明书一般包括:部门名称、上下级隶属关系、部门本职、部门宗旨、主要职能、主要责任、主要权力、岗位设置等内容。提高部门职能说明书,可清楚了解该组织中各部门之间职能分工情况。

(1) 上、下级隶属关系:对部门进行定位,明确它在组织中所处的位置,以及部门工作的汇报关系。

(2) 部门本职:描述部门"做什么",概括了主要的工作。

(3) 部门宗旨:阐明了设置该部门的目的,描述部门"为什么"做这些工作,以及要实现的最终目标。

(4) 部门主要职能:根据组织现状及未来的发展战略,可将部门的职能分为"主要职能"和"一般职能"。与组织发展战略密切相关、对组织业务发展起重要作用的职能归入主要职能,操作性的、维持组织日常运作的职能划分为一般职能。

(5) 部门主要责任:是部门宗旨的具体表现,对完成该部门主要职能后所产生结果的要求。

(6) 部门主要权力:合理的职权体系应当做到责、权对等。为完成各项职能,部门应当享有相应的权力。

(7) 部门岗位设置:部门内的岗位设置与定编方案。

思考题:从组织设计的角度考虑,为什么需要安排"兼职干部"这一岗位呢?

3. 管理幅度设计：形成管理层次

部门化解决了各项工作如何进行归类以实现统一领导的问题，接下来需要解决的是组织的管理层次问题。

1) 管理层次与管理幅度的概念

管理幅度是影响组织内部各单位规模大小的重要决定因素。在一个单位内，究竟能将多少相近或相关的工作职位或职务组合在一起，主要取决于该单位主管人员的有效管理幅度。所谓管理幅度，就是指一名管理者直接指挥和监督的下级人数。反映了领导者直接控制和协调的业务活动量的数目。管理层次是指组织中职位等级的数目。如图4-8所示，该部门的管理层次为三个，管理人员A、B、C、D的管理幅度分别为3、5、7、8。

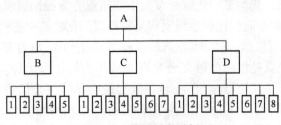

图4-8 管理幅度示例

2) 管理层次与管理幅度对组织的影响

一般情况下，在组织中的操作人员数一定时，一个管理者能直接管理的下级越多，那么组织的管理层次就越少，所需要的行政管理者也越少；反之则越多，即

$$组织规模=管理幅度×管理层次$$

也就是说，在组织规模一定时，管理幅度与管理层次成反比。如图4-9所示，三个组织的基层都拥有4096名操作人员，如果按照管理幅度分别为4、8和16对其进行组织设计，那么相应的管理层次依次为6、4和3，所需的管理人员数为1365名、585名和273名。

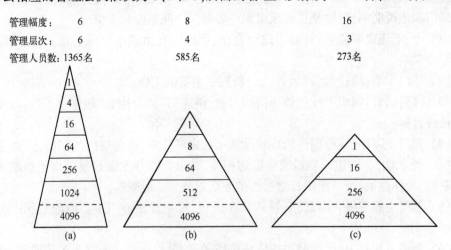

图4-9 管理幅度与管理层次的关系（单位：名）

管理幅度的宽窄对组织形态和组织活动会产生显著的影响。图4-9(a)中的组织结构形态称为锥形结构，锥形结构又称直式结构，是指管理层次较多而管理幅度较小的一

种组织结构形态,呈高、尖的金字塔形。锥形结构的优点是:较小的管理幅度可以使每位主管仔细地研究从每个下属那里得到的有限信息,并对每个下属进行详尽的指导,它具有管理严密、分工明确、上、下级易于协调的优点。锥形结构的缺点是:管理层次多,信息传递容易失真;不易调动下属的积极性;计划体系复杂,管理费用大;决策速度慢,组织应变能力弱。

图4-9(c)中的组织结构形态称为扁平结构。扁平结构是指管理层次少而管理幅度大的一种组织结构形态。扁平结构的优点是:由于层次少,信息纵向流通快,高层管理者能够及时掌握信息和开展决策;有利于缩短上、下级距离,密切上、下级关系,并及时采取相应的纠偏措施,减少管理费用,降低风险;由于信息传递经过的层次少,传递过程中失真的可能性也较小;由于管理幅度较大,从而使下属有较大的自主性、积极性和满足感。扁平结构的缺点是:由于过大的管理幅度,增加了管理者对下属有效监督的难度,也会妨碍同级之间的有效沟通。

古典组织学家主张狭窄的幅度,以实现有效的控制。这样一来,就要设置较多的层次,导致决策的缓慢。现代组织学家认为下级憎恨会影响人们的道德和动机,从而影响严密管理,他们主张管理的款幅度,以减少主张层次,加速组织中信息的传递。因此,在可能的情况下,组织内的管理层次应尽量减小。目前,各国普遍采用扁平型结构。

管理小贴士——军队改革的体制

长期以来,我军"头重脚轻尾巴长"的突出问题一直没有得到很好解决,机关臃肿、机构重叠、层级太多、直属单位庞杂等问题表现突出,严重制约影响部队领导管理效率和联合作战行动的高效指挥。

2016年,军队改革后所实施的领导和管理方式,是自上而下具有扁平化的趋势,减少了指挥和领导的层级。运用信息化的手段,由最高层可以指挥到各个层级,甚至可以指挥到作战单元。通过改革,至少减少了2~3个层级,大幅提升了命令的传达速度,减少时间的损耗和运转的成本与风险。在新的体制机制运转之下,从接到任务到行动,可能只需要过去的1/2的时间甚至更短的时间。

以一次现代化登陆"夺岛"作战为例,原来在军委总部制、军区制度下,作战指挥体系多达五层,军委——总参谋部——军区——军区下的诸军种指挥机构——作战部队。而且海军、空军部队还要接受来自海军司令部、空军司令部的命令和指示,整个指挥体系显得非常臃肿、繁琐。改革之后,根据战区主战、军种主建的方针,作战指挥体系简化为军委——战区——部队,只有三层,而且作战指挥主要由战区负责,如图4-10所示。这样,整个指挥体系变得清晰、扁平,能够根据战场形式的变化做出快速、灵活的反应,从而为打赢一场高技术条件下的现代化局部战争奠定基础。

3) 影响管理幅度的主要因素

在某一个特定的情况下,管理幅度多大合适呢?这主要取决于以下几个因素。

(1) 管理者的能力。管理人员综合能力强,就可以迅速地把握问题的关键,就下级的请示给出恰当的指导,并使下级明确理解,从而缩短与每一位下级接触所需的时间,管理幅度可以适当放宽,反之则小。

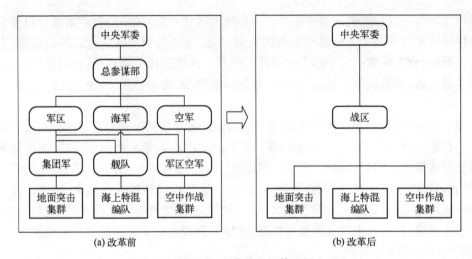

图 4-10　军改前、后作战指挥体系层次对比

（2）下级的成熟程度。下级具有符合岗位要求的能力，训练有素，则无需管理者事事指点，从而减少向上级请示的频率，管理幅度可以加大，反之则小。

（3）工作的标准化程度。若下级的工作基本类同，指导就方便，管理幅度就可以大些；若下级的工作性质差异很大，需要个别指导，管理幅度就小。

（4）工作条件。助手的配置情况、信息手段的配置情况等都会影响管理者从事管理工作所需的时间，若配备有助手，信息手段先进，则管理幅度可大些。

（5）工作环境。组织环境稳定与否会影响组织活动内容和政策的调整频率与幅度。环境变化越快，变化程度越大，组织中遇到的新问题就越多，下级向上级的请示就越有必要、越频繁，而上级能用于指导下级的时间与精力却越少，因为他们要花时间去关注环境的变化，考虑应变的措施。因此，环境越不稳定，管理者的管理幅度越小。

其实，在组织设计的原则中还有一个控制幅度原则。控制幅度原则是指一个上级直接领导与指挥下属的人数应该有一定的控制限度，并且应该是有效的。法国的管理学者格拉丘纳斯（V. A. Graicunas）曾提出一套数学公式说明了当上级的控制幅度超过 6~7 人时，上级与下级之间的关系会越来越复杂，以至于最后使他无法驾驭。该公式为 $N=n(2^{n-1}+n-1)$，其中 n 为直接向上级报告的下级人数，N 为需要协调的人际关系数。表 4-2 列出了随 n 变化 N 的变化情况。

表 4-2　N 的变化情况

n	N	n	N
1	1	6	222
2	6	7	490
3	18	8	1080
4	44	…	…
5	100		

从公式及表 4-2 中可以看出，当 n 呈算术级数增加时，与上级形成互动关系的人数会呈几何级数增加。这就意味着，管理幅度不能够无限度增加，毕竟每个人的知识水平、

能力水平都是有限的。影响管理幅度的因素有多种,至今尚未形成一个可被普遍接受的有效管理幅度标准。值得注意的是,随着计算机技术的发展和信息时代的到来,运用信息技术处理信息的速度大大加快,每个管理者对知识和信息的掌握以及实际运用的能力都有普遍提高,这使得管理幅度有可能大量地增加,协调上下、左右之间关系的能力也有可能大幅度提高。

4. 形成组织结构

在明确岗位、部门、管理层次的基础上,可以形成相应的组织结构,并绘制出组织结构图。这一步骤的主要工作有以下几项。

(1) 在前三步的基础上对初步设计的部门和岗位进行一定的调整。

(2) 建立组织结构图,这是最主要的工作。

(3) 规定管理机构之间的职责、权限和义务关系。

1) 组织结构与组织结构图

就像人类由骨骼确定体型一样,组织也是由结构来决定其形状。组织结构是组织设计的结果之一,是描述组织内部的结构框架。它是指构成组织各要素的排列组合方式,也就是组织中各层次之间所建立的一种人与人、人与事的相互关系。

组织结构图通过直观地图示方式,明确表明组织中的部门设置情况和层次结构,直观反映了组织内部的分工和各部门上下隶属关系,图4-11所示为简单的组织结构图。组织结构图由方框、直线或虚线等构成。方框表示为一个部门或基本机构,方框内注明该部门或机构的名称,方框的位置高低,表示了该部门的层次和等级。竖线表示了部门之间的上下级关系,位置较高的部门领导位置较低的部门,横线表示存在部门或组织之间的合作关系(平级关系)。

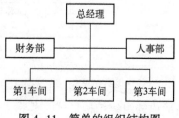

图4-11 简单的组织结构图

思考题:组织结构图与岗位结构图有什么区别吗?

2) 组织结构类型

由于每一个组织的目标、所处的环境、拥有的资源不同,其组织结构必然会有所区别。有多少种组织,就会有多少种组织结构。但是就像搭积木一样,任何组织都有一些基本的模块单元构成,其基本构成形式会有很大的相似性。下面介绍几种常见的组织结构类型。

(1) 直线制。直线制是一种简单的组织结构形式,因此又称为简单型组织结构。这种组织结构的特点是:组织中各种职务按垂直系统直线排列,各级管理人员对下级拥有直接的一切职权,一个下级单位只接受一个上级领导者的指令。直线制组织结构是一种高度集权的结构,适用于小型的、初创期的组织,或应用于现场的作业管理,适用于简单的和多变的组织环境,如图4-12所示。

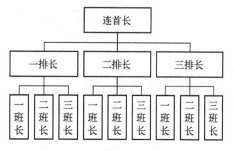

图4-12 直线制组织结构图

这种组织结构的优点是结构比较简单,权力集中,责任分明,命令统一,联系简捷,决策迅速,运行成本低。其缺点是要求管理人员通晓多种知识技能、亲自处理各种业务,在组织规模扩大、业务复杂等情况下,必然使管理人员因个人知识及能力有限而感到难于应付,顾此失彼。另外,由于每个部门都只关心本部门的工作,因而部门之间的协调能力较差。

(2) 职能制。这种组织结构的特点是:在组织中设置一些职能部门,分管组织的某些职能管理业务,各职能部门在自己的业务范围内,有权向下级单位发布命令和指示,如图4-13所示。职能制组织结构适用于需要充分发挥各职能部门作用的场合。职能制的优点是:可以解决主管负责人对专业指挥的困难,能够充分发挥职能部门的专业管理作用。职能制的缺点是:由于各个职能部可都拥有指挥权,因而容易形成多头领导,不能实行统一指挥。

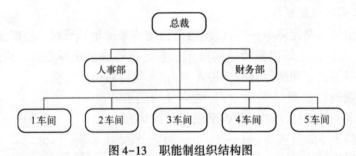

图4-13 职能制组织结构图

(3) 直线职能制。直线职能制是一种综合了直线制和职能制两种类型的组织特点而形成的组织结构形式。其特点是设置了两套系统:一套是按命令统一原则组织的直线指挥系统;另一套是按专业化原则组织的职能系统。职能管理人员是直线指挥人员的参谋,只能对下级机构进行业务指导而不能进行直接指挥和命令。这样就保证了整个组织的统一指挥和管理,避免了多头指挥和多人负责的现象。直线职能制组织结构适用于业务稳定的各类组织,如图4-14所示。

图4-14 直线职能制组织结构图

这种组织结构形式的优点是:领导集中、职责清楚、工作效率较高、整个组织具有较高的稳定性。它的缺点是:各职能单位自成体系,不重视信息的横向沟通,部门之间可能出现矛盾和不协调,造成效率不高,不利于从组织内部培养熟悉全面情况的管理人才。

思考题:直线职能制与职能制的组织结构图有什么区别吗?

(4) 事业部制。事业部制是组织面对不确定的环境,按照产品或类别、市场用户、地域以及流程等不同的业务单位分别成立若干事业部,并由这些事业部进行独立业务经营和分权管理的一种分权式结构类型。事业部是一个完整的组织单元,有自己的直线和职能部门。采用"集中政策、分散经营"的管理原则,事业部相当于一个分公司,只不过以部门的形式出现了。它是美国、日本等国大企业采用的典型组织形式。由于事业部制最初由美国通用汽车公司的斯隆所创立,又称为"斯隆模型",有时也称为"联邦分权化",如图 4-15 所示。

事业部制有两个明显的优点:①各事业部独立核算,具有相对独立的利益和自主权,适应性和稳定性强。因而有利于组织的最高管理者摆脱日常事物,而专心致力于组织的战略决策和长期规划,有利于调动各事业部的积极性和主动性,不断为组织培养出全面的高级管理人才。②事业部制的组织结构有很强的柔性(可变性)、机动性相适应性。例如,若某事业部经营不善,组织可以将该事业部整体出售,这对整个组织并不产生很大影响。同样,根据组织发展需要和市场环境变化,也可以收购某个组织成为本组织的一个事业部。

这种组织结构形式的主要缺点是:资源重复配置,管理费用较高,事业部之间协调困难。

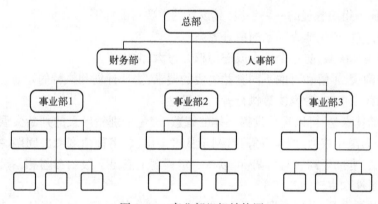

图 4-15 事业部组织结构图

(5) 矩阵制。矩阵制又称为矩阵结构,矩阵结构是在原有的直线职能制基础上,建立一种横向的以一定项目为主的水平领导系统,各成员既同原职能部门保持组织与业务上的联系,又参加项目工作。它由纵横两套管理系统组成:一套是纵向的职能系统,一套是为完成各项任务而组成的横向项目系统。纵向系统的组织,即在职能经理领导下的各职能部门。横向系统的组织,即在项目经理领导下的项目小组。参加项目小组的成员,接受双重领导,即职能部门的专项业务领导,以及项目经理的具体工作领导。在某个项目任务完成后,项目组成成员回到原部门工作。矩阵制组织结构适用于各类以项目形式开展主要业务的组织,如图 4-16 所示。

矩阵制的优点是:加强了各职能部门的横向联系,具有较大的机动性相适应性;有利于发挥专业人员的潜力,有利于各种人才的培养。矩阵制具有职能部门化和产品部门化的优点,而避免了它们各自的缺点。它的缺点是:由于这种组织实行纵向、横向的双重领导,容易因意见分歧,使得下级人员无所适从,或造成工作中的矛盾和扯皮现象;组织关系较复杂,对项目负责人的要求较高;由于这种形式具有临时性的特点,因而容易导致人

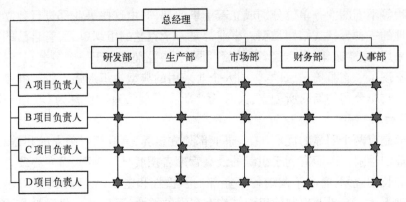

图 4-16 矩阵制组织结构图

心不稳。

(6) 委员会。委员会也是一种常见的组织形式。委员会由一群人所组成,委员会中各个委员的权力是平等的,并依据少数服从多数的原则决定问题。它的特点是集体决策、集体行动。

委员会作为组织管理的一种手段,其设立的主要目的如下。

① 集思广益,产生解决问题的更好方案。

② 利用集体决策,防止个别人或部门权力过大,滥用权力。

③ 加强沟通,了解和听取不同利益集团的要求,协调计划和执行的矛盾。

④ 通过鼓励参与,激发决策执行者的积极性。

委员会的优点是:可以充分发挥集体的智慧,避免个别领导人的判断失误;少数服从多数,防止个人滥用权力;地位平等,有利于从多个层次、多种角度考虑问题,并反映各方面人员的利益,有助于沟通与协调;可以在一定程度上满足下级的参与感,有助于激发组织成员的积极性和主动性。

委员会的缺点是:做出决定往往需要较长时间;集体负责,个人责任不清;有委曲求全、折中调和的危险;有可能为某一特殊成员所把持,形同虚设。

委员会组织对于处理权限争议问题和确定组织目标是比较好的一种形式。

思考题:你能列举出几种具体的委员会形式吗?

组织结构描述的是组织的框架体系,反映了分工协作关系。组织结构是维持组织必须的,没有一定的结构,组织就没了着落。但是,上述 6 种组织结构中,任何一种组织结构类型都是有缺陷的,关键是管理者如何寻找适用的场所,扬长避短。因此,人是组织的灵魂,比组织结构更重要,有效地运用科学的管理与协调弥补组织结构的缺陷,其中组织中权力关系的协调与处理是非常重要的一项内容。

4.3.4 组织中的权力关系

1. 权力的定义

权力是指组织成员为了达到组织目标而拥有的开展活动或指挥他人行动的权利。这里所讲的权力是指存在于组织之中、与岗位职责相对应的职位权力(Authority),简称职权,具体地说,就是某一职位所固有的做出决策、采取行动和希望决策得到他人执行而发出命令的一种正式的合理合法的权力。与本书6.1节中的领导权力及西方管理学教科书中所指的一般意义上的影响力(Power)并不是一个概念。

思考题:在组织中谁拥有权力?通常有哪些权力?它们之间有何不同?

2. 权力的类型

在一个组织中,根据权力的性质不同,可以将其分为岗位权力、直线权力、职能权力和参谋权力。

1) 岗位权力

在一个组织中,任何一个组织成员都拥有为实现组织目标而开展活动的权力,是根据岗位职责开展活动的权力。例如,交警指挥、教员布置作业确定成绩、执勤时的指挥管理权等。

2) 直线权力

直线权力是组织中上级指挥下级的权力,表现为上、下级之间的命令权力关系。直线权力是管理者所拥有的特殊权力,它与等级链相联系,在组织等级链上的管理者一般都拥有直线权力,他们一般都接受上级指挥,另外有指挥下级的权力。

3) 职能权力

职能权力是某一岗位或部门根据高层管理者的授权而拥有的对其他部门或岗位直接指挥的权力。职能权力是一种有限的权力——只有在被授权的职能范围内有效。

职能权力产生的原因是多方面的。当一位总经理认为采购程序、质量控制标准、生产计划等专门事务不需要他本人处理时,就会设立采购部门、质检部门、计划部门等,把有关此方面的直线权力授予相应的职能部门,由这些部门代为行使。当下级管理者由于缺乏专业知识而难以行使某些直线权力时;当上级管理者缺乏监督过程的能力时,组织都可能设立专门的部门或确定某一位专家、另一部门的管理者行使此方面的权力。

思考题:直线权力和职能权力都是一种指挥权,有什么区别吗?

4) 参谋权力

参谋权力是组织成员所拥有的向其他组织成员提供咨询或建议的权力,属于参谋性质。组织中的任何一位成员都拥有参谋权力,他们可以就组织发展中存在的问题发表自己的意见,管理者当然也拥有这种权力。随着组织的日益扩大和日益复杂,管理者可能越来越难以有足够的时间、经历和知识来有效地完成其职责,因此他们还会设立专门的参谋人员来协助自己,以减轻负担。

思考题:参谋权力是否就是参谋部门或参谋人员所拥有的权力?

人们经常把直线权力、参谋权力直接与业务部门、辅助部门相联系,认为直线权力就是业务部门的管理者所拥有的权力,是对于组织目标实现具有直接的贡献、负有直接的责任的权力;而参谋权力则是辅助部门的管理者的权力,旨在协助直线权力有效地完成组织目标。这种概念所引起的混乱是显而易见的。直线部门中有上、下级关系,难道在参谋部门中就没有上、下级关系吗?参谋部门固然具有参谋权力,难道其他人员就不能向其上级或同事提供建议吗?因此,直线权力和参谋权力不应该按部门或其所从事的工作来划分,而应按权力关系来理解。我们可以把某个主要从事参谋性质工作的部门称为参谋部门,但是在这种部门内部仍有直线权力:部门领导对于直接下级拥有直线指挥权。与此相反,某一个直线上级在其部门职能单位内对整个组织或其他部门提出建议时,他使用的就是参谋权力。

思考题:在一个组织中,参谋人员是不是必须的?参谋权力呢?

直线权力、参谋权力、职能权力都不限于特定类型部门的管理者。不过,在通常情况下,参谋权力和职能权力大多由参谋部门和职能部门的人员行使,因为这两种部门通常由专业人员组成,他们的专业知识正是行使参谋权力和职能权力的基础。

3. 权力关系的处理原则

即使在组织规定的权力范围内,管理者权力的充分行使也受到权力重叠交叉的冲击。任何权力都不是孤立的,也很难做到界限绝对分明。因此,权力重叠交叉的现象几乎难以避免,有时有些权力在执行中还会发生冲突。那么该如何协调处理各种权力关系呢?

1) 直线权力与参谋权力

思考题:当领导按其参谋的意见做出决策而造成失误时,这位参谋是否要为此承担责任?

从定义中可以看到,直线权力是命令和指挥的权力,参谋的职责是建议而不是指挥,只有当他们的建议被管理者采纳并通过等级链向下发布指示时才有效。由此可见,直线权力与参谋权力之间的关系是"直线指挥、参谋建议",有两层含义。

第一,直线人员在进行重大决策之前要先征询参谋人员或组织成员的意见。管理者和操作者只是为了实现共同目标而进行的一种分工,操作者有权了解管理者的管理思路并对此发表自己的意见;而设立参谋人员就是为了减轻领导的负担、弥补不足,以避免重大失误。因此,领导在行使重大问题决策权时要充分发挥参谋人员的智囊作用或尽可能广泛的征询组织成员的意见。

第二,这两种权力之间性质是不同的,参谋行使建议权,直线行使指挥权。参谋权力是咨询性的,参谋人员可以向直线提出自己的意见或建议,但不能把自己的想法强加给直线人员,甚至超越权限,直接发号施令;指挥权应由直线人员行使,由直线人员来决定方案的取舍及发布指令,并承担最后的责任。这是保证组织命令的统一性和职权对等所必须的。

2) 直线权力与职能权力

思考题:如图 4-17 所示,A 在其职能范围内与 B 同时对 D 继续指挥或对某项工作做出不同要求时,D 怎么办呢?

与参谋权力不同,职能权力是由直线权力派生的、限于特定职能范围内的直线权力。因此,在组织中经常会出现直线权力与职能权力交错并行的局面,解决方法可以概括为"两个界定"。

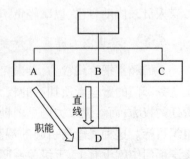

图 4-17 权力冲突示意图

第一,界定职能权力的作用层面。如图 4-18 所示,当 A 在职能范围内需要对 D 进行指挥与管理时,将职能权力界定在 D 的直线上级 B,从而有效避免多头指挥。

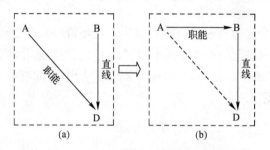

图 4-18　界定职能权力的作用层面示意图

第二,界定职能权力的作用范围,即"直线有大权,职能有特权"。具体含义是:在一个组织中,直线人员拥有除了其上层直线人员赋予职能部门的职能权力以外的大部分直线权力;职能部门的管理者则除了拥有对本部门下级的直线权力外,还拥有上层管理者所赋予的特定权力,可在其职能范围之内对其他部门及其下级部门发号施令。直线人员在组织规定的各职能范围内的事项要接受职能权力的指挥,职能权力则应限定在规定的职能范围内。如图 4-19 所示,将 D 的工作分为 D_1、D_2、……、D_n,D 的直线上级 B 拥有管理 D 的大部分工作 D_2、D_4、……、D_n 的权力,即直线有大权;职能部门 A 则仅仅拥有管理其职能范围内的工作 D_1、D_3 的特定权力,即职能有特权。

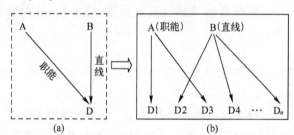

图 4-19　界定职能权力的作用范围示意图

3) 直线权力与直线权力

思考题:在图 4-19 中,如果 AB 都是 D 的直线上级,当两个上级矛盾时 D 怎么办呢?

直线权力与直线权力的关系处理原则主要有两条。

第一,统一指挥。统一指挥原则已在本章"组织设计原则"中介绍,即如果需要两个或两个以上直线上级同时指挥,在下达命令前,直线上级应互相沟通,达成一致意见后再下达命令,如图 4-20 所示。

第二,按级指挥。如图 4-5 所示,在组织工作中,常会出现直线上级 A 越过 D 的直线上级 B 对 D 直接指挥的现象。解决的方法可在《中国人民解放军内务条令》第四章《内部关系》第 62 条中找到答案,条令规定:"首长有权对部署下达命令。命令通

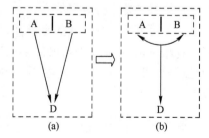

图 4-20　统一指挥原则示意图

常按级下达,情况紧急时,也可越级下达。越级下达命令时,下达命令的首长,应当将所下达的命令通知受令者的直接首长。"

4. 授权

史书中关于刘邦和韩信有一段经典对白——刘邦曾经和韩信讨论各将领的才能,问韩信自己能带多少士兵,韩信说:"将兵十万。"刘邦说:"你能带多少呢?"韩信:"多多而益善耳。"刘邦笑道:"多多益善,何为吾擒?"韩信:"陛下不能将兵,而善将将。"那么,刘邦是如何"将将"的呢?

管理小贴士

艾森豪威尔当选美国总统后,一次,他正在打高尔夫球,白宫送来急件要他批示,总统助理事先拟定了"赞成"与"否定"两个批示,只待他挑一个签名即可。谁知艾森豪威尔一时不能决定,便在两个批示后各签了个名,说道:"请狄克(副总统尼克松)帮我批一个吧。"然后,若无其事地去打球了。

人的精力是有限的,管理者需要通过指挥他人的工作来实现组织的目标,正像没有一个人能把为实现组织目标所必须进行的全部任务都担当起来一样,由一个人来行使所有的决策权也是不可能的。因此,管理者不可能亲自决定或监控所有工作,必须将一部分权力授予下级。

所谓授权,就是指上级给予下级以一定的权力和责任,使下级在一定的监督之下,拥有相当的自主权而行动。授权者对被授权者有指挥、监督权,被授权者对授权者负有汇报情况及完成任务之责。

1) 授权的益处

授权对于一个组织的发展来说是十分重要的。管理者进行授权的主要原因有以下几点。

(1) 可使高层管理者从日常事务中解脱出来,专心处理重大问题。随着组织规模的扩大,由于受一定的时间和空间及生理条件的限制,管理者不可能事事过问,而通过授权可使管理者既能从日常事务中解脱出来,又能控制全局。

(2) 可提高下属的工作情绪,增强其责任心,并增进效率。通过授权,使下属不仅拥有一定的权力和自由,而且也分担了相应的责任,从而可调动其工作积极性和主动性;由于不必事事请示,授权还可以提高下属的工作效率。

(3) 可增长下属的才干,有利于管理者的培养。通过授权,使下属有机会独立处理问题,从实践中提高管理的能力,从而为建设一支管理队伍打下基础,这对于一个组织的长期持续发展是十分重要的。

(4) 可充分发挥下属的专长,以弥补授权者自身才能之不足。随着组织的发展和环境的日趋复杂,管理者面对的问题越来越多、越来越复杂,而每一个人不可能样样精通。通过授权,可把一些自己不会或不精的工作委托给有相应专长的下属去做,从而弥补授权者自身的不足。

思考题:管理者是否应该只分派自己干不了的事?

管理小贴士

授权不仅可以使管理者在同样的时间内通过发挥他人的才能创造出更好更多的业绩,而且有利于识别人才、培养接班人,从而有助于自己的晋升发展。而事事亲力亲为不授权,不仅业绩受限于本人的时间和精力,而且会导致下属的无望和无能,从而影响自己的前途。

晋升需要注意的方面	授 权	不 授 权
才能——以往业绩	群体的力量	个人的力量
群众基础——民主评议	民主、相信群众	独裁、不相信群众
接班人——候选人数	一批接班人	一批马屁精
领导意见——满意程度	较满意	不一定
衡量结果	有望晋升	危及现职

2) 授权的基本过程

授权的过程包括:分派任务、授予权力、明确责任、确立监控权。

(1) 任务的分派。权力的分配和委任来自于实现组织目标的客观需要。因此,授权首先要明确受权人所应承担的任务或职责。所谓任务,是指授权者希望受权人去做的工作,它可能是要求受权人写一个报告或计划,也可能是要求其担任某一个职务承担一系列职责。不管是单一的任务还是某一个固定的职务,授权时所分派的任务都是由组织目标分解出来的工作或一系列工作的集合。

(2) 权力的授予。在明确了任务之后,就要授予其相应的权力,即给予受权者相应的开展活动或指挥他人行动的权力,如有权调阅所需的情报资料,有权调配有关人员等。给予一定的权力是使受权者得以完成所分派任务的基本保证。

(3) 责任的明确。当受权人接受了任务并拥有了所必需的权力后,就有义务去完成所分派的工作并正确运用权力。受权人的责任主要表现为向授权者承诺保证完成所分派的任务,保证不滥用权力,并根据任务完成情况和权力使用情况接受授权者的奖励或惩处。要注意的是,受权者所负的只是工作责任,而不是最终责任。授权者可以分派工作责任,并且受权者还可以把工作责任进一步地分派下去,但对组织的责任是不能分派的。受权者只是协助授权者来完成任务,对于组织来说,授权者对于受权者的行为负有最终的责任,即授权者对组织的责任是绝对的,在失误面前,授权者应首先承担责任。

(4) 监控权的确认。正因为授权者对组织负有最终的责任,所以授权不同于弃权,授权者授予受权者的只是代理权,而不是所有权。因此,在授权过程中,要明确授权者与受权者之间的权力关系。一般地,授权者对受权者拥有监控权,即有权对受权者的工作进行情况和权力使用情况进行监督检查,并根据检查结果,调整所授权力或收回权力。

3) 授权应遵循的基本原则

授权看起来似乎很简单,但许多研究表明,管理者由于授权不当所引起的失败要比其他原因引起的失败多得多。因此,每一个管理者都要注意研究授权的方法和技巧。怎样才能做到正确授权呢? 根据总结,正确授权大体上要注意以下几条原则。

(1) 明确授权的目的。授权可以是口头的也可以是书面的,但不管采用何种形式,授权者都必须向受权者明确所授事项的任务目标及权责范围,使其能十分清楚地工作。没有明确目的的授权,会使受权人在工作中摸不着边际,无所适从。具体的书面授权,对于接受和授予双方都很有益处,因此在组织设计中,对于各项职务的工作内容、权责范围应尽可能用书面的形式予以明确,这样不仅能使授权者更容易看到各职务之间的矛盾或重叠,同时也能更好地确定其下属能够而且应该负起责任的事项。

(2) 职、权、责、利相当。为了保证受权者能够完成所分派的任务,并承担起相应的责任,授权者必须授予其充分的权力并许以相应的利益。只有职责而没有职权,就会使受权者无法顺利地开展工作并承担起应有的责任;只有职权而无职责,就会造成滥用权力、瞎指挥和官僚主义。因此,授权必须是有职有权,有权有责且有责有利。

不仅如此,授权还要做到职、权、责、利相当,即所授予的权力应能保证受权者履行相应职责、完成所授任务,做什么事给什么权;而受权者对授权者应负的责任大小应与授权者所授予的权力大小相当,有多大的权力就应该承担多大的责任;给予受权者的利益必须与其所承担的责任大小相当,有多大的责任就应承诺给予多大的利益。权力太小是受权者无法尽责的普遍原因;权力过多常常会造成对他人职权范围内事务的干涉;缺乏利益驱动则是受权者不愿过多承担责任的主要原因。

思考题:古代皇帝任命钦差大臣时为什么要授予尚方宝剑?

(3) 保持命令的统一性。从理论上来说,一个下级同时接受两名以上上级的授权并承担相应的责任是可能的,但在实际工作中存在着较大的困难。因此,通常要求一个下级只接受一个上级的授权,并仅对一个上级负责,这就是命令统一性原则。

保持命令的统一性原则,要求做到以下几点。

第一,全局性的问题集中统一,由高层直接决策,不授权给下级。

第二,各部门之间分工明确,不交叉授权。每一主管都有其一定的管辖范围,不可将不属于自己权力范围之内的权力授给下级,以避免交叉指挥,打乱正常的上下级关系和管理秩序,造成管理混乱和效率降低。

第三,不越级授权。授权者如发现下属职权范围内的事务有问题,可以向下属询问、建议、指示,甚至在必要时命令下属、撤换下属,但不要越过下级去干涉下级职权范围内的事务,即不要越级授权,这样会使直接下级失去对其职权范围内事务的有效控制,从而难以尽责。

(4) 正确选择受权者。由于授权者对分派的职责负有最终的责任,因此慎重选择受权者是十分重要的。在选择受权者时,应遵循"因事择人、视能授权"和"职以能授、爵以功授"的原则。即根据所要分派的任务,来选择具备完成任务所需条件的受权者,以避免出现不胜任或不愿受权等情况。应根据所选受权者的实际能力,授予相应的权力和对等的责任;对既能干又肯干的,要充分授权;对适合干但能力有所欠缺或能力强但有可能滥用权力的,要适当保留决策权。为了正确选择受权者,在授权前,除对受权者进行严格考察外,还可以"助理""代理"等名义先行试用,合格的再正式授权。

(5) 加强监督控制。既然授权者要对受权者的行为负责,那么,授权者加强对受权者的监督控制就是十分必要的了。不愿授权和不信任下级的情况多半是因为担心失去控制。为此,授权者要建立反馈渠道,及时检查受权者的工作进展情况以及权力的使用情况。对于确属不适合此项工作的,要及时收回权力,更换受权人;对滥用权力的,要及时予以制止;对需要帮助的,要及时予以指点,从而保证既定目标的实现。另外,要注意控制不是去干预受权者的日常行动,否则就会使授权失去意义;监督也不是为了保证不出任何差错,因为人人都会犯错误,只有允许人们犯错误,才能使人们愿意接受授权,并在实践中培养出合格的管理人员。

思考题:在一个对下级的任何工作差错都严加训斥的管理者手下,下级的表现会怎样?

5. 集权与分权

当权力的分配是在上下级组织之间进行时,授权就变成了分权。分权是授权的一种形式,是一个组织向其下属各级组织进行系统授权的过程。分权是形成任何组织内部各组织单元之间权力关系的基本手段。

1) 集权与分权的相对性

作为一个组织,为了充分发挥集体的力量,有效地实现共同目标,必然要在内部进行分工,这就要求在组织内部进行分权,由组织经营决策层把部分决策权授予下级组织和部门的管理者,由他们行使这些权力,自主地解决某些问题,从而完成分配给他们的工作。因此,分权对于任何组织来说都是必要的。没有分权,也就没有了上下级组织结构,什么事都要由高层管理者来决定,由高层管理者来直接指挥,也就无法发挥组织分工协作的优越性。

分权的对立面是集权。集权就是决策权都由某一最高层管理者或某一上级部门掌握与控制,下级部门只能依据上级的决定和指示执行,一切行动听上级指挥。任何组织为了保证共同目标的实现,必然要求保持组织行动的统一性,因此,一定程度上的集权对于任何组织来说也都是必要的。一个组织如果一味地分权,把所有的决策权都授予下属各部门,一切问题都由下属各部门自行决定,那么,可以代表组织整体、并用以支配组织整体活动的权力将不复存在,这样就势必造成组织的解体。

由此可见,集权和分权对于一个组织来说都是必要的,如图 4-21 所示。没有绝对的集权,也没有绝对的分权。该由下级获得的权力过于集中,是上级"擅权";该由上级掌握的权力过于分散,是上级"失职"。集权与分权是相对的,在组织设计过程中,要考虑的不

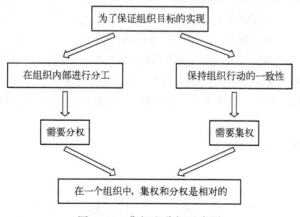

图 4-21 集权和分权示意图

是分权好还是集权好的问题,而是如何合理地确定集权与分权的程度,以及哪些应集权、哪些该分权之类的问题。我们在日常生活中把有的组织称之为集权型组织或分权型组织,实际上是指这个组织大多数权力集中于上层(以集权为主)或上级只保留少量权力(以分权为主)的状况。

2) 影响集权与分权的主要因素

许多管理者都相信,组织中的职权要尽量下授,但在实施中却经常会遇到不知如何是好的情况。例如,我们常可以看到一个领导的办公桌上堆满了待处理的文件,但他却在审核一些并不重要的费用开支。在设计组织的过程中,为了确定一个组织集权与分权的程度和范围,就必须研究影响集权与分权的因素。

影响集权与分权的因素可能来自主观方面,也可能来自客观方面。从主观方面来说,组织首脑的个人性格、爱好、能力等都会影响职权分散的程度。有的人喜欢职权多分散点,以减轻自己的负担,也相信别人会做好工作;有的人喜欢独断专行,事必躬亲,集权程度就会高一点。一般而言,客观因素比主观因素起着更为决定性的作用。这些客观因素包括以下几种。

(1) 组织的规模。组织的规模越大,要解决的问题就越多。由于高层管理者的时间和所拥有的信息有限,为了防止组织反应迟钝、决策缓慢,他们必然会把更多的决策权授予下级组织管理者。

(2) 职责或决策的重要性。所涉及的工作或决策越重要(可以以成本和对组织未来发展的影响大小来衡量),与此相关的权力就越可能集中在上层。例如,巨额的采购项目、基本建设投资,以及需要全体人员贯彻执行的统一政策的制定等,一般以集权为好。

(3) 下级管理人员的素质。分权需要一大批素质良好的中下层管理人员来授权,如果组织中缺少合格的管理人员,高层管理者就很可能倾向于集权,依靠少数高素质的人来管理组织。

(4) 控制技术的发展程度。分权的目的是为了有助于组织目标的实现,如果分权危及组织的生存与目标的实现,那么分权将被禁止。为了避免组织的瓦解,必须在分权的同时加强控制。防止在一些重大问题上失控,常常是进行集权的理由或借口。控制技术的改进,一般有助于权力的分散化。但另一方面,随着控制技术的发展,组织将更容易实现集权控制,也有可能会加强集权化倾向。因此,总体上而言,控制技术的提高将会加强组织原有的权力分配倾向,集权的更集权,分权的更分权。

(5) 外部环境的影响。以上所讨论的影响分权程度的因素大部分是组织内部的因素。然而,影响集权与分权程度的还有一些外部因素,其中最重要的是政府对各类组织的控制程度。政府的众多规定使得许多事情必须要由高层管理者直接处理,从而使分权受到一定的限制。

3) 集权与分权的优、缺点

(1) 集权。

① 优点:可以加强统一指挥、统一协调和直接控制。

② 缺点:使高层管理者陷于日常事务中,无暇考虑大政方针,并会限制各级人员的积极性,不利于管理者的培养,难以适应迅速变化着的环境。

(2) 分权。

① 优点:可减轻高层管理者的负担,增强各级管理者的责任心、积极性和自主性,增强组织的应变能力。

② 缺点:会造成各自为政的现象,增加各部门间协调的复杂性,并受规模经济性、有无合格的管理者等的限制。

因此,管理者需要在集权和分权之间恰当地权衡得失,取得良好的平衡,做到"放得开又管得住",组织"活而不失控"。

4.4 团队管理

团队是现代经济、社会与技术发展的产物。人们生产与活动的组织形式,总是由一定的社会生产技术水平与社会关系、文化背景、人员素质等诸多因素所决定。团队是现代社会条件下最富活力的高绩效组织形式,团队管理带来管理职能与方式的深刻变革。

在大工业生产时期,组织大都建立传统的垂直式,功能化的组织模式。它是一种包含多层次的金字塔结构,实行一种高权威、高结构、逐级负责的纵向管理。每个员工都被严格定位在以功能为核心的部门,分工明晰,权责明确,在管理者的严格指挥与监督下进行工作。在经济全球化、信息化、市场竞争激烈化、快速化的条件下,这种传统的组织模式已明显不适应。打破僵化的分工与等级制,凸显合作、自主与协调,成为时代的趋势,扁平式的团队管理组织便应运而生。

4.4.1 团队的概念

团队又称为工作团队,是近年来西方普遍运用的一种组织形式。所谓团队,是指为了实现共同的目标而由彼此之间相互作用、相互影响和相互协作的个体组成的正式群体。团队是一种新崛起的管理工具,它打破了传统组织中的界限,使管理变得更加灵活。

20世纪60年代末至70年代初,一些大跨国公司开始采用团队组织形式,这在当时还是一件十分新鲜的做法。发展到今天,优秀的大公司都不同程度地运用着团队这一组织来提高效率。例如,历史最为悠久、影响最为广泛的全面质量管理小组是团队的最早形式。除此之外,今天还有自主化团队、公关型团队和矩阵式团队。不同的团队其运行机制是不同的,如自主化团队通常有较大的自主权,它拥有安排工作计划、落实工作、安排休息的权力,在人事聘用和报酬方面也有一定的决定权。而公关型团队则是聚集各路精英,专门解决各种重要的关键技术问题的团队。

1. 团队的特征

团队与传统组织模式相比,其本质差别与显著特征如下。

在组织形态上,团队属于扁平型结构。实行团队模式的组织,管理层次少,取消许多中间管理层次,以保证组织成员可以直接面对需求与目标。

在目标定位上,团队有明确的目标,每个成员有明确的角色定位与分工。团队成员的角色主要有三种:以工作为导向的角色,其主要任务是促进团队目标的实现;以关系为导向的角色,其主要任务是促进团队各种关系的协调与发展;以自我为导向的角色,其主要注重自我价值的实现。最基本的是工作导向角色和关系导向的角色。

在控制上,强调自主管理,自我控制。在团队中,领导者逐步由监督者变为协调者,团队成员充分发挥主动性、创造性,为实现组织的总目标而自觉奋斗。

在功能上,形成一种跨部门、交叉功能的融合体系。团队可以跨部门建立,来自不同部门的成员,淡化原有界限,实现功能交叉与融合,成员以多种技能实现互补,实行一种高度融合的协同作战。

在相互关系上,构建合作、协调的团体。团队成员有共同的价值观与理念,建立良好的沟通渠道,相互之间高度信任、团结合作、整体协调,形成强大的凝聚力和战斗力。

2. 团队发展阶段

团队的发展和某些动态的因素有关,它们会随着时间的变化而变化。总的来讲团队的发展一般来讲要经历五个阶段:形成阶段、振荡阶段、规范阶段、运行阶段和终止阶段。如图 4-22 所示。

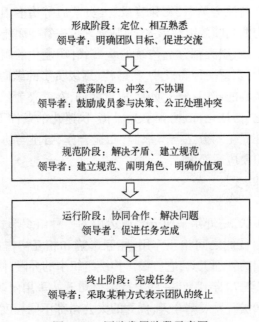

图 4-22　团队发展阶段示意图

1) 形成阶段

形成阶段是起始阶段,群体得以形成,这是团队成员定位和相互熟悉适应的阶段。这一阶段不确定性很大,团队成员要了解团队的宗旨、目标、基本原则以及自己的角色、任务,由此建立起关于完成特定任务以及群体成员动态关系的基本准则。团队成员都在不断摸索以确定何种行为能够被接受。当成员开始感觉到自己是团队的一部分时,这一阶段就算结束了。

团队领袖在这一阶段应该尽快明确团队的目标和发展远景,积极公布团队相关资讯,为成员提供相互熟悉了解的时间,鼓励他们参与非正式团体活动以增进感情。

2) 振荡阶段

团队运行一段时间过后,不同团队成员的个性、角色认知、需要等差异引发冲突,主观期望与工作现实产生矛盾,人的思想和行动与团队的价值观念、规范相互碰撞,进入振荡期,从而可能会曲解团队宗旨与规范,意见出现分歧;出现基于共同兴趣爱好的非正式小团体;在问题出现时对领导权不满,缺乏凝聚力,无法统一行动等。除非能够成功度过这一阶段,否则它就会停滞不前,甚至解散。

这一时期管理者必须加强领导,提供支持,有效激励,应该鼓励团队成员参与决策,公正地认识冲突并处理矛盾,根据问题建立规范,不以权压人。

3) 规范阶段

团队发展的规范阶段是矛盾得以解决,团队逐步达到和谐统一的阶段。这一阶段合作是一个重要的基调,团队逐步形成一些有关合作的基本规定或标准,团队工作人员的归属感越来越强,并以合作来取代竞争,团队注重加强沟通。这时团队的特点是,成员开始作为一个工作单位进行协调,倾向于按照共同的行为规范行事;人们对谁掌握权力、谁是领导者以及各成员的角色达成了一致;团队开始发展,并且利用构建好的流程与方式来进行沟通、化解冲突、分配资源,处理与其他团队的关系。当团队结构已固定化,并且对什么是正确的成员行为也已达成共识时,规范阶段就结束了。

管理者在这一阶段应该强调团队内部的一致性,并帮助阐明团队行为规范与价值观,增强凝聚力并防止团队瓦解。

4) 运行阶段

进入这一阶段,团队已经步入成熟,开始发挥团队作用,全面执行团队职能。其工作的重点是解决问题和完成上下级下达的任务。这时团队的特点是:成员能够相互协作,用有利于完成任务的方式处理复杂的任务和人际关系的冲突;团队以明确和稳定的结构运行,成员忠于团队使命。

团队的领导者在这一阶段应集中精力管理好良好的工作业绩,而花费较少的时间在处理团队关系上。

5) 终止阶段

对于一般的团队而言,运行阶段是其发展历程中最后一个阶段,但对于委员会、任务小组、项目小组等形式的临时团队来说,还存在着一个终止阶段。理想情况下,团队解散时应感觉到其重要目标已经实现了。成员的贡献得到了承认,整个团队获得了成功。

但是,原来越具有凝聚力的团队,此时越可能感到压抑和遗憾,人们对团队解散后失去的联系而感到痛苦。此时,团队领导者可以采取某种方式来表示团队的终止,例如发放纪念奖状,开告别宴会等。团队解散的理想结局是,其成员感觉在需要的时间或有机会时,他们将愿意在未来继续合作。

大多数团体都会经历上述每一阶段。团体组建后,成员初相见时,会以"局外人"的眼光来评估这个团体能做些什么,以及如何去做这些事情。随后很快就是一场对控制权的争夺战:谁将领导我们?一旦这个问题解决了,团体内部对权力等级关系也就达成了共识。此时,团队开始确定工作任务的各具体方面,以及谁、何时来完成任务。每个成员都对团队的共同目标取得了一致意见,这是做好工作的基础。偶尔会有一些团队在第一阶段或第二阶段停滞不前,一般情况下这样会导致工作上的低效率。

讨论题:是否所处的阶段越高,工作团队的效率也越高?

4.4.2 团队的类型

1. 按照基本功能划分的团队类型

最基本的划分方法是：按照团队的基本功能，将团队划分为三种基本的类型，即工作团队、项目团队、管理团队。

1）工作团队

这是最基本、最普遍的团队形式。工作团队主要承担组织运营的基本工作任务。工作团队由组织明确定义其职能，属于正式结构的一部分，并由全职稳定的成员组成。在制造业中，一个工作团队应该包含一组接受过多重技术训练的操作员，他们可以从事某种特殊品类生产所需的所有工作。

2）项目团队

项目团队主要承担某个工作项目或解决特殊问题等专题性任务，如特别任务小组、流程改善小组、特定问题解决小组等就属于项目团队。项目团队的成员大多是从不同工作部门吸收而来，可以发挥专业与技术整合优势。这种项目团队往往是属于暂时性的。

3）管理团队

管理团队主要负责对下属一些部门或人员进行指导与协调。它以分权和民主的方式促进团队的协调与整合，管理者从监督者变成协调者。管理团队，既包括组织中高层这样的专司管理职能的团队，又包括质量管理小组、稽核小组这样由兼职人员组成的团队。

2. 按照存在目的和拥有自主权的大小划分的团队类型

根据团队存在的目的和拥有自主权的大小可将团队划分为三种类型：解决问题型团队，自我管理型团队和跨功能型团队。

1）解决问题型团队

管理者每天都要面对组织内的许多不同问题。例如，技术部门的一个技术难关、组织内员工士气的激发以及管理者需要根据不精确的信息而做出决定。为帮助解决这样复杂的问题，管理者通常建立特别的团队。

解决问题型团队，即在组织内用以帮助解决一个特定问题的团队。典型的解决问题型团队有 5~12 名成员，通常以讨论的方式就如何改进工作程序、如何提高工作效率、如何改善工作环境等问题提出建议。但成员几乎没有什么实际权力来根据建议采取行动。

在解决问题型团队达成一个共识之后，它将提出在管理中如何应付指定的问题的建议。管理者对团队建议的反应或者是按照他们的建议完整的实施，或者是对建议进行修改然后实施，或者是要求通过更进一步的信息对建议进行评估。一旦管理者要求解决问题的团队解决了相应的问题，这个团队一般都将被解散。

管理小贴士——质量管理小组

广为人知的解决问题型团队是由日本人首创的质量管理小组（中文简称 QC 小组），之后中国、韩国等 70 多个国家和地区开展了这一活动。由国家经贸委、财政部、中华全国总工会、共青团中央、中国科协、中国质量管理协会联合颁发的《印发〈关于推进企业质量管理小组活动意见>的通知》中指出,QC小组是"在生产或工作岗位上从事各种劳动的职工,围绕企业的经营战略、方针目标和现场存在的问题,以改进质量、降低消耗、提高人的素质和经营效益为目的组织起来,运用质量管理的理论和方法开展活动的小组"。这种方法现在已被很多国内企业所采用,例如为了搞好质量管理,广东格兰仕集团鼓励各车间展开QC小组竞赛,第一次自发组织登记的QC小组就多达20多个。在多次获得轻工业优秀QC小组的基础上,格兰仕还获得了国优QC小组的称号。

2) 自我管理型的团队

随着组织的逐渐成熟,解决问题型团队会逐渐转化为自我管理型团队。自我管理型团队,即在组织中由成员自己来为工作负责、制定决策、控制绩效、改变工作方式、适应环境变化的团队。典型的自我管理型团队一般由10~15名具有多种技能的员工组成,他们轮换工作岗位,以便每个人都能了解产品或服务流程。

成功的自我管理的工作团队例子很多,今天瞬息万变的外部环境更需要这样的工作团队以便独立地解决复杂的问题,所以这种类型的团队正在普及。麦当劳成立了一个能源管理小组,成员来自于各连锁店的不同部门,他们对怎样降低能源问题提供自己的想法,并采取了行动。能源管理组把所有的电源开关用红、蓝、黄等不同颜色标出,红色是开店的时候开,关店的时候关。蓝色是开店的时候开直到最后完全打烊后关掉。通过这种色点系统他们就可以确定什么时候开关最节约能源,同时又满足了运营需要。这个能源管理组其实也就是一个自我管理型团队,成功地为组织降低了运营成本。

但是推行自我管理团队并不总能带来积极的效果,虽然有时员工的满意态度随着权力的下放而提升,但同时缺勤率、流动率也在增加。所以,首先要看组织目前的成熟度如何,员工的责任感如何,然后再来确定自我管理型团队发展的趋势和反响。

3) 跨功能型的团队

当代组织设计强调横向整合、解决问题、信息共享。它致力于消除把员工留在部门内部并限制其与组织其他部门沟通的倾向。跨功能型团队是由来自不同部门的员工组成,为了解决一个具体问题或任务而形成,成员之间交换信息,激发新的观点,目的是满足整个组织的需要。跨功能型团队未必是自我管理的,但自我管理型的团队通常是跨功能的。

跨功能型团队一般包含以下因素:①跨功能型团队的成员从各职能部门抽调而来,有统一的组织领导,不会发生双重命令体系所引发的冲突;②跨功能团队跨越组织现存的权威体系,其领导者不像传统组织的领导者那样对团队与团队成员有组织规定的正式权威,必须依靠影响力来领导团队;③跨功能型团队中员工被要求共享信息,他们相互启发,思维共振,为解决问题提供新的思路;④跨功能团队的生命周期较短,任务完成,团队解散,成员则因新任务或新计划而与其他人组成新的团队。

跨功能管理团队由于可以迅速回应外在环境变化与服务对象需求因而被许多组织所采用。由于团队成员知识、经验、背景和观点不太相同,加上处理复杂多样的工作任务,因此实行这种团队形式,建立有效的合作需要相当长的时间,而且要求团队成员具有很高的合作意识和个人素质。三种不同团队的特点如表4-3所列。

表 4-3　三种不同团队类型的特点

解决问题型团队	自我管理型团队	跨功能型团队
5~12 名成员组成	10~15 名成员	组织成员来自不同部门
每周几个小时碰头	组织成员真正的独立自主	为解决一个具体问题而成立
着重改善质量、环境、效率	责任范围广泛	要求信息共享
改进程序和工作方法	获得充分授权	生命周期较短
几乎无权采取行动		

4.4.3　高效团队的建设

搞好团队建设,就是要在团队中实现共享目标,使团队成员能够自我激励,要打造团队文化,培育团队精神,增强团队的凝聚力,还要强化沟通与合作。具体说来包括以下几步。

1. 共享目标,自我激励

团队的目标既是团队设立的出发点与归宿,又是凝聚团队成员、合作协调、团结奋战的纽带。特别是团队作为一种分权化的组织,主要不是一种权威推动,而是主要靠目标牵引、激励成员实行自我控制。

1) 科学地设定目标

科学地设定团队的目标,是团队建设的首要任务。为科学地制定团队目标,要加强以下几方面的工作:

团队成员全员参与目标的制定:一是他们最具有发言权,可以使目标更科学合理;二是团队全员参与目标制定为全员管理、自我控制提供思想与认知基础,有利于团队目标的实现。

组织要积极领导。群体的目标不能靠组织强加形成,但组织可以通过积极的思想教育和必要的行政干预,使群体在自觉的基础上接受组织的要求,制定出有利于组织目标实现的团队目标。

提高团队成员的素质。要提高团队成员的政治思想素质和业务管理素质,并形成健康向上的群体意识和氛围,为正确团队目标提供思想动力和技术支持。

引导并发挥团队核心人物的作用。只有通过恰当的方式,影响与引导核心人物的思想和行为,并发挥他们的作用,才能有利于建立正确的团队目标。

搞好目标的分解与调整。团队的目标服务于组织目标,而又要分解落实到团队成员,使每个成员都对目标有深刻理解与把握。团队目标也不会是绝对正确、一成不变的,要在实施的过程中不断修订、完善。

2) 充分授权,自我激励

组织授权、实行自我控制是团队建立与运行的权力基础。团队作为垂直组织的对立物,属于一种分权化的扁平形组织。组织必须把完成任务的权力授予团队,由团队成员实行民主化管理和自我控制。如果组织实行集权体制,就不可能有真正意义上的团队存在。

(1) 团队管理者角色的演进。不但组织要把权力下放给团队,而且在团队内部,管理者的角色与权力也发生了本质性的变化。在从传统的组织领导者转化为团队领导者的过程中,经历了监督管理、参与管理、团队管理三个阶段。监督管理是指管理者按照传统的监督控制方式管理其成员;参与管理指管理者鼓励其成员积极参与决策,发展个人的业绩。团队管理是指管理者以团队成员的平等身份,支持团队共同决策,实现团队的精诚合作。

(2) 团队实行有效的自我激励。团队成员作为组织的一名员工,有自己的个人利益、需要、爱好,在不同情境下又会出现不同的反应与变化。因此,出现消极或不良情绪,乃至影响工作总是难免的。问题关键在于团队内部持续的、有效的激励。激励首先来自团队集体,如团队目标、团队精神、群体氛围、相互关系等会对个体产生强有力的激励作用。同时,团队成员还应实行自我激励,如高度满意于所从事的工作,对事业成功和自我实现的追求,对良好人际关系的体验,对职务晋升和自身成长的渴求等,都足以激励团队成员持续努力。

(3) 重新设计报酬系统。必须突破传统的奖酬理念与体系,采取一种以知识技能为中心的报酬系统,即把员工的技能与知识作为决定奖酬多少的主要依据,而不是以其所处的职位而定。同时,要把团队绩效与整个团队的奖酬挂钩,利益与风险共担,荣辱与共,使团队真正成为利益共同体。

3) 团队的内在指导与约束

团队规范是指在团队中形成的行为标准,它对团队中的每个成员都具有指导约束作用,其作用主要表现为使其成员认识的标准化和行为一致性。这种作用主要是通过以下两种途径实现的:①自律作用,即团队的规范为其成员所认可,于是,每个团队成员都自觉地遵守群体规范。②他律作用。即当团队的个别成员忽视或违背团队规范时,团队规范则以一种团队制裁的形式,迫使个别成员服从团队规范。

除此之外还要适宜发挥群体压力的作用。群体压力是指群体中个别成员发现自己的行为和意见与群体不一致,或与群体大多数人有分歧时而产生的一种心理压力。群体压力的作用,主要是迫使个别成员使其态度和行为与群体或多数成员保持一致。这种作用是通过群体规范和群体舆论表现出来的。

2. 打造团队文化,培育团队精神

团队文化是团队建设的思想基础,团队精神是团队建设的核心。只有打造先进的团队文化,培育现代团队精神,才能建设好高效率的现代团队。

1) 价值观与团队精神

打造团队文化,首先必须确立正确的价值观,并通过各种文化建设的途径,使全体成员共同认可,进而塑造健康向上的团队精神,全面建设具有本团队特色的组织文化。

(1) 共同的价值观是团队建设的核心。团队的价值观是指团队成员的价值取向,团队存在的价值,对社会的贡献等观念的总和。团队价值观是团队成员对团队最基本问题或相关方面的价值判断与评价。其主要构成内容为重大问题与行为的判断标准,团队职能活动的社会价值、贡献与意义。价值观对于团队及其成员的思想与行为具有根本性的影响作用,它渗透于其成员日常工作的所有领域。团队的价值观一定是团队全体成员一致认可的,而且是长期工作实践与团结合作中经过内化而形成的。因此它能为其成员所自觉遵守。

（2）团队精神是团队建设的灵魂。团队精神是指团队成员所共同认可的理念和在长期实践中形成的富有特色的品格和作风。团队精神是以价值观为核心，包括经营管理的哲学、道德与作风的精神财富体系。团队精神引导乃至决定团队成员的思想与行动，同时，团队成员的思想与行动又体现或反映团队精神。团队精神成为团队文化的灵魂，必须以团队精神为中心建设团队文化。

2）团队凝聚力与士气

（1）提高团队凝聚力。团队凝聚力是指团队对其成员的吸引力。即成员之间的亲和力。团队凝聚力提高的主要途径有：教育与思想工作。要利用多种有效形式，对团队的成员进行人生观和价值观的教育，倡导奉献精神，努力提高团队成员的思想觉悟，营造健康、向上、亲和、融洽的群体氛围；建立合理的目标结构与激励模式。要尽可能调动团队成员的积极性；提高领导的威信。要努力提高领导者的自身素质，吸引与带动团队的全体成员去争取目标的实现；感情融通与关系的协调。要注意协调上下级之间、成员之间的关系，融通团体成员之间的感情，并通过感情与关系的纽带，增强团队成员之间的吸引力，营造亲和协调的群体氛围；善于运用外部环境压力。团队必须冷静分析所处的外部环境，正确地认识外部现实或潜在的威胁，树立全员危机意识，在团队中营造一种面对危机同舟共济的氛围，从而大大增强团队的凝聚力。

（2）团队士气。如果说凝聚力是团队的一种内隐力量的话，那么，士气就是团队战斗力的一种外显力量。团队士气是指团队作为一个整体，为实现目标而奋斗的信心、激情、斗志与精神状态的总和。团队士气是决定团队战斗力最重要的因素，是提高工作绩效，促进目标实现的关键要素。士气在本质上是群体的一种情绪与氛围。团队士气管理的核心在于"鼓"，团队应通过各种有效激励手段，鼓舞士气，并持续地保持高昂的斗志。

思考题：举例说明什么是"团队凝聚力"与"团队士气"，并指出二者的联系与区别？

3. 强化沟通与合作

团队最显著的特点就是紧密合作，而要实现通力合作，最重要的手段就是沟通。

在团队中，垂直的作用弱化了，横向的人与人之间的相互作用力将被强化。人际互动与合作成为团队显著的特点和重要的建设手段。在团队中，一要培养团队合作意识，团队合作意识是团队精神的重要组成部分，是实现通力合作的思想基础；二是要训练团队成员的合作素质，团队实现密切合作，除了要有科学的规划与协调外，最重要的是其成员必须具备合作素质。

本 章 小 结

组织是指为达到某些特定目标经由分工与合作及不同层次的权力和责任制度，而构成的人的集合。由此概念，可得到三条结论——共同目标的存在是组织存在前提；没有分工与合作的群体不是组织；组织要有不同层次的权力与责任制度，可以将其概括为共同目标是前提；分工合作是基础；责任权力是关键。

组织工作就是根据组织的目标，将实现组织目标所必须进行的各项活动和工作加以分类和归并,设计出合理的组织结构、配备相应人员、分工授权并进行协调的过程。组织工作的基本任务是:通过确定相应的组织结构和权责关系,使组织中的各个部门和各个成员协调一致地工作,从而保证组织目标的实现。

组织环境是指存在于一个组织外部和内部的影响组织生存和发展的各种力量和条件因素的总和。组织环境不仅包括组织外部环境,还包括组织内部环境。影响组织的环境因素有很多,不同因素对组织的影响程度不同。任何组织都是在一定的环境下生存和发展的,环境对于组织的发展起着重要的作用。环境总是处于变化之中,有时变化剧烈,有时变化缓慢。一个组织要保持持续的发展,就必须适应其周围的环境。同样,一个人要发展进步,也必须具备适应环境的能力。

当环境变到足以阻碍组织的发展时,就必须进行组织设计。组织设计是进行专业分工和建立使各部门相互有机地协调配合的系统的过程,是以组织结构安排为核心的组织系统的整体设计工作。历经数十年设计理论与实务的演化,还是存在着较为一般性的组织设计原则,为设计既有效率又有效果的组织提供了强有力的指导作用,对于提高管理的有效性十分重要。

组织设计的基本过程一般包括以下几个步骤:第一步是岗位设计,将实组织目标必须进行的活动划分成最小的有机关联的部分,以形成相应的工作岗位;第二步是部门设计,即将这些岗位按某种逻辑合并成一些组织单元;第三步是管理幅度设计,即确定组织中每一个部门的职位等级数;第四步是确定组织结构,形成组织结构图。

常见的部门化方法有人数部门化、地域部门化、顾客部门化、职能部门化、产品部门化、流程部门化和综合部门化,不同的部门化方法各有其特点。组织层次的多少与某一特定的管理者可直接管理的下属人数即管理幅度大小有直接关系。管理幅度的大小受多种因素的影响。常见的组织结构形式有直线制、职能制、直线职能制、事业部制、矩阵制和委员会。这些组织结构形式各有其优缺点和适用场合。

权力是指组织成员为了达到组织目标而拥有的开展活动或指挥他人行动的权利。在一个组织中,根据权力的性质不同,可将其分为岗位权力、直线权力、职能权力和参谋权力。每一个组织成员都拥有岗位权力和参谋权力,可以有职能权力,但只有管理者才拥有直线权力。一个人无论处在组织中的任何位置,必然会接触到不同性质的权力,需要正确处理直线权力与参谋权力、直线权力与职能权力、直线权力与直线权力的关系。直线权力与参谋权力之间的关系应是"直线指挥、参谋建议";直线权力与职能权力之间的关系应是"界定职能权力的作用层面和作用范围";直线权力与直线权力之间的关系应是"统一指挥、按级指挥"。对于一个组织而言,授权时十分重要的。所谓授权,就是指上级给予下级以一定的权力和责任,使下级在一定的监督之下,拥有相当的自主权而行动。授权者对被授权者有指挥、监督权,被授权者对授权者负有汇报情况及完成任务之责。授权包括任务的分派、权力的授予、责任的明确、监控权的确认。

随着现代经济、社会与技术的发展,传统的垂直式管理组织演变为扁平式的团队管理组织。团队是指在现代社会条件下,有明确目标与个人角色定位,强调自主管理、自我控制、沟通良好、和谐合作的一种扁平型群体组织。按照不同的标志,可以将团队划分为多种类型。团队发展一般经历了形成阶段、振荡阶段、规范阶段、运行阶段和终止阶段。搞好团队建设:①要实现共享目标,自我激励;②要打造团队文化,培育团队精神;③要强化沟通与合作。

习　题

1. 简述组织与组织工作的含义。
2. 你所在的单位是否存在非正式组织？简单分析它对正式组织的影响？作为一名管理者，如何正确发挥非正式组织的正面作用？
3. 影响组织的环境因素有哪些？简述组织与环境的关系。
4. 什么是组织文化？怎样描述一个组织的组织文化？
5. 查阅资料，有哪些组织设计理论？它们之间有何异同？
6. 简述组织设计的层级原则，并结合自身工作进行分析。
7. 谈谈你对组织设计原则"精简与效率"的理解。
8. 组织设计包括哪几个步骤？
9. 管理幅度与管理层次有什么关系？管理幅度的大小受哪些因素影响？
10. 有哪些常见的组织结构形式？它们各自的优缺点是什么？
11. 根据组织设计理论，试分析 2016 年军改中领导管理体系的变化及其作用。
12. 调研你所在单位的组织结构，试分析组织结构的优缺点。
13. 什么是权力？在一个组织中，谁拥有权力？如果你是组织中最基层的工作人员，会有哪些权利？
14. 在一个组织中，有哪几种权力类型，关系如何？
15. 在图 4-23 中 A、B、C、D 之间可能存在怎样的权力关系？

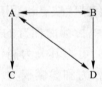

图 4-23　题 15 图

16. 授权有什么好处？人们不愿授权或不愿意接受授权的原因是什么？如何授权？
17. 怎样理解从传统的垂直式管理组织到扁平式的团队管理组织的演变？
18. 团队的特征有哪些？请联系你的体会加以分析。
19. 在现实管理中有哪些团队类型？
20. 怎样提高团队凝聚力？请结合实际情况举例说明。
21. 举例说明团队规范与群体压力的作用。

第 5 章 控　　制

【学习目的】

1. 理解控制的概念,了解控制与其他管理职能之间的关系;
2. 理解控制的含义和基本原理,包括控制的必要性和控制在组织工作中的作用;
3. 掌握按不同标准划分的控制的类型;
4. 理解控制的基本原则及有效控制的要求;
5. 明确控制的基本前提,能清楚描述控制的基本过程;
6. 清楚各种控制方式、控制方法的特点和试用场合,并能根据组织活动具体的控制需要选择适当的控制方式和方法。

管理的目的是有效地实现组织目标,为此就要进行计划、组织、领导、控制。计划工作是为组织确定目标,做出总体规划和部署;组织工作是通过内部结构设计和组织关系的确定,在组织中进行部门划分、人员配备和权力分配,确定组织内部各部门各岗位的职责,以保证计划的落实和目标的实现;控制工作则是检查、监督、确定组织活动进展情况,对实际工作与计划之间所出现的偏差加以纠正,从而确保整个计划及组织目标的实现。没有有效的控制,实际工作就有可能偏离计划,组织目标也有可能无法实现。因此,控制是一项重要的管理职能。

5.1 控制的基本概念

尽管计划可以制订出来,组织结构可以调整得非常有效,员工的积极性也可以调动起来,但是这仍然不能保证所有的行动都按计划进行,不能保证管理者追求的目标一定能达到。因为管理者通过计划设计未来达到目标的手段或行为方法后,在计划实施过程中总会遇到许多事先未能预料到的状况、不断变化着的环境因素等。所以,计划总是在与设想不同的情况下实施,这使得计划与实施之间总存在着不同程度的偏差。这时就需要做出调整:或改变行动,或修改原方案。因此,控制是在计划、组织、领导、激励这些职能基础上保证组织目标真正实现的职能。管理学界把控制作为一种非常重要的职能引入管理领域。

5.1.1 控制的含义

"控制"一词最初来源于希腊语"掌舵术",意指领航者通过发号施令将偏离航线的船只拉回到正常的轨道上来。由此说明,维持朝向目的地的航向,或者说维持达到目标的正确行动路线,是控制概念的最核心含义。自从 1948 年诺伯特·维纳(Nobert Wiener)

创立控制论(Cybernetics)以来,控制论的概念、理论和方法被许多学科广泛吸收,用来丰富各学科的理论和方法体系,管理学就是其中之一。

管理学家们关于控制的含义有很多不同的说法。法约尔认为,控制就是监视各人是否依照计划、命令及原则执行工作;霍德盖茨认为,控制就是管理者将计划完成情况和目标相对照,然后采取措施纠正计划执行中的偏差,以确保计划目标的实现;孔茨则认为,控制就是按照计划标准衡量计划的完成情况和纠正计划执行中的偏差,以确保计划目标的实现。

所谓控制,从其最传统的意义方面来说,就是"纠偏",即按照计划标准衡量所取得的成果,并纠正所发生的偏差,以确保计划目标的实现。但从广义的角度来理解,控制工作实际上应包括纠正偏差和修改标准这两方面内容。这是因为,积极、有效的控制工作,不能仅限于针对计划执行中的问题采取"纠偏"措施,它还应该能促使管理人员在适当的时候对原定的控制标准和目标作适当的修改,以便把不符合客观需要的活动拉回到正确的轨道上来。这种引致控制标准和目标发生调整的行动——简称为"调适",是现代意义下组织控制工作的有机组成部分。

基于这种认识,可将管理中的控制定义为:按既定目标和标准对组织的活动进行监督、检查,发现偏差,采取纠正措施,使工作能按原定计划进行,或者适当调整计划以达到预期目的的过程。控制工作是一个延续不断的、反复循环的过程,其目的在于保证组织实际的活动及其成果同预期目标相一致。

思考题:如果组织中缺乏控制会怎样?

5.1.2 控制的必要性

如果组织的各项活动都能按照设定的计划和预期的目标来运行,管理者就不需要进行任何控制。但事实上,无论从组织的外部环境还是组织的内部环境来看,进行控制都是必须的。

在日常生活中,无论是缺乏控制,还是控制失效,都会导致计划的落空。换句话说,在一个组织中如果没有实施控制职能的有效系统,将难以实现既定的组织目标。一项工作,无论计划做得多么完善,如果没有令人满意的控制活动,在实施过程中仍然会问题百出。因此,对管理而言设计良好的控制系统是非常必要的。

1. 组织环境的不确定性

组织外部的一切环境都在无时无刻地发生着变化。尽管组织的计划在一定程度上可以应对环境的变化,减少环境变化的不确定性。但任何组织都不可能对未来的变化做出精确的预测。在不断变化的环境中,组织想要生存发展,就必须通过控制,采取有效的调整行动,提高自身对环境的适应能力。

组织的目标和计划,是组织对未来一定时期内的努力方向和行动步骤的描述。任何组织的目标都是在特定的时间、环境下制定的,在计划实施过程中,组织内外的相关因素都有可能发生变化。为了使目标、计划能够适应不断变化的环境,组织就必须通过控制来及时了解环境变化的程度和原因。

2. 组织活动的复杂性

组织的活动是复杂多样的。管理过程涉及生产、经营、销售、服务等各个职能;管理者既要考虑外部环境的影响,也要考虑内部不同人士的需求;既要考虑组织的整体利益,也要均衡各个部门的利益。随着现代组织的规模日趋庞大和组织结构的日渐复杂,组织活动变得更加多样和错综复杂。为了提高组织的运作效率和组织目标的实现度,每个组织都必须对其各个部门和各项工作进行有效管理。

每一个组织要实现自身的目标,都必须从事一系列及其艰巨的活动或工作,而每一项活动又都可能涉及组织的各个部门。因此,组织不仅要制定明确的目标并进行总目标分解,而且在实施过程中要进行大量的组织协调工作。为了避免本位主义,为了使各部门的活动紧紧围绕着组织目标,保证每一项具体活动或工作顺利进行,组织就必须对各部门及其活动进行有效控制。

3. 管理失误的不可避免性

在组织的管理活动中,偏差和失误是不可避免的。即使组织制定了全面完善的计划,经营环境在一定时期内也相对稳定,对经营活动的控制仍是必要的。因为无论管理者的能力多强,其决策失误是不可避免的。尤其当组织规模庞大,决策权分散,则决策过程将越复杂,出现决策失误的可能性也会越大。

任何组织在其发展过程中都难免会犯一些错误、出现一些失误,而控制是任何组织发现错误、纠正错误的有效手段。通过对实际活动的反馈,管理者可以及时发现失误;通过对产生偏差的原因的分析,可以使管理者明确问题之所在,从而采取措施纠正偏差。因此,控制是改进工作、推动工作不断前进的有效手段。

4. 提升组织的效率和竞争力

一个组织要在竞争中脱颖而出,就必须在运营效率、产品和服务质量、对顾客的响应、创新等方面有出色的表现。而管理者要提升运作效率,就必须掌握组织利用资源的现状,准确评估组织已有的生产或服务效率。也正是因为有了通过控制系统所获得的信息反馈,一个组织才能不断改进产品和质量,有针对性地指导员工提供更好地服务,从而在竞争中脱颖而出。同时,当一个组织拥有一个有效的控制系统时,就可加大对员工创新的授权,从而有利于推动组织内部创新。

管理小贴士——巴林银行的倒闭

"有一群人本来可以揭穿并阻止我的把戏,但是他们没有这么做。我不知道他们在监督上的疏忽与罪犯级的疏忽之间的界限何在,也不清楚他们是否对我负有什么责任,但如果是在任何其他一家银行,我是不会有机会开始这项犯罪的。"

——里森《我是如何搞垮巴林银行的》

巴林银行成立于1818年,历史显赫的英国老牌贵族银行,连伊丽莎白女王也信赖它的理财水准,是它的长期客户。

尼克·里森,国际金融界"天才交易员",曾任巴林银行驻新加坡巴林期货公司总经理、身兼首席交易员和清算主管两职。有一次,他手下的一个交易员因操作失误亏损了6英镑,里森知道后,因害怕事情暴露影响自己的前程,决定动用"88888"错误账户。以后,为了其私利,他一再动用错误账户,造成银行账面显示均是盈利交易。

随着时间推移,备用账号使用后的恶性循环使银行损失越来越大,里森为了挽回损失竟不惜作最后一搏,最后造成损失超过10亿美元,导致拥有233年历史的巴林银行顷刻崩溃,宣告破产。

5.1.3 控制的类型

管理系统作为一种控制系统,由于管理对象不同、管理目标不同、系统状态不同,所运用的控制方式也不同,因此形成了不同的管理控制类型。了解控制的各种类型,根据实际情况选择合适的控制类型,对于进行有效的控制是十分重要的。

1. 按控制点的不同划分

控制按照控制点的不同,可分为前馈控制、现场控制和反馈控制。

1) 前馈控制

在活动开展之前就认真分析研究,进行预测并采取防范措施,使可能出现的偏差在事先就可以筹划和解决的控制方法,称为前馈控制。前馈控制系统比较复杂,影响因素也很多,输入因素常常混杂在一起,这就要求前馈控制建立系统模式,对计划和控制系统做好仔细分析,确定重要的输出变量,并定期估计实际输入的数据与计划数据之间的偏差,评价其对预期成果的影响,保证采取措施解决这些问题。

例如,预期公司未来现金流入与流出的现金预算就是一种预先控制。通过制定现金预算,管理人员可以知道是否发生资金短缺或资金过剩的情况。如果预期在某个月份将发生资金短缺,则可事先安排好银行贷款,或利用其他方式加以解决,以免到时捉襟见肘。前馈控制比反馈控制更为理想,但由于计划必须面对许多不肯定因素和无法估计的意外情况,即使进行了前馈控制,也不能保证结果一定符合计划要求。因此,计划执行结果仍然要进行检验和评价。

前馈控制的最大优点是克服了时滞现象。防患于未然,在实际问题发生之前就采取管理行动,可以减少系统的损失,避免了事后控制对已铸成的差错无能为力的弊端。由于是在工作开始之前针对某项计划所依赖的条件进行控制,不是针对具体人员,因而不易造成对立面的冲突,易于被职工接受并付诸实施。而且可以大大改善控制系统的性能,因此在现实中得到广泛的应用。例如,提前雇佣员工可以防止潜在的工期延误;司机在驾驶汽车上坡时提加速可以保持行驶速度的稳定;在工程设计的过程中,常常将前馈控制与反馈控制结合在一起,构成复合控制系统,以改善控制效果。前馈控制的困难在于需要及时和准确的信息,并要求管理人员充分了解前馈控制因素与计划工作的影响关系。

思考题:前馈控制存在什么困难?

2) 现场控制

现场控制是一种发生在计划执行的过程中的控制,管理者可以在发生重大损失之前及时纠正问题。这是一种主要为基层管理者所采用的控制方法,一般都在现场进行,做到偏差即时发现、即时了解、即时解决。现场控制主要包括这样一些内容:向下级指示恰当的工作方法和工作过程;监督下级的工作以保证计划目标的实现;发现不符合标准的偏差时,立即采取措施纠正。现场控制的关键就是做到控制的及时性。因此必须有赖于信息的及时获得,多种控制方案的事前储备,以及事发后的镇静和果断。因而也显示出现场控制的难度。在计划的实施过程中,大量的管理控制工作,尤其是基层的管理控制工作都属于这种类型。因此,它是控制工作的基础。一个管理者的管理水平和领导能力的高低常常会通过这种工作表现出来。

在现场控制中,控制的标准应遵循计划工作中所确定的组织方针与政策、规范和制度,采用统一的测量和评价,要避免单凭主观意志进行控制工作。例如,对简单的体力劳动采取严厉的监督可能会带来好的效果;而对于创造性的劳动,控制的内容应转向如何创造出良好的工作环境,并使之维持下去。控制工作的重点应是正在进行的计划实施过程。虽然在产生偏差与管理者做出反应之间肯定会有一段延迟时间,但是这种延迟是非常小的。控制工作的效果取决于管理者个人素质、个人作风、指导的方式和方法以及下属对这些指导的理解程度。其中,管理者的言传身教具有很大的作用。例如,工人操作发生错误时,工段长有责任向其指出并做出正确地示范动作帮助其改正。

3) 反馈控制

反馈控制主要是分析工作的执行结果,将它与控制标准相比较,发现已经发生和即将出现的偏差,分析其原因和对未来的可能影响,及时拟定纠正措施并予以实施,以防止偏差继续发展或再度发生。

反馈控制具有许多优点。首先,它为管理者提供了关于计划执行的效果究竟如何的真实信息。如果反馈信息显示标准与现实之间只有很小的偏差,说明计划的目的达到了;如果偏差很大,管理者就应该利用这个信息及时采取纠正措施,也可以参考这个信息使新计划制订得更有效。其次,反馈控制可以增强员工的积极性。因为人们希望获得评价他们绩效的信息,而反馈正好提供了这样的信息。

反馈控制的主要缺点是时滞问题,即从发现偏差到采取更正措施之间可能有时间延迟现象,在进行更正的时候,实际情况可能已经有了很大变化,而且往往是已经造成了损失。时滞现象对系统的危害极大,它可以使系统的输出剧烈波动和不稳定,导致系统的状况继续恶化甚至崩溃。因此反馈控制与亡羊补牢类似。但是在许多情况下,反馈控制是唯一可用的控制手段。

显然,反馈控制并不是一种最好的控制方法,但是目前仍被广泛地使用,因为在管理工作中管理人员所能得到的信息,大量的信息是需要经过一段时间才能得到的时滞信息。在控制工作中为减少反馈控制带来的损失,应该尽量缩短获得反馈信息的时间,以弥补反馈控制方法的这种缺点,使造成的损失减少到最低程度。

管理小故事——扁鹊三兄弟

这是一个流传久远的典故。扁鹊三兄弟均从医。一天,魏文王问扁鹊说:"你们家兄弟三人,都精于医术,到底哪一位医术最好呢?"扁鹊回答说:"长兄最好,二兄次之,我最差。"听后,文王不解,就再问:"那为什么你最出名呢?"扁鹊答道:"我长兄治病,是治于病情发作之前。由于一般人不知道他事先能铲除病因,所以他的名气无法传出去,只有我们家里的人才知道。我二兄治病,是治于病情刚刚发作之时。一般人以为他只能治轻微的小病,所以他只在我们的村子里小有名气。而我扁鹊治病,是治于病情严重之时。一般人都看到我在经脉上穿针管来放血、在皮肤上敷药等大手术,所以以为我的医术高明,因此名气响遍全国。"

控制有前馈控制、现场控制、反馈控制。反馈控制不如现场控制,现场控制不如前馈控制,可惜大多数的事业经营者均未能体会到这一点,等到错误的决策造成了重大的损失才寻求弥补,结果往往是无济于事。

2. 按改进工作的方式不同划分

按管理人员改进他们将来工作的方式不同划分类型,可将控制划分为直接控制和间接控制。

1) 直接控制

控制工作所依据的是这样的事实,即计划的实施结果取决于实施计划的人。因此,通过遴选、进一步培训、管理工作成效考核等方法改变有关管理人员的未来行为,提高他们的素质来进行控制,是对管理工作质量进行控制的关键所在。直接控制的指导思想认为,合格的主管人员出的差错最少,他能觉察到正在形成的问题,并能及时采取纠正措施。所谓"合格",就是指他们能熟练地应用管理概念、原理和技术,能以系统的观点来进行管理工作。因此,直接控制的原理也就是:主管人员及其下属的素质越高,就越不需要进行间接控制。

因此,直接控制是指管理人员通过学习管理概念、技术和原理等知识和技能,提高个人素质和工作能力,避免由于管理不善而造成不良后果。控制的依据是计划,计划实施的结果取决于计划制定人员与执行人员的综合素质。计划制定得越周密、越明确,执行的结果越好,控制起来就越容易;计划执行人员对计划理解得越深刻、到位,工作中出现的偏差就会越少。因此,直接控制是基于提高个人素质,促使其在工作中少犯错误或不犯错误,从而减少工作中的偏差。

直接控制的优点在于能够防患于未然,减少由于问题产生后而进行间接控制造成的损失和负担,能有效地节约管理成本。同时,它强调对管理人员的培训,强调提高个人素质和工作责任心,促进管理人员进步。由于管理人员能及时发现问题,使管理人员的个人威信得到提升,增加下属对他们的信任度。直接控制要发挥有效作用,需要建立在以下四个假设条件的基础上:①合格的主管人员所犯的错误少;②管理工作的成效可以计量;③计量管理工作成效时,管理的概念、原理和方法是一些有用的判断标准;④管理基本原理的应用情况可以评价。

但是,这些假设条件不是在任何情况下都成立的,直接控制也有失效的时候。在管理控制工作中,间接控制和直接控制不是对立的,而是相互补充、相互促进的,他们的最终目的都是纠正实际工作与计划的偏差,实现组织目标。

2) 间接控制

间接控制是指预先确立控制标准,依据标准衡量工作与计划之间的偏差,分析产生的原因,并追究当事人责任,采取相应措施改进未来工作的控制过程。之所以采取间接控制,是由于人们常犯错误或经常没有觉察到出现的问题,因而不能及时采取相应的预防措施和纠正措施,只有等到问题出现,再分析产生的原因,进行纠正。通过追究个人责任,使相关人员在未来避免犯相同的错误。

管理小贴士——间接控制的假设

间接控制的方法是建立在以下五个假设的基础上的。

(1) 工作成效是可以计量的,因而也是可以相互比较的(事实上,很多管理部门或职位的绩效是很难计量和相互比较的。即使确定了定量评价的标准,这些定量标准也可能对其绩效起误导作用)。

(2) 人们对工作任务负有个人责任,个人责任是清晰的、可以分割的和相互比较的,而且个人的尽责程度也是可以比较的(实际上,很多活动的责任是多个部门共同承担的,而且工作绩效也可能与个人责任感无关)。

(3) 分析偏差和追究责任所需的时间、费用等是有充分保证的(事实上,有时上级主管人员可能不愿意花时间和费用去分析引起偏差的事实真相)。

(4) 出现的偏差可以预料并能及时发现。

(5) 有关责任单位和责任人将会采取纠正措施(事实上,推卸责任是很普遍的现象)。

这些假设有时却不能成立,例如:①有许多管理工作的成效是很难计量的,如主管人员的决策能力,预见性和领导水平等;②责任感的高低也是难以衡量的;③有时主管人员可能不愿意花费时间和费用去调查分析造成偏差的事实的真相;④有许多偏离计划的误差并不能预先估计并及时发现;⑤有时即使发现了误差产生的原因,但由于大家相互推卸责任而没有人愿意采取纠正措施。

所谓间接控制是基于这样一些事实,即人们常常会犯错误,或常常没有察觉到那些将要出现的问题,因而未能及时采取适当的纠正或预防措施。他们往往是根据计划和标准,对比和考核实际结果,追查造成偏差的原因和责任,然后才去纠正。

实际上,在工作中出现问题、产生偏差的原因是很多的。所订标准不正确固然会造成偏差,但即使标准是正确的,不确定的因素以及管理人员缺乏知识、经验和判断力等也会使计划遭到失败。所谓不确定因素包括了不能确定的每一件事情,这些不确定因素造成的管理上的失误是不可避免的,故出现这种情况时,间接控制技术不能起什么作用。但是,对于由于管理人员缺乏知识、经验和判断力所造成的管理上的失误和工作上的偏差,运用间接控制则可以帮助其纠正。同时,间接控制还可帮助管理人员总结吸取经验教训,增加他们的经验、知识和判断力,提高他们的管理水平。

当然间接控制还存在着许多缺点,最显而易见的是间接控制是在出现了偏差、造成损失之后才采取措施,因此它的费用支出是比较大的。间接控制并不是普遍有效的控制方法,它还存在着许多不完善的地方。

3. 按控制方式划分

按控制时所采用的方式划分,可分为集中控制、分散控制和分层控制。

1) 集中控制

集中控制是指由一个集中控制机构对整个组织进行控制。这种控制方式就是在组织中建立一个控制中心,由它对所有信息进行集中统一的加工处理,并由这一控制中心发出指令,操纵所有管理活动。

如果组织规模和信息量不大,且控制中心对信息的取得、存储、加工效率及可靠性都很高时,采用集中控制的方式有利于实现整体的优化控制。前线指挥部、中央调度室都是集中控制的例子。

当组织十分庞大,规模和信息量极大时,就难以在一个控制中心进行信息存储和处理。这种情况下集中控制会拉长信息传递时间,造成反馈时滞,使组织反应迟钝、决策时机延误,并且一旦中央控制发生故障或失误,整个组织会陷于瘫痪,由于无其他替代系统存在,风险很大,此时就适宜采用分散控制方式。

2) 分散控制

由若干分散的控制机构来共同完成组织的总目标。在这种控制方式中,各种决策及控制指令通常是由各局部控制机构分散发出的。各局部控制机构主要是根据自己的实际情况,按照局部最优的原则对各部门进行控制。例如,对日常的一般性、常规性事务则由各部门、各岗位及全体员工自行控制。分散控制适应于结构复杂、功能分工较细的组织。分散控制对信息存储和处理能力要求相对较低,容易实现。由于反馈环节少,反映快、时滞短、控制效率高、应变能力强。由于采用分散决策方式,即使个别控制环节出现了失误或故障,也不会引起整个系统的瘫痪。

但分散控制系统可能会带来一个严重的后果,即难以取得各分散系统的相互协调,难以保证各分散系统的目标与总体目标的一致性,危及整体优化,严重的甚至会导致失控。

3) 分层控制

分层控制是一种把集中控制和分散控制结合起来的控制方式。它有两个特点:一是各子系统都具有各自独立的控制能力和控制条件,从而有可能对子系统的管理实施独立的处理;二是整个管理系统分为若干层次,上一层次的控制机构对下一层次各子系统的活动,进行指导性、导向性的间接控制。在分层控制中,要注意防止缺乏间接控制、滥用直接控制和多层次地向下重叠地实施直接控制的弊病。

4. 按控制活动的来源不同分类

根据整个组织控制活动的来源不同,可以将控制分为正式组织控制、群体控制和自我控制三种类型。

1) 正式组织控制

正式组织控制是由管理人员设计和建立起来的一些机构或人员来进行控制。组织可以通过规划指导成员的活动;通过预算来控制消费;通过审计监督来检查各部门或各个成员是否按规定进行活动,并提出具体更正措施和建议意见。正式组织控制可以确保组织获利和继续生存与发展。

2) 群体控制

群体控制基于群体成员们的价值观念和行为准则,它是由非正式组织自发发展起来和维持的。非正式组织的行为规范,虽然没有明文规定,但是非正式组织中每一个成员都十分清楚它的内容,并知道遵循这些规范,就会得到奖励和获得其他成员的认可。群体控制可能有利于达成组织目标,也可能给组织带来危害,所以要对其加以正确引导。

3) 自我控制

自我控制即个人有意识地按某一行为规范进行活动。这种控制成本低、效果好。但它要求上级给下级以充分的信任和授权,还要把个人活动与报酬、提升和奖励联系起来。自我控制的能力取决于个人本身的素质。具有良好素质的人一般自我控制能力较强,顾全大局的人比看重自己局部利益的人有较强的控制力,具有高层次需求的人比具有低层次需求的人有较强控制力。

自我控制具有有助于发挥员工的主动性、积极性和创造性,减轻管理人员的负担,提高控制的及时性和准确性等优点。

以上三种控制有时是相互一致的,有时是相互抵触的。这取决于组织对其成员的教育和吸引力,或者说取决于组织文化。有效的管理控制系统应该综合利用这三种类型,并使它们尽可能和谐,防止它们发生冲突。

上述各种类型的控制各有利弊和适用场合,作为管理者,不仅应当正确认识每种控制类型的特点和作用,而且应当能够结合组织的特点对各种控制类型进行有效的运用和协调。

5.2 控制的基本原则与过程

5.2.1 控制的基本原则

实施有效的控制是设立控制体系的目的。但是,在实际工作中,并不是所有的控制体系都能保证控制工作的有效性。为提高控制系统的有效性,避免控制失调给组织带来损失,一般要注意以下几个原则。

1. 重点原则

控制不仅要注意偏差,而且要注意出现偏差的项目。我们不可能控制工作中所有的项目,而只能针对关键的项目,并且仅当这些项目的偏差超过了一定限度,足以影响目标的实现时才予以控制纠正。事实证明,要想完全控制工作或活动的全过程几乎是不可能的,因此应抓住活动过程中的关键和重点进行局部的和重点的控制,这就是所谓的重点原则。

由于组织和部门职能的多样化、被控制对象的多样性以及政策和计划的多变,几乎不存在有关选择关键和重点的普遍原则。在一般的情况下,在任何组织中目标、薄弱环节和例外是管理者控制的重点。

良好的控制需要有明确的目的,不能为控制而控制。在一个组织中,无论什么性质的工作都能列举出许多目标,并总有一两个是最关键的,这就需要管理者在这众多的目标中,选择出关键的目标加以重点控制。

同时,在影响目标实现的众多环节中,有些环节由于组织力量的薄弱,在组织运行过程中特别容易出问题。这些特别容易出问题的薄弱环节,也是管理者需要在实施过程中特别加以关注的。

进一步地,在控制过程中,管理者应重点针对事先未能预料而实际发生了的例外情况。例外情况的出现,由于缺乏事先准备而易措手不及,从而对组织造成很大的影响,因此要集中精力迅速而专门地加以应付。但是,单纯地注意例外之处是不够的,某些例外可能影响不大,有些则可能影响很大,因此管理者需要关注的;应当是那些需要特别注意的地方,而把一般性的例外交给下属去处理。

管理者越是把控制力量集中在目标、薄弱环节和例外情况上,他们的控制就越有效。

2. 及时性原则

高效率的控制系统,要求能迅速发现问题并及时采取纠偏措施。一方面要求及时准确地提供控制所需的信息,避免时过境迁,使控制失去应有的效果;另一方面要事先估计可能发生的变化,使采取的措施与已变化了的情况相适应,即纠偏措施的安排应有一定的预见性。

控制工作的职责就是能及时发现问题,快速解决问题,使偏差给组织带来的损失降到最低。信息是控制的基础,为提高控制的及时性,组织必须有灵敏的信息反馈系统,能及时地收集和反馈信息。同时,控制机制要求具有高度的灵活性,能及时发现偏差,分析原因,并且能够快速采取纠正偏差的措施。信息收集不及时、传递不迅速、分析原因不快速、纠偏活动时间过长等,都会导致偏差得不到及时纠正,各组织带来损失。

事实上,纠正偏差的最理想方法是在偏差产生之前,就注意到偏差产生的可能性,并采取一定的防范措施,避免偏差的产生,从而规避偏差产生后给组织带来的负面影响,也就是所谓的预测偏差。但是,由于预测偏差对控制机制和控制人员的要求较高,在实践中操作有些难度,可以通过建立控制预警系统的方式来实现,即为需要控制的对象设置一条警戒线,反映受控对象实际情况的数据一旦超过这条警戒线,预警系统就会发出警报,提醒控制人员采取措施,防止偏差的产生或扩大。

思考题:单纯地根据现有的偏差情况采取纠偏措施,会出现什么后果?

3. 控制的灵活性原则

未来的不可预测性是始终客观存在的。组织在生产经营过程中可能时常遇到某些突发的、无力抗拒的变化,如环境突变、计划疏忽、计划失败等,使组织计划的条件与现实条件严重背离。控制系统应努力保证,在这类情况下控制仍然是有效的。也就是说,有效的控制系统需要具备一定的弹性。

管理小故事—— 决堤与修堤

春秋时期,楚国令尹孙叔敖在苟陂县一带修建了一条南北水渠。这条水渠又宽又长,足以灌溉沿渠的万顷良田,可是一到天旱的时候,沿堤的农民就在渠水退去的堤岸边种植庄稼,有的甚至还把农作物种到了堤中央。等到雨水一多,渠水上涨,这些农民为了保住庄稼和渠田,便偷偷地在堤坝上挖开口子放水。这样的情况越来越严重,一条辛辛苦苦挖成的水渠,被弄得遍体鳞伤,面目全非,因决口而经常发生水灾,变水利为水害。

面对这种情形,历代苟陂县的行政官员都无可奈何,每当渠水暴涨成灾时,便调动军队去筑堤修坝,堵塞漏洞。后来宋代李若谷出任知县时也碰到了决堤修堤这个头疼的问题,他贴出的告示说"今后凡是水渠决口,不再调动军队修堤,只抽调沿渠百姓,让他们自己去把决口的堤坝修好。"这布告贴出以后,再也没有人偷偷去决堤放水了。

控制的灵活性原则要求管理者制订多种应付变化的方案和留有一定的后备力量,并采用多种灵活的控制方式和方法来达到控制的目的。弹性的控制系统可以通过设置灵活的控制标准来实现。控制标准应当具有一定的相对性。有效的控制应该考虑到未来一段时间组织的生产经营状况可能有的表现,从而在控制标准设置的时候,制定若干种应付不同状况的方案。例如,不同的组织发展规模配适不同的经营预算、在预算中留出一定的后备资源或时间余量等。

另外,综合运用几种控制方式和方法也是避免控制失效,增加控制系统弹性的方法。

4. 经济性原则

控制是一项需要投入大量的人力、物力和财力的活动,控制工作的每一个环节都需要花费一定的费用,而为了完成组织目标,控制的收益必须大于控制的成本。是否进行控制,控制到什么程度,都涉及费用问题,因此必须把控制所需要的费用与控制所产生的效果进行经济上的比较,只有当有利可图时才实施控制。

管理小故事

一位管理者到某工厂参观,工厂的管理人员自豪地宣称,他们的产品质量没有任何问题,百分之百符合质量要求。但是,当这位管理者参观工厂时,却发现高达30%的员工在做产品的质量检查工作,并且有一再返工的现象。工厂投入了大量的人力物力在检查、返工或修补、再检查、再返工的怪圈中。

控制的经济性原则一是要求实行有选择的控制,全面而周详的控制不仅不必要也不可能,要正确而精心地选择控制点,太多会不经济,太少会失去控制;二是要改进控制方法和手段,努力降低控制的各种耗费而提高控制效果,费用的降低使人们有可能在更大的范围内实行控制。花费少而效率高的控制系统才是有效的控制系统。

控制所耗费的成本必须值得,虽然这种要求看起来很简单,实际上却很复杂。因为管理者很难知道一个特定的控制系统价值多少,或者它的成本是多少。所谓经济是相对而言的,因为效益会随着业务的重要性、工作的规模、因为无控制而造成的耗费、控制系统可能做出的贡献等因素而改变。在实际工作中,控制的经济性考虑在很大程度上取决于管理者是否将控制应用于他们所认为的重要工作上。

管理小贴士——有效控制的特征

控制以战略和产出为导向。控制应该支持战略计划,并且关注给组织带来异常的重大活动
控制应该易于理解。控制应该通过提供可理解的数据来支持决策制定,而不应该采用复杂的报告和模糊的统计数字
控制应该鼓励自我控制。控制应该相互信任,沟通良好,使每个员工参与其中
控制应该以及时和例外管理为导向。控制应及时报告偏差,了解绩效差距的内在原因,并考虑应采取的纠正措施
控制在本质上应该是积极的。控制应强调对发展、变革和改善的贡献,而不应该强调罚金和斥责的作用
控制应该公平和客观。控制应该被认为对每个员工都是公平和准确的,控制应该考虑一个基本的目的——提高组织绩效
控制应该是有弹性的。控制应该为个人的评价留有余地,并且在环境变化时应该能够及时调整

5.2.2 控制的基本过程

开展各项工作之前,我们会制定计划和目标,与此同时,要确定控制标准。然后将控制标准与实际业绩比较。如果没有差异,工作继续;如果有差异,分析差异原因,采取纠偏措施,可能标准高了修改标准或者方法错了改进工作方法。虽然控制具有多种不同的形式,但有效的控制活动一般都按照以下基本过程进行,如图 5-1 所示。

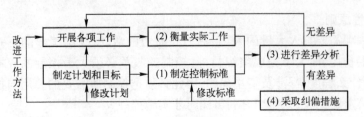

图 5-1 控制的基本过程

1. 制定控制标准

控制标准的制定是控制能否有效的关键。没有切实可行的控制标准,控制就可能流于形式。

控制标准来源于计划,但不同于计划。从逻辑关系上说,制订计划本身实际上构成控制过程的第一步。但是,由于计划相对来说都比较概要,不可能对组织运行的各方面都制定出非常具体的工作标准。一般来说,计划目标不可能直接地用作控制的标准。因此,需要将制定专门的控制标准作为管理控制过程的开始。因此,确定具体的控制标准是必需的。

1) 控制标准的特性

能在控制过程中发挥应有作用的控制标准,需要满足如下基本特性的要求。

(1) 简明性。即对标准的量值、单位、可允许的偏差范围要有明确说明,对标准的表述,要通俗易懂,便于理解和把握。

(2) 适用性。建立的标准要有利于组织目标的实现,要对每一项工作的衡量都明确规定有具体的时间幅度和具体的衡量内容与要求,以便能准确地反映组织活动的状态。

(3) 一致性。建立的标准应尽可能地体现协调一致、公平合理的原则。管理控制工作覆盖组织活动的各个方面,制定出来的各项控制标准应该彼此协调,不可相互冲突。同时,控制标准应在所规定的范围内保持公平性,如果某项控制标准适用于每个组织成员,那就应该一视同仁,不允许有特殊化。

(4) 可行性。即标准不能过高也不能过低,要使绝大多数员工经过努力后可以达到。因为建立标准的目的,是用它来衡量实际工作,并希望工作达到标准要求。所以,控制标准的建立必须考虑到工作人员的实际情况,包括他们的能力、使用的工具等。如果标准过高,人们将因根本无法实现而放弃努力;如果标准过低,人们的潜力又会得不到充分发挥。具有可行性的控制标准,应该要保持挑战性和可行性的平衡。

(5) 可操作性。即标准要便于对实际工作绩效的衡量、比较、考核和评价;要便于控制,便于对各部门的工作进行衡量,当出现偏差时,能找到相应的责任单位。如成本控制,不仅要规定总生产费用,而且要按成本项目规定标准,为每个部门制定费用标准。

(6) 灵活性。控制标准应该具有足够的灵活性,以适应各种不利的变化,或把握各种新的机会。任何组织所面对的环境都处在变动过程中,只不过变动的剧烈程度存在差异而已。即使是高度机械式结构的组织,也需要因时间和条件的变化来调整其控制方式。

(7) 有针对性。即要求控制系统要符合有关人员的特性,有些具体的设计必须满足他们个性特定的要求,让他们能够理解,乐于使用。

(8) 前瞻性。即要求控制系统尽可能地使用预先控制,使一切尽在掌握之中,避免不必要的损失,这也是真正有效的管理控制系统必备的功能。

2) 控制标准的制定过程

控制标准的制定是一个科学决策过程。这一过程的展开:首先要选择好控制点;然后选择关键控制点;最后再确定具体的控制标准。

(1) 确立控制对象。进行控制首先遇到的问题是"控制什么",这是在决定控制标准之前首先需要妥善解决的问题。组织活动的成果应该优先作为管理控制工作必须考虑的重点对象。基于此,管理者需要明确分析组织活动想要实现什么样的目标,并提出详细规定。建立组织中各层次、各部门人员应取得什么样的工作成果的完整的目标体系。按照该目标体系的要求,管理者就可以对有关成果指标的完成情况进行考核和控制。

毫无疑问,经营活动成果是需要控制的重点对象。控制工作就是要保证组织有效地取得预期的经营活动成果。因此,需要分析影响经营活动成果实现的各种因素。一般而言,在一定时期影响经营活动成果实现的主要因素如下。

① 环境特点及其发展趋势。组织是在一定的环境下从事经营活动的,而组织计划是依据决策者对经营环境的认识和预测来制定的。如果所预期的市场环境没有出现,或者外部发生某种无法预料和抗拒的变化,那么原来制定的计划就可能无法实现。所以,在制定计划时应说明正常环境的具体标志和条件,当环境发生变化时,为保证计划的实现,及时采取必要的措施。

② 要素投入。组织经营成果是经过对投入一定数量要素的加工转换而取得的。没有或者缺乏这些要素,组织经营就会成为无源之水、无本之木。投入的要素,不仅会影响经营活动的按期、按量、按要求进行,从而影响最终的物质产品,而且其取得费用会影响生产成本,从而影响经营的盈利程度。因此,必须对要素投入进行控制,使之在数量上、质量以及价格等方面符合预期经营成果的要求。

③ 活动过程。输入到生产经营中的各种资源不可能自然形成产品。组织经营成果是通过全体员工在不同时间和空间上,利用一定技术和设备对不同资源进行不同内容的加工劳动才最终得到的。组织员工的工作质量和数量是决定经营成果的重要因素,因此,必须是组织员工的活动符合计划和预期结果的要求。

(2) 选择关键控制点。对于简单的经营活动,管理者可以通过对所做工作的亲自观察来实行控制。但是,对于复杂的经营活动,主管人员就不可能事事都亲自观察,而必须选出一些关键控制点,加以特别的注意。有了这些关键点给出的各种信息,各级管理人员可以不必详细了解计划的每一细节,就能保证整个组织计划的贯彻执行。

控制标准的确立也就是选择关键控制点。关键控制点是指一些要害问题,它们是业务活动中的一些限定性不利因素,关键控制点一般是影响整个工作运行过程的重要操作与事项,或者是能在重大损失出现之前显示出差异的事项,或是若干能反映组织主要绩效水平的时间与空间分布均衡的控制点。选择关键控制点的能力乃是一项管理艺术,它需要丰富的经验和敏锐的观察力。

不同的组织部门,其性质、业务有其特殊性,所要计量的产品和劳务不同,所要执行的计划方案数不胜数,因而,可能有完全不同的关键控制点。例如,某单位在落实生产成本计划时,主要控制点是重点制造部门的生产成本和材料部门的采购成本;另一家单位制定了发展计算机管理信息系统的规划,选中的关键控制要素为由信息部门负责系统设计与各部门的协调工作,抓好数据库的建设,各个部门领导要参加项目审批过程。又如,在饮料生产过程中,影响饮料的因素很多,但只要抓住了各种原料的配比、杀菌温度和时间,就能保证饮料的质量。在控制过程中,对这些关键控制点都必须确定相应的控制标准。

(3) 制定控制标准。选择了关键控制点之后,需要考虑进一步的问题就是要制定一些客观的控制标准。控制标准可分为定量和定性两大类。

定量标准便于度量和比较,是控制标准的主要表现形式。定量标准主要有包括实物标准、费用标准、时间标准和综合标准。

① 实物标准,就是以实物单位制定的标准,它反映了定量的工作成果,是计划工作的基石。实物标准一般适用于基层生产单位,如产品产量、单位台时定额、单位产品工艺消耗定额等。

② 费用标准,就是以货币单位制定的标准,它可用于控制生产过程中所消耗的各种费用以及所获得的各种经济成果。

③ 时间标准,如工时定额、工期、交货期等。

④ 综合标准,对于有些目标,它既不能完全用实物标准来表示,又不能完全用货币标准来表示,这时就要利用综合标准。通常用相对数的形式来表示,如劳动生产率、废品率、市场占有率、投资回报率等。

讨论题:有人认为标准化管理是泰勒时代的产物,它违背了以人为本的原则,标准多了会限制员工积极性和创造性。对此观点你如何评价?

定性标准是难于定量化的标准。如组织的信誉、服务态度等。但为了使定性标准便于掌握,有时也应尽可能地采用一些可度量的方法。如美国著名的麦克唐纳公司在经营上奉行"质量、服务、清洁、价值"的宗旨,为体现其宗旨,公司制订的工作标准:95%以上的顾客进餐馆后三分钟内服务员必须迎上前去接待顾客;事先准备好的汉堡包必须在五分钟内热好供应顾客;服务员必须在就餐人离后五分钟内把餐桌打扫干净。

控制的对象不同,建立控制标准的方法也不同,可以以计划过程中形成的可考核的目标直接作为控制标准,也可以通过一些科学的方法将某一个计划目标分解为一系列具体可操作的控制标准。但是,任何一项具体工作的衡量标准都应该从有利于组织目标实现的总要求出发来加以制定,而对每一项具体的工作都应有明确的时间、内容、要求等方面的规定。同时,在制定控制标准时既要考虑顾客的需求和竞争对手的标准,又要考虑组织所掌握的资源和控制的成本。控制标准与资源、成本的关系如图5-2所示。

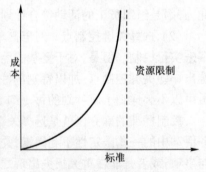

图5-2 控制标准与资源、成本的关系

2. 衡量实际工作

假设组织经营活动中的偏差都能在产生之前就被发现,管理者就可以预先采取必要的措施,并取得良好的效果。这是一种理想的控制与纠偏的方式,但并非所有的管理人员都有卓越的见识能预估出问题。在客观条件的限制下,最满意的控制方式是必要的纠偏措施能在偏差产生之后迅速采取。因此,要求管理者及时掌握能够反映偏差是否产生并能判定其严重程度的信息。

该步骤的主要内容是将实际工作成绩和控制标准相比较,对工作做出客观的评价,从中发现两者的偏差,为进一步采取控制措施提供全面准确的信息。

1) 确定衡量方式

(1) 衡量的项目。衡量什么是衡量工作的起点和前提,管理者应该针对决定实际工作成效好坏的重要特征项目进行衡量。但是,实际中容易出现一种趋向,即侧重于衡量那些易衡量的项目,而忽视那些不易衡量、较不明显但实际相当重要的项目。实际工作衡量应该围绕构成好绩效的重要特征项来进行,而不能够偏向那些易衡量的项目。

(2) 衡量的方法。衡量用什么方法应根据具体情况具体分析。管理者可通过如下几种方法来获得实际工作绩效方面的资料和信息。这些方法各有优缺点,人们往往结合起来综合使用。

① 观察。观察是管理者亲临现场得来的第一手信息,如调查访问,现场观察等。观察法真实、快捷,每个管理者能根据自己喜好的角度去观察,但所得信息需要去伪存真,分析判断,也存在个人偏好的影响及观察时间不同所得结论不同等问题。

② 报表和报告。报表和报告往往在计划结束后或告一段落后形成,如工作总结、会计报表、有关统计报表等,它比较全面和准确,易于保存,但在时间上显得有些滞后。

③ 口头汇报。口头汇报分正式汇报和非正式汇报,正式汇报往往在某些公众场合上,如会议等;非正式汇报往往是一对一的,如电话交谈、个别交谈等。口头汇报方便、快捷,还可以通过语气和身体动作来表达某些信息,但不易保存。

(3) 衡量的频度。

衡量实际工作的次数或频率,通俗的说就是间隔多长时间衡量一次实际工作。控制过多或不足都会影响控制的有效性。这种过多或不足,不仅体现在控制对象、衡量的标准数目的选择上,而且表现在对同一个标准的衡量次数或频率上。对影响某种结果的要素或活动过于频繁的衡量,不仅会增加控制的费用,而且可能引起有关人员的不满,从而影响他们的工作态度;而检查和衡量的次数过少,则可能使许多重大的偏差不能及时发现,从而不能及时采取措施。

以什么样的频度,在什么时候对某种活动的绩效进行衡量,这取决于被控制活动的性质。例如,对产品质量的控制常常需要以小时或以日为单位进行;而对新产品开发的控制则可能只需以月为单位进行就可以了。需要控制的对象可能发生重大变化的时间间隔是确定适宜的衡量频度所需考虑的主要因素。

2) 建立信息反馈系统

负有控制责任的管理人员只有及时掌握了反映实际工作与预期工作绩效之间偏差的信息,才能迅速采取有效的纠正措施。然而,并不是所有的衡量绩效的工作都是由主管直接进行的,有时需要借助专职的检测人员。因此,应该建立有效的信息反馈系统,便于反映实际工作情况的信息适时地传递给适当的管理人员,使之能与预定的标准相比较,及时发现问题。这个系统还应能及时将偏差传递给与被控制活动有关的部门和个人,以便他们及时知道自己的工作状态、为什么出错了,以及需要怎样做才能更有效地完成工作。建立这样的反馈系统,不仅有利于保证预定计划的实施,而且能防止基层工作人员把衡量和控制视作上级检查工作、进行惩罚的手段,从而避免产生抵触情绪。

3) 通过衡量成绩,检验标准的客观性和有效性

衡量工作成效是以预定的标准为依据来进行的。如果偏差是在标准执行中出现的问题,那么需要纠正执行行为本身;如果是标准本身存在的问题,则要修正和更新预定的标准。这样利用预定标准去检查各部门、各阶段和每个人工作的过程同时也是对标准的客观性和有效性进行检验的过程。

检查标准的客观性和有效性,是要分析通过对标准执行情况的测量能否取得符合控制需要的信息。在为控制对象确定标准的时候,人们可能只考虑了一些次要的因素,或只重视了一些表面的因素。因此,利用既定的标准去检查人们的工作,有时并不能达到有效控制的目的。在衡量过程中对标准本身进行检验,就是指出能够反映被控制对象的本质特征,从而是最适宜的标准。衡量过程中的检验就是要辨别并剔除这些不能为有效控制提供必需的管理基础工作。

3. 进行差异分析

对实际工作成效加以衡量后,下一步就应该将衡量的结果与标准进行对比,也就是进行差异分析。差异分析的目的在于确定是否有必要采取纠偏措施。通过实际业绩同控制标准之间的比较,可以确定这两者之间有无差异。若无差异,工作按原计划继续进行;若有差异,则首先要了解偏差是否在标准允许的范围之内。若偏差在允许的范围之内,则工作继续进行,但也要分析偏差产生的原因,以便改进工作,并把问题消灭在萌芽状态;若偏差在允许的范围之外,则应及时地深入分析产生偏差的原因。

并非所有的偏差都可能影响组织的最终成果。有些偏差可能反映了计划制定和执行工作中的严重问题,而另一些偏差可能是偶然的、暂时的、区域性因素引起的,从而不一定会对组织活动的最终成果产生重要影响。因此,在采取任何纠正措施以前,首先要判断偏差的严重程度,即是否足以构成对组织活动效率的威胁,从而值得去分析原因,采取纠正措施。然后,探讨导致偏差产生的主要原因,对这两类不同性质的偏差做出准确的判断,以便采取相应的纠偏措施。

偏差可以分为正偏差和负偏差。正偏差是指实际业绩超过了计划要求,而负偏差是指实际业绩未达到计划要求。负偏差固然引人注目,需要分析,正偏差也要进行原因分析。如果是由于环境变化导致的有益的正偏差,则要修改原计划以适应变化了的环境。

4. 采取纠偏措施

针对产生偏差的主要原因,就可能制定改进工作或调整计划与标准的纠正方案。

对于计划操作原因,可采取以下措施:重申规章制度,明确责任,明确激励措施,按规定处罚有关人员;或调整工作人员,加强员工培训,改组领导班子等。对于外部环境发生重大变化原因,应在仔细分析的基础上采取一些补救措施,以尽量消除不良影响,然后改变策略,避开锋芒,或变换目标,另辟蹊径。对于计划不合理原因,应根据具体情况,及时调整目标,使之在合理的水平。

在纠正措施的选择和实施过程中要注意以下几点。

(1) 保持矫正方案的双重优化。纠正偏差,不仅在实施对象上可以进行选择,而且

对同一个对象的纠偏也可采取多种不同的措施。所有这些措施,其实施条件和效果相比的经济性都要优于不采取任何行动、使偏差任其发展可能给组织造成的损失。有时,如果采取行动的费用超过偏差带来的损失的话,最好的方案也许是不采取任何行动,这是第一重优化;第二重优化是在此基础上,通过对各种经济方案的比较,找出其中追加投入最少解决偏差效果最好的方案来组织实施。

(2) 关注原有计划实施的影响。由于对客观环境的认识能力提高,或者由于客观环境本身发生了重要变化而引起的纠偏需要,可能会导致原先计划与决策的局部甚至全局的否定,从而要求组织活动的方向和内容进行重大的调整。这时要关注原有计划实施已经消耗的资源,以及这种消耗对客观环境造成的种种影响。

(3) 消除组织成员对矫正措施的疑惑。任何纠偏措施都会在不同程度上引起组织的结构、关系和活动的调整,从而会涉及某些组织成员的利益,并对所采取的措施产生抵触。因此,控制人员要充分考虑到组织成员对纠偏措施的不同态度,注意消除执行者的疑虑,争取更多的人理解、赞同和支持,以保证避免在纠偏方案的实施过程中可能出现的人为障碍。

以上控制过程的四个基本步骤构成了一个完整的控制系统,四个步骤完成了一个控制周期。通过每一次循环,使偏差不断缩小,保证组织目标的实现。

思考题:是否所有的控制都包含这四个步骤?

5.3 控制的方法

要对整个组织的活动进行全面的控制,必须借助于各种不同的控制方式,而根据控制的对象、内容和条件的不同,可采取多种控制方法。充分了解并有效地运用这些控制方式和方法,是现代组织进行有效控制的一个重要方面。这一节我们把管理控制的方法归纳为三类加以论述,即财务控制方法、人员行为控制方法和综合控制方法。

5.3.1 财务控制方法

一个组织中业务活动的开展,几乎都伴随着资金的运动,因此管理控制中最广泛运用的一种方法就是财务控制。财务控制通过对一个组织中资金运动状况的监督和分析,对组织中各个部门、人员的活动和工作实施控制。

财务控制的特征是以价值形式为控制手段;以不同岗位、部门和层次的不同经济业务为综合控制对象;以控制日常现金流量为主要内容。财务控制是内部控制的一个重要组成部分,是内部控制的核心,是内部控制在资金和价值方面的体现。

1. 组织规划控制

根据财务控制的要求,组织在确定和完善组织结构的过程中,应当遵循不相容职务相分离原则:即一个人不能兼任同一个部门财务活动中的不同职务。组织的经济活动通常划分为五个步骤:授权、签发、核准、执行和记录。如果上述每一步骤都由相对独立的人员或部门来实施,就能保证不相容职务的分离,从而起到财务控制的作用。

2. 授权批准控制

授权批准控制是对组织内部部门或职员处理经济业务的权限进行控制。组织内部某个部门或某个职员在处理经济业务时,必须经过授权批准才能进行,否则就无权审批。授权批准控制可以保证单位既定方针的执行和限制滥用职权。授权批准的基本要求:首先,明确一般授权与特定授权的界限和责任;其次,明确每类经济业务的授权批准程序;最后,建立必要的检查制度,以保证经授权后所处理的经济业务的工作质量。

3. 预算控制

管理控制中最广泛运用的控制方法就是预算控制。预算是一种以货币和数量表示的计划,是有关为完成组织目标和计划所需资源特别是所需资金的来源和用途的一项书面说明。组织内的任何活动都离不开资金的运动,通过预算,可使计划具体化、数字化,从而更富有可控性。

1) 预算的种类

预算的种类很多,不同的组织,其预算也各有特色。一般地,预算可分为以下几种基本类型。

(1) 收支预算控制。收支预算又称营业预算,是指组织在预算期内以货币单位表示的收入和经营费用支出的计划预算。它综合反映了组织在预算期内生产经营的财务情况,并作为组织经营活动最终成果的重要依据。

收入预算应考虑到可能有的各个方面的收入,但其中最基本的收入还是销售收入或财政拨款。各个组织的经营费用的支出项目往往比组织的收入项目多且杂,在支出预算时,各个可能产生的费用开支均应尽可能考虑全面,并在支出预算中安排一定数量的不可预见费,以应付一些额外的开支。

(2) 实物量预算控制。实物量预算又称资本支出预算或非货币预算,是指以实物量预算来作为货币支出预算的补充和认证。由于以货币量表示的收支预算会受商品价格波动的影响,因而常常会造成收支预算与实物量产出计划时间的不一致,所以许多预算用实物单位来表示,比用货币单位表示更好。这里所指的实物量,不仅指实物产量,也指其他一些指标,如直接工时、机台时数、场地面积、产品数量、原材料数量等。组织中的基层管理人员常采用这种预算方法进行职权范围内所拥有的资源控制。

(3) 投资预算控制。投资预算又称资本支出预算,是指组织为更新或扩大规模,投资于厂房、机器、设备等其他有关设施,增加固定资产的各项支出预算。它概括了组织在何时进行投资、投资多少、融资渠道如何、何时可获得收益、每年的现金流量为多少、投资回报率等问题。投资预算涉及金额大,回报时间长。因此,投资预算总是和组织的发展战略以及长远规划相一致的。

(4) 现金预算控制。现金是指现实的、可随时使用的资金。现金预算就是要估算计划期可能提供的现金和所需要的现金,以求得平衡。它是以收入和支出预算中的基本数据为基础编制的。通常现金预算的编制期都较短。我国最常见的是按季和按月进行编制。

(5) 总预算控制。总预算是一种对预算期的最后一天(通常是会计年度的结尾时)的财务状况的预算,是由组织将各种预算综合而成的。总预算包括预计的资产负债表和资产损益表。总预算的编制要以组织目标和计划为依据。

2) 预算的作用

预算是广泛运用的传统控制手段,其作用具体体现在以下一些方面。

(1) 帮助管理者掌握全局,控制整体情况。对于任何组织而言,资金财务状况都是举足轻重的。预算使我们得以了解资金的状况,从而通过对资金的运筹,控制组织的整体活动;由于预算是用货币量表示的,这为衡量和比较各项活动的完成情况提供了一个清晰的标准,从而使管理人员可通过预算的执行情况把握组织的整体情况。

(2) 有助于管理者合理配置资源和控制组织中各项活动的开展。组织中各项活动的开展,几乎没有不需要资金的。资金作为一种重要的杠杆,调节着各项活动的轻重缓急及其规模大小。预算范围内的资金收支活动,由于得到人力和物力的支持而得以进行;没有列入预算的活动,由于没有资金来源,也就难以开展。预算外的收支,会使人很快警觉而被纳入控制。因此,管理者可通过预算,合理配置资源,保证重点项目的完成,并控制各项活动的开展。

(3) 有助于对管理者和各部门的工作进行评价。由于预算为各项活动确定了投入产出标准,因此只要正确运用,就可根据执行预算的情况,来评价各部门的工作成果。同时,由于预算规定了各项资金的运用范围和负责人,因此通过预算还可控制各级管理人员的职权,明确他们各自应承担的责任。

(4) 预算还便于培养精打细算的工作作风。由于预算一般不允许超支,而且常作为考核的依据,因此预算可迫使管理者在收支的考虑上尽可能地精打细算,从而有助于杜绝铺张浪费的不良现象。严格和严肃的预算可促使成本下降、效益提高。

思考题:只要进行预算,就能起到上述作用吗?

3) 预算工作中常见的错误

预算是用来编制计划和进行控制的一种有效手段,但在实际中,人们常常过分看重预算,从而偏离了预算的正确方向。

(1) 预算过繁过细。预算过于繁琐会产生两方面问题:一是由于详细地列出了细枝末节的费用,剥夺了管理者管理本部门时所必需的自由,以至于当实际情况与预算设想不符时,管理人员无法进行灵活调整;二是花费过多时间、精力和资金进行预算编制,使预算工作成了负担,得不偿失。预算要突出重点。

(2) 错把手段当目标。预算必须维护严肃性,但同时应当明白,预算是管理和实现目标的手段,不应凌驾于组织目标之上。预算工作中的另一个错误就是把预算目标置于组织目标之上,借口维护预算的严肃性而不惜损害组织目标的实现。有些管理人员热衷于使自己部门的费用不超过预算,却忘记了自己的首要职责是实现组织目标。因为其开支未列入预算,而使一笔符合组织目标的盈利无法实现,这显然是一个失误。因此,当预算目标和组织目标的实现不相一致时,要调整预算目标而不是组织目标。

(3) 预算依据不足。在预算编制时,人们常有按过去的情况进行增减的习惯。预算的编制固然要参考过去的情况,但过去毕竟不同于未来,预算是针对未来的管理,除非有证据证明未来与过去完全一样,仅限于参考过去的资料显然依据不足。另外,有些管理人员考虑到在预算审批过程中申请数会被层层削减,因而故意加大预算基数;有时为了使预算得以通过,项目得以确立,故意缩小各项预算基数,等项目实施后再迫使上级为了避免"前功尽弃"而追加款项。这些预算都脱离了实际,使预算失去了应有的作用。

(4) 预算缺乏灵活性。缺乏灵活性应该算是预算中的最大危险。即使预算未被用来取代管理工作,把计划缩略成数字后也会造成数字是确切无疑的错觉。事情的发展完全有可能证明,各项实际费用比预算多还是少,实际与预测的差异可使一个预算马上过时。如果在这种情况下,管理人员还必须受原有预算控制的话,那么预算的有效性就会减弱或消失,这在编制长期预算时更是如此。因此要保证预算的有效性就必须使预算是可变的灵活的,需要对费用项目进行分析,确定哪些是不变的,哪些是部分可变的,哪些是完全可变的,据此来修订相应的预算。

思考题:三种财务控制方法是否都属于预防性控制?

5.3.2 人员行为控制方法

管理工作从根本上来说是对人的控制,因为任何组织活动的开展都有赖于员工的努力,其他几方面的控制也都要靠人来实行和推行。怎样选择员工和怎样使员工的行为更有效地趋向于组织目标,涉及对员工行为的控制问题。由于人的行为是由人的价值观、性格、经验、社会背景等多种因素综合作用的结果,而这些因素本身又很难用精确的方法加以描述,这就使得对员工行为的控制成了控制中最复杂困难的一部分。

经过不断探索,管理者在实践中逐渐总结了一些可行的控制方法。尽管这些方法还存在一些缺陷,但是它们至少可以使管理者有了一些决策的依据。在员工行为控制中经常用到的控制方法主要有理念引导、规章约束和各种工作表现鉴定,即绩效评估。

1. 理念引导

文化理念表明了一个组织对组织运作过程中所涉及的各个方面的主张和组织的共同价值观。通过明晰和强化组织的文化理念,有助于引导组织成员的思想趋向于组织所希望的方向。

2. 规章约束

规章制度规定了一个组织中员工必须遵守的行为准则。无论是上班迟到还是工作不尽力,都会影响到组织目标的实现,正因为如此,绝大多数组织都建立有一整套的规章制度,表明组织可以接受的限度并认真考核员工遵守规章制度的情况。

3. 绩效评估

对员工的工作表现定出标准,定期鉴定,并根据鉴定结果进行奖惩,是组织中最重要的控制手段之一。常用的绩效评估方法有鉴定式评价法、指标考核法以及偶然事件评价法。

1) 鉴定式评价法

鉴定式评价法是最简单、最常用的人员绩效评价法,其具体做法是:由评价者写出一份针对被评价者长处和短处的鉴定,管理者根据这种鉴定给予被鉴定者一个初步的估计。采用这种方法的基本条件是评价者确切地知道被评价者的优缺点,对其有全面的了解,并能客观地撰写鉴定。由于在实际工作中,这一基本条件较难满足,因此这种方法只能作为一种初步的估计,完全依赖这种方法往往会造成评价的失误。

2）指标考核法

为了克服偏见和主观臆断,就必须建立比较客观的评价标准。指标考核法就是通过首先建立一系列评价指标,由管理者列出每一指标的评价标准;然后由评价者在评价标准中选择最适合被评价者的条目并打上标记;最后由管理者据此加权评分,根据得分的高低评定员工的表现,这种评价方法比较准确客观,但是它只适用于从事类似或标准化工作的员工,超出这个范围,其准确性将大为下降。

3）偶然事件评价法

采用此种方法时,管理人员要持有一份记录表,随时记录员工积极或消极的偶然事件,根据这种记录以便定期对职工的工作绩效进行评价。根据这种偶然事情进行评价比较客观,但是关键是能否把员工的所有偶发事项全部记录下来。另外,对员工来说都有各种责任制,如果责任制所规定的工作标准得到员工的赞同,这种方法就能有效地调动员工的积极性,否则员工还会有不公平感。这种方法和目标管理配合起来使用,可以有效地监控员工的工作。

除了上面介绍的几种对人的绩效评定方法外,还有一些类似的方法。这些方法的基本原则都是要尽量客观、准确地对人员绩效进行评价,以满足组织各方面工作对人的要求。

思考题:对人员的行为能否进行事前控制?

5.3.3 综合控制方法

综合控制方法与财务控制方法和人员控制方法的差别在于它的适用范围较宽,几乎在任何种类的管理控制中都可采用。例如,资料设计法可以帮助各层管理人员收集控制资料,审计法可以帮助管理人员正确地控制各种工作,以使其符合标准。

1. 资料设计法

资料设计就是设计一个专门系统或程序,以保证为各种职能或各层管理人员提供最必需的资料。缺乏必要的信息就无法进行控制,但信息太多,又不加处理和选择,就会产生信息消化不良,重要信息被大量资料报表掩盖。作为管理人员,只需要那些对实际工作有价值的与达成目标有关联的信息,这些信息能够指出何处没有达成目标,其原因是什么,以及与工作计划有关的宏观环境信息。为此组织要对各种管理人员所需要的信息加以事先的筹划设计。各种管理人员需要些什么资料,这些资料应当如何搜集,如何汇总处理,这就是资料设计。

2. 审计法

审计是对反映组织的资金运动过程及其结果的会计记录及财务报表进行审计、鉴定,以判断其真实性和可靠性,从而为控制和决策提供依据。审计是一种常用的控制方法,主要有以下几种审计项目。

1）财务审计

财务审计是以财务活动为中心内容,以检查并核实账目、凭证、财物、债务以及结算关系等客观事物为手段,以判断财务报表中所列出的综合的会计事项是否正确无误,报表本身是否可以依赖为目的的控制方法。通过这种审计还可以判明财务活动是否符合财经政策和法令。财务审计一般分为外部财务审计和内部财务审计。

外部财务审计是由非本组织成员的外部专门审计机构和审计人员,如国家审计部门、公共审计师事务所对本组织的财务程序和财务经济往来进行有目的的综合检查审核。

内部财务审计是由本组织系统内部的财务人员所负责开展的财务审计活动。其目的也和外部财务审计的目的相同,即保证组织系统的财务报表能准确、真实地反映组织的财务状况。

2) 业务审计

业务审计是内部财务审计的扩展,其审计的范围包括财务、生产、市场、人事等方面。这种审计可以由本组织聘请外部独立的咨询机构和专家进行。

3) 管理审计

管理审计是业务审计的进一步发展,是对组织各项职能以及战略目标所进行的全面审计,审计范围包括审计结构、计划方法、预算和资源分配、管理决策、科研与开发、市场、内部控制、管理信息系统等。管理审计的目的是要明确组织的优势和劣势,全面改善组织的管理工作。

4) 经营审计

经营审计是对组织经营计划的实施过程,即经营控制过程的审计。它是经营决策、经营战略和经营计划等的必然延续和补充,可验证、补充或纠正经营计划审计的结论,并可为经营结果、效益的审计提供依据。具体地讲,经营审计要审查、分析组织经营控制的组织、方式及手段,评价经营控制的合理性、科学性、效率和效益,提出完善组织经营控制的措施建议。经营审计的根本作用在于通过组织经营控制的组织程序,以及控制幅度、依据、职责、权限和利益等制度的审查、分析,发现控制组织不完备、职责分工不明确等问题,帮助组织采用有效的控制方法和手段,提高控制能力和促进组织取得最佳效果;通过实际状况的审查分析,还可发现经营控制在经营系统中与其他经营管理职能的关系是否协调,从而帮助组织协调业务工作和管理职能,全面提高组织的管理水平。

经营审计的目的在于保证组织实际的经营活动及其成果同预期的目标相一致。经营审计的内容包括制度方面的审计;经营业务方面的审查、分析;财务方面的审计。

思考题:怎样才能使审计工作起到控制作用?

除上述两种综合控制方法外,网络分析技术和目标管理也是非常好的综合控制方法。网络分析技术作为一种控制方法可以有效地对项目所使用的人力、物力、财力资源进行平衡,能够控制项目的时间和成本,能够在实施出现偏差时找出原因和关键因素,并能从总体上进行调整,以保证按质按量达成目标。目标管理作为一种控制方法的特点是标准清晰、明确,各级管理者容易做出判断;由于整个组织或系统的目标分解成为各个子系统的目标,若各个子系统能达成目标,就能够确保整个组织达成目标,这在某种程度上提高了控制的可靠程度;目标管理的核心是各级组织成员都参与自己目标的制定,员工的行为和态度与组织目标更加接近,这使人员行为的控制容易了许多。

本 章 小 结

（1）控制是按既定目标和标准对组织的活动进行监督、检查，发现偏差，采取纠正措施，使工作能按原定计划进行，或适当调整计划以达到预期目的的过程。管理者进行控制的根本目的，在于保证组织活动的过程和实际绩效与计划目标及计划内容相一致，最终保证组织目标的实现。

（2）在现代组织管理中，控制之所以必不可少，这是因为：组织环境的不确定性，组织活动的复杂性和管理失误的不可避免性，以及提升组织的效率和竞争力。在组织中，由于控制的性质、内容、范围不同，控制可分成许多不同的类型。了解控制的各种类型，根据实际情况选择合适的控制类型，对于进行有效控制是十分重要的。

（3）为了保证对组织活动进行有效控制，在控制过程中必须遵循重点原则、及时性原则、灵活性原则和经济性原则。虽然控制具有各种不同形式，但有效的控制活动一般都按照首先确定控制标准，然后根据控制标准衡量实际业绩，进行差异分析，并根据分析采取相应的纠偏措施这样的基本过程进行。

（4）在组织管理实践中形成了多种控制方法。本章重点介绍了财务控制方法、人员行为控制方法和综合控制方法。这些不同的控制方法各有其特点和适用场合，充分了解并有效地运用这些控制方式和方法，是现代组织进行有效控制的一个重要方面。

习 题

1. 在现代组织管理中，为什么要加强控制？控制职能有什么重要意义？
2. 控制职能和其他三项管理职能之间有什么关系？
3. 计划与控制是如何产生联系的？在这一联系过程中，应该注意哪些问题？
4. 常见的控制的类型有哪些？它们各适用于什么场合？各有些什么利弊？
5. 控制类型的选择需要考虑哪些因素？
6. 进行有效控制的基本原则是什么？怎样才能贯彻这些原则？
7. 为什么控制的前提是拥有控制标准？
8. 无论是学习、工作还是生活，你总能看到许多规章制度的存在。对各种规章制度的控制作用，你是怎么看的？
9. 试分析控制过程的步骤。
10. 预算有什么用？组织应该如何编制预算？
11. 分组讨论怎样建立起一个有效的控制系统，以衡量自己在管理学课程学习方面所取得的进步。该控制系统应该包括哪几方面的内容？如何运用？如何检验该控制系统的有效性？
12. 列举实际案例说明前馈、现场和反馈控制各有什么样的适用性？并详细说明反馈控制中的时滞产生原因有哪些，会造成什么样的后果？

第6章 领　　导

【学习目的】

(1) 掌握领导的含义,了解领导者的作用;
(2) 明确领导与管理、领导者与管理者的区别,理解领导的本质;
(3) 理解权力的本质,掌握领导权力的基础与运用方法,明确领导者影响力的来源,了解增强影响力的技巧和方法;
(4) 掌握领导特质理论的基本观点和内容;
(5) 掌握几种典型的领导行为理论;
(6) 理解领导权变理论的基本思想并掌握几种典型的领导权变理论;
(7) 明确有效沟通的条件,理解沟通在管理中的重要性;
(8) 了解信息沟通的基本方式,了解组织沟通的类型与主要障碍;
(9) 了解高效沟通的方法与技巧。

尽管管理者在组织中拥有指挥下级行动的权力,但下级并不会自动地服从命令。在现代社会,随着人们自我意识和价值的不断提高,盲从的下级会越来越少,有些下级甚至会公然反抗他们的管理者,或者不认真执行管理者的命令,"出工不出力"。人们常说"一头绵羊带领的一群狮子,敌不过一头狮子带领的一群绵羊。"因此,要使组织正常运转,并充分调动组织成员的积极性,管理者就必须掌握如何有效进行领导这一基本技能。

6.1 领导的基本概念

6.1.1 领导的含义

"什么是领导?""怎样才能做一个好的领导者?"这些问题已经困扰着人类达数千年之久。中外许多著名的思想家、政治家、军事活动家以及企业家都试图给出答案,也都有不同的认识和表述。例如:德鲁克认为"领导的唯一定义是其后面有追随者。"孔茨认为:"领导是一种影响力,是对人们施加影响的艺术过程,从而使人们情愿地、热心地为实现组织或群体的目标而努力。"杜鲁门则认为"领导就是让人们做他们不愿意做的事情,并使他们愿意做的能力。"

"领导"一词通常有两种含义:一是作为名词,是指领导人、领导者(leader),即做最终确定和实现组织目标的首领。一个组织的领导者犹如一个交响乐队的指挥,他能影响乐队中的每个成员,并把他们的才能充分发挥出来。二是作为动词,是指领导工作(leading),是指导和影响组织的成员为实现组织目标而做出努力和贡献的过程与艺术。

领导工作是一项管理工作、管理职能,通过该职能的行使,领导者能促使被领导者努力地实现既定的组织目标。开展领导工作,必须具备三要素:一是领导者必须有下级或追随者;二是领导者拥有影响追随者的能力或力量;三是领导工作的目的是通过影响下级来实现组织的目标。

领导工作是管理工作的一项重要职能,是作为一个有效管理者的重要条件之一。管理者通过行使计划、组织和控制职能,是可以取得一定成果的。但是,只能引发下级60%的才能,另外40%的才能只有在领导和激励工作中才得以发挥出来。

管理小贴士

有学者将领导者的英文单词 leader 中的每个字母赋予了新的含义,并依此对领导者提出了如下要求。

L	Listen	善于倾听
E	Enthuse	满腔热忱
A	Assist	支持并激励下级
D	Delegate	懂得授权
E	Evaluate	公正评价
R	Reward	有效的奖励

在带领和指导组织成员为实现共同目标而努力的过程中,领导者要发挥指挥、协调和激励的作用。

1)指挥作用

要使组织有效运行起来,就离不开指挥。在组织活动中,需要领导者分析环境,认清形势,指明活动的目标和达到目标的途径。因此,领导者有责任指导组织各项活动的开展,其中包括明确大方向并指导下级制定具体的目标、计划及明确职责、规章、政策,开展调查研究,了解组织和环境正在发生和可能或将要发生的变化,并引导组织成员认识和适应这种变化。

2)协调作用

协调是管理活动中不可缺少的部分,目的在于让组织成员团结一致,使组织的活动和努力得到统一与和谐。在组织活动中,虽然有了明确的目标。但是,由于每位成员的能力、态度、性格、价值观等不同,加上各种外部因素的干扰,成员间在思想上发生各种分歧、行动上出现偏离目标的情况也是不可避免的。因此,需要领导者来协调人们之间的关系。一般可以通过组织内部有效的信息沟通来实现。

3)激励作用

组织成员众多,他们不仅对组织目标感兴趣,而且有着各自的目标和需要,这就要求领导者做好激励工作,充分调动组织成员的积极性和创造性,激发被领导者的工作热情,自觉而有效率地工作,使人力资源的潜力得到最大限度的发挥。领导者只有了解被领导者的合理需要,并通过一系列的激励手段尽可能满足他们的需要,激发动机,才能使他们把个人目标和组织目标紧密联结在一起,从而保持高昂的士气。因此,领导工作的作用也表现为调动员工的积极性,使其自觉为组织贡献。

6.1.2 领导者与管理者

领导者与管理者既有区别又有联系。对这一问题的理解必须首先了解领导与管理的区别。

1. 领导与管理

从定义层面上看,管理综合运用各种资源有效实现目标的过程,领导是指导和影响组织的成员为实现组织目标而做出努力的过程;管理的对象是人、财、物、时间和信息,领导的对象就是人;开展管理工作更多依靠制度、流程和标准,而领导工作则依靠愿景、文化和理念;管理工作变动小,领导工作则要因人而异。从本质上说,管理是建立在惩罚权、奖赏权与合法权基础上对下级命令的行为。在这一过程中,下级可能尽自己最大的努力去完成任务,也可能只尽一部分努力去完成工作。领导更多的是建立在专家权与参照权的基础之上,核心是被领导者的追随和服从,取决于被追随者发自内心的意愿。

2. 领导者与管理者

思考题:一个组织中的领导者是否就是该组织中的各级管理者?

组织中的每个层级都有管理者,管理者可以是领导者,但是领导者不一定是管理者。一个人可能是领导者但不是管理者,也不一定具有管理的才能。非正式组织中最具影响力的人就是典型的例子:组织并没有赋予他们正是的管理职位和权力,他们也没有义务负责组织的计划和组织工作,但是他们却能引导、激励甚至命令自己的追随者。

管理者与领导者是有区别的。管理者是被正式授权来管理一个组织或部门的,管理者利用职权来解决问题、做出决策和实施行动,领导者则可能是在群体活动中自发形成的,他们的影响力与其在组织中的职位无关;管理者的对象是组织中的下级,领导者则是群体中的追随者;管理者通过计划、组织和控制来提高效率,完成任务和达成目标,领导者通过指导、协调和激励使追随者自觉地朝着领导者所指引的方向前进;管理者更多的是在群众后面鞭策,而领导者则更多的是在群众前面带领;管理者要创造一个科学的组织环境,使组织成员各负其责,协调一致,提高工作效率,领导者则是创造一个和谐的组织环境,带领和影响群众实现目标。管理者侧重于正确的做事,领导者侧重于做正确的事,如表6-1所列。

表6-1 管理者与领导者的区别

管 理 者	领 导 者
依法任命,下级	自发形成,追随者
职权——管理岗位	威信——个人素质
计划、组织、控制	指导、协调、激励
鞭策——在群众后面	带领——在群众前面
正确地做事	做正确的事

讨论题:组织中只有管理者行不行,能不能实现组织目标?在一个组织中只有管理者,没有领导者,下级会怎样?在一个组织中只有领导者,没有管理者,下级又会怎样?

因此,领导者不一定是管理者,管理者也不一定是领导者,但管理者应该成为领导者;领导从本质上而言是一种影响力,或者说是对他人施加影响的过程,通过这一过程,可以使下级自觉地为实现共同目标而努力;管理学研究的是:管理者如何成为领导者,如图 6-1 所示。

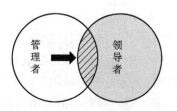

图 6-1　管理学研究范围示意图

6.1.3　领导权力与领导者影响力

1. 领导权力

领导的核心在权力。管理学者卡鹏曾说"温和的语气加上一支枪带给你的一切将比仅有前者多得多。"这支枪就象征着领导权力。简单地讲,领导权力是指挥下级的权和促使下级服从的力。

1) 领导权力的本质

为了揭示领导权力的本质,不妨构建两个基本模型:假设地球上有两个村庄——地主村和农民村。地主村里有 1 个地主、100 个农民,农民村里有 1 个农民、100 个地主。这两个模型中,地主和农民之间有一种权力的依附关系。显然,地主村中的权力关系符合我们的基本思维常识,即地主剥削农民。但是,在农民村中情况还是如此吗?

讨论题:两个模型中都有着相同的角色——地主和农民,为什么掌握权力的角色却是不同的呢?这个问题的本质在哪儿呢?

这个问题的本质其实在于看谁拥有的资源是稀缺的。当土地资源是稀缺的时候,掌握土地资源的人——地主就可以多吃多占;当劳动力资源是稀缺的时候,拥有劳动力资源的人——农民反而会掌握权力。所以,权力的本质首先在于拥有一种稀缺资源。

讨论题:只有稀缺够不够呢? 当两个领导者拥有不同稀缺资源时,谁拥有权力或者谁的权力更大呢?

其实,领导者掌握权力的核心在于其所拥有的资源是下级需要却又没有的。所以,权力的本质还在于没有这种资源的下级要因为需要这种稀缺资源而依附于领导者。

因此,领导权力的本质是稀缺与依附。由此可以得出两条基本结论:第一,权力可以创造——当组织成员都想拥有某种稀缺资源时,如果领导者拥有而下级没有,那么领导者拥有这种资源越独特越稀缺,越能说了算。同时,权力也可以消解——很多下级敢在领导面前拍桌子、瞪眼睛、晃脑袋、不听话,说明下级知道,领导者离开他不行。这时候下级拥有权力了。怎么办呢? 找一个能替代这个下级的人,也就是增加一种资源的替代性,降低稀缺和依附关系,从而消解这种权力。

2) 领导权力的基础与运用

任何一名组织成员都拥有权力,但是领导所拥有的权力和普通组织成员显然不同。领导权力也可以理解为影响他人的能力,在组织中就是指排除各种障碍完成任务、达到目标的能力。根据弗伦奇(John French)和雷温(Bertram Raven)等的研究,领导权力的基础有以下五种。

(1) 惩罚权。惩罚权是指通过强制性的惩罚而影响他人的能力。组织中的处罚有批评、罚款、降职、降薪、撤职、除名、开除等,或者调离到偏远、苦劳、无权的岗位上去等。这实际上是利用人们对惩罚和失去既得利益的恐慌心理而影响和改变他的态度和行为的权力。应当注意,惩罚权虽然十分必要,见效也快,但毕竟是一种消极性的权力,也不是万能的,因此务必慎用。如果使用不当,可能产生严重的消极后果。

是不是领导者都拥有惩罚权呢?答案是否定的。因为惩罚权的核心是下级的惧怕,或者说是一种威慑力。只有具有威慑力的领导者才拥有惩罚权。

(2) 奖赏权。奖赏权是指领导控制着下级所重视的资源而对其施加影响的能力。例如,上级在其职权范围内可以决定或影响下级的薪水、晋升、提拔、奖金、表扬或分配有利可图的任务、职位,或给予下级所希望得到的其他物质资源或精神上的安抚、亲近、信任、友谊等,从而有效地影响他人的态度和行为。奖赏权是否有效,关键在于领导者要确切了解下级的真实需要。被领导者也拥有某种奖赏权。例如,对领导者的忠诚、顺从,更加积极地忘我工作,为了组织利益不计个人安危的英雄行为,甚至对领导者的热情招呼、演讲后的热烈鼓掌等,都可以看做被领导者对领导者的奖赏。这种奖赏权也能有效地影响领导行为。

(3) 合法权。领导权力的第三个基础称为合法权——是一个人通过组织中正式的职位所获得的权力。例如,在政府和部队等层级组织中,上级在自己的职责范围内有权给下级下达任务和命令,下级必须服从;裁判有权判定是否犯规、是否得分,并有权用出示黄牌或红牌对某一队员警告或处罚,队员必须服从等。但需要注意的是,拥有合法权的权威,并不等于就是领导。有些领导根本没有自愿的追随者,只是凭借手中的权力作威作福而已,这样的人并不是真正的领导者。因此,拥有合法权的关键在于组织成员对职位权威的接受和认可。

那么合法权从哪儿来?一个领导要获得合法权,核心在于要有精神上的认同感,这种认同感一方面要借助一种仪式。例如,在领导上任前,可以由上级组织开展一个任命仪式。另一方面需要上级亲自"抬轿子",借助上级正面的态度和行为帮助领导者建立这种认同感。

惩罚权、奖赏权、合法权称为职位权力,源于领导者在组织中所处的位置,是由上级和组织赋予的,这样的权力随着职务的变化而变化。一般情况下,有职则有权,无职则无权。领导者有了这三种权力之后,能达到什么样的效果呢?让人口服但不一定心服。那么,如何才能让人心服呢?还需要另外两种权力——专家权和参照权,称为非职位权力,这种权力与领导者在组织中的位置无关,而是由于领导自身的某些特殊条件才具有的。

(4) 专家权。专家权又称专长权,是指领导者拥有某种专门的知识、技能和专长而获得的权力。一位医术精湛的医生在医院中具有巨大的影响力;一位资深的大牌教授、著名学者可能没有任何行政职位,但在教师和学生中具有巨大的影响力。《长征组歌》中有一句歌词:"毛主席用兵真如神"。这句歌词鲜明地体现出专家权发挥的巨大作用。毛泽东同志是党和军队的主要领导者,这是组织赋予他的职位,因此也拥有职位权力。但是,"用兵如神"这种发自内心的赞叹、信任、钦佩甚至是崇拜,则源于毛泽东同志在长期革命斗争实践中展现出的卓越统帅能力和杰出的战争指挥艺术。这种超越一般组织成员的能力为组织的发展壮大和组织成员的共同利益做出了巨大的贡献,是专家权得以形成和发展的根本原因。

任何领导者绝对不可能在所有领域内都具有专家权,所以对组织中正式职位的领导者而言,只要在他的工作职责范围内具有一定的专家权即可,而不必要求一定是某一领域的专家。获得专家权呢的基本方法是重视知识储备和专业能力的培养,一位领导者应尽快变成所从事领域的懂行人或者专家,同时具备专业领域前言的眼光。联想集团董事长柳传志在清华大学经管学院2012年毕业典礼上谈到:"学习是一种生活方式。"确实,从雷达专业毕业的军校学员到世界最大的计算机生产厂商的董事长、管理大师,柳传志无时无刻不在学习,无时无刻不在充实着自己,也无数次带领着联想走出困境。员工尊称他为"企业的灵魂"。这种强大的影响力正是柳传志坚持学习,加强知识积累和管理能力的体现。

(5) 参照权。参照权是指领导拥有理想的个人特质,从而得到人们的敬仰和崇拜,由此而产生的影响和能量。如何树立参照权呢?

2014年9月2日,中央军委为王红理个人、海军给372艇集体记一等功。这是因为年初南海舰队372潜艇在执行远航任务时,突遇"断崖"掉深,生死存亡关头,在支队长王红理镇定的指挥下,全艇官兵临危不惧、冒死排险,转危为安,创造了世界潜艇史上的奇迹。其中最重要的原因就是领导者的镇定,一切都按部就班,潜艇才能顺利脱险。在采访一名艇员时,他说:"创造奇迹的真正原因是信念!信念是支队长给的。"通过案例可以看出,真正危险来临的时候往往缺的不是能力而是信念。领导者在危机到来时要给下级做主心骨,帮助他们树立信念,从而度过难关。这是参照权中重要的一点——输出信念。

除了输出信念之外,树立参照权还需要做到言传身教。习主席讲过"打铁还需自身硬。"榜样的力量是无穷的,也就是要做好行动示范。孔老夫子在讲到领导的这种行为示范作用的时候,讲了6个字——先之,劳之,无倦(《论语·子路篇》)。所以,领导要在下级面前表现出斗志昂扬,永不枯竭,它能起到带动和示范作用。

2. 领导者影响力

讨论题:谈谈心目中最有影响力的人,并简要说明这个人为什么有这么大的影响力?

领导的本质是一种影响力。领导者影响力是指领导者在与下级人员的交往活动中影响和改变他们心理及行为的能力。可分为正向影响力和负向影响力,正向影响力可以导致下级人员正确积极的行为,负向影响力可以导致下级人员的消极行为甚至错误行为。

领导者影响力有大小之分。不同领导者由于权力、经历(经验)、个人能力、个人魅力、领导艺术、领导方法等不同,影响下级的能力也有区别。

1) 影响力来源

领导者影响力有两个基本来源:第一个来源是领导者的地位权力,即伴随一个工作岗位的正常权力,称为职权,也可称之为权力性影响力、职位影响力或强制性影响力,可让下级产生服从感、敬畏感与敬重感;第二个来源是下级服从的意愿,称为威信,也可称为非权力性影响力或个人影响力,可让下级产生敬爱感、信赖感、敬佩感与亲切感。职权与威信是领导者之所以能够实施领导的基础,领导者正是以自己所拥有的职权和威信来影响和指挥下级,来体现其在组织中的影响力的。

2) 职权的合理使用

职权是由组织正式授予领导者的权力，与特定的个人没有必然联系，是领导者实施领导行为的基本条件。

职权并不总是有效的。领导者的权力之所以能被大家所接受，是因为组织成员理解这种权力是实现组织共同目标所必需的。职权的有效性一方面与其运用是否与组织目标相一致有关；另一方面还要看下级接受权力支配的情况。

合理使用职权的基本原则可以概括为：多赞扬、少批评、多引导、常请求。

（1）多赞扬。赞扬给人以愉快的情绪体验，可满足人们尊重、自我实现需求，从而激发人形成奋发向上的工作热情。日常工作中经常会看到一些管理者往往求全责备，下级就会觉得很压抑，不舒服，甚至消极怠工，反抗领导者。因此，领导者要善于发现下级的优点，善于赞扬下级。越想着去赞扬，越会发现下级的闪光点，越会发现组织成员甚至整个组织都呈现出欣欣向荣的景象。相互责备最终一定会分离，相互欣赏才有可能合作共进。所以，领导者要从求全责备转变为相互欣赏。但赞扬一定要实事求是且条件允许。

（2）少批评。光赞扬不批评也是不行的，否则组织中不良的行为得不到阻止，就会蔓延，赞扬和批评要相结合。

批评和惩罚给人带来的是不快的情绪体验，会引起怨恨和敌意，要因人而异，注重方式方法。批评的作用会随着次数的增多和时间的推移而递减。

（3）多引导。通过提问等方式引导他人行为，可带来更多的认同感，从而增加行为的可接受度。

（4）常请求。对于日常性的工作分配，领导者通过合法的请求方式来行使职权比用命令或强制的方式更有效。领导者要学会低调用权，越是谦虚、礼貌、平易近人的领导者，越会受到下级的尊敬。

3) 威信的树立

威信指由领导者的能力、知识、品德、作风等个人因素所产生的影响力，这种影响力建立在他人认同基础之上，与其在组织中的地位没有必然的联系，因此有时能发挥比正式职权更大的作用。

树立威信需要做到以下几点：

（1）正确认识任务与责任。领导者的任务与责任分为两个方面：对上要实现组织目标，完成上级交给的各项任务；对下要尽可能满足组织成员的个人需求。领导者往往忽视后者，使得组织成员工作积极性不高，没有了追随者，缺乏影响力。高明的领导者往往将对上和对下巧妙地结合。

思考题：你认为一名领导者的任务与责任是什么？

（2）树立正确的权威观。第一，破除对职位权力的迷信。不要以为自己有了职位，有了权力，就一定会有威信。靠行政权力导致的服从往往是表面的，甚至是虚假的，一旦失去权力，往往是"树倒猢狲散"，甚至于"墙倒众人推"。领导者若避免这样不光彩的下场，唯一的出路是在个人权力上下功夫，使自己的专长更突出些，使个人的品德更高尚些，从而吸引下级真心地信任和跟随自己。

第二，正确认识权力来源。领导者手中的权力谁给的？"当然是上级给的，所以我要向上级负责"这种回答很常见，但是存在着片面性。中国唐代名臣魏征说过："君如舟，民如水，水能载舟，亦能覆舟。"这就是著名的"载舟覆舟论"。它告诫所有领导者：你没有权威，甚至你的生死存亡，完全取决于你的下级，即广大群众。美国著名的管理学家巴纳德提出了"权威接受论"，他认为：一项命令是否具有权威，取决于命令的接受者，而不在于命令的发布者。也就是说，上级发布命令，下级愿意接受时才有效。这两种理论有着异曲同工之妙。因此，领导者手中的权力归根结底是下级给予的。当你向上级负责的同时，必须全力争取下级的理解、认同和拥护。

第三，要正确使用权力：一是勤政，既要有高度的责任感和良好的敬业精神，要全身心地投入工作，干实事，见实效；二是廉政，决不能以权谋私，而应该出以公心，办事公道，清正廉明；三是应该看到影响力是双向的：你既要对下级施加影响，又要首先虚心地听取下级意见和建议，主动接受下级的影响。

(3) 注重品德的影响力。品德的影响力是指由于领导者优良的领导作风、思想水平、品德修养，而在组织成员中树立的德高望重的影响力。它通常与具有超凡魅力或名声卓著的领导者相联系。注重品德的影响力，需要领导者具备优良的品格并与下级建立深厚的感情。

品格主要包括领导者的道德、品行、人格等。优良的品格会给领导者带来巨大的影响力。因为品格是一个人的本质表现，好的品格能使人产生尊敬感，使人模仿。如果领导者能够在工作中公正廉洁、讲求信誉、追求事业、不断进取，则往往会被群众所尊敬，从而产生较高的威望。

感情是人的一种心理现象，它是人们对客观事物好恶倾向的内在反映。人与人之间建立了良好的感情关系，便能产生亲切感，相互的吸引力越大，彼此的影响力也就越大。因此，一个领导者平时待人和蔼可亲，关系体贴下级，与群众的关系融洽，知道群众疾苦，他的影响力往往就越大。

(4) 注重专长的影响力。专长的影响力是指由于领导者具有各种专门的知识和特殊的技能或学识渊博而获得同事及下级的尊重和佩服，从而在工作中显示出的在专长方面一言九鼎的影响力。这种威信主要是基于领导者帮助下级明确方向、排除障碍的能力，其影响面通常是比较狭窄的，被单一地限定在其专长范围内。注重专长的影响力，需要领导者具备杰出的才能和渊博的知识。

领导者的才能主要反映在其以往的工作业绩上，是其影响力大小的主要影响因素之一。一个有才能的领导者，会给事业带来成功，从而会使他人对其产生敬佩感，吸引人们自觉地接受其影响。组织中的某一成员如果具有较强的业务能力，或者曾经取得过辉煌的成就，那么他在走上管理岗位后往往具有较大的号召力。

一个人的才能是与知识紧密联系在一起的。知识水平的高低主要表现为对自身和客观世界的认识程度。知识本身就是一种力量，知识丰富的领导者，容易取得人们的信任，并由此产生信赖感和依赖感。

3. 领导权力与领导者影响力的关系

权力与影响力从本质上来说是一致的，在西方的管理教材中并未对其进行严格的区分，两者的英文表达均为"Power"。从两者的划分来看，权力可分为职位权力和个人权力,影响力亦可分为职位影响力和个人影响力。职位权力和职位影响力源于领导者在组织中所处的位置,是由上级和组织赋予而产生。个人权力和个人影响力与领导者在组织中的位置无关,而源于领导自身的某些特质。

从权力与影响力的概念出发,两者还是有一定区别的。领导工作是指导和影响组织的成员为实现组织目标而做出努力和贡献的过程与艺术,是以一定方式对他人施加影响的过程。"影响"意味着使他人的态度和行为发生改变。而要产生这种影响,领导者就必须拥有某种比被领导者更大的权力,这种权力是领导者对他人施加影响的基础。换句话说,领导的影响力是由权力派生而来的,权力是实现领导的基础,影响力是权力的外层空间。

6.2 典型的领导理论

所谓领导理论,就是关于领导有效性的理论。国内外很多学者进行了大量研究,提出了各种各样的领导理论。根据研究内容及角度的不同,领导理论基本可以分为三类即领导特质理论、领导行为理论、领导权变理论(表6-2)。

表6-2 不同领导理论之间的比较

领导理论	基本观点	研究基本出发点	研究结果
领导特质理论	领导的有效性取决于领导者个人特性	好的领导者应具备怎样的素质	各种优秀领导者的图像
领导行为理论	领导的有效性取决于领导行为和风格	怎样的领导行为和风格是最好的	各种最佳的领导行为和风格
领导权变理论	领导的有效性取决于领导者、被领导者和环境的影响	在怎样的情况下,哪一种领导方式是最好的	各种领导行为权变模型

领导特质理论着重研究领导的品行、素质、修养,目的是说明好的领导者应具备怎样的素质;领导行为理论则着重分析领导者的领导行为和领导风格对其组织成员的影响,目的是找出所谓最佳的领导行为和风格;领导权变理论则着重研究影响领导行为和领导有效性的环境因素,目的是要说明在什么情况下,哪一种领导方式才是最好的。

6.2.1 领导特质理论

领导特质理论主要是研究领导者个人最有效的品质特征,即与领导过程有效性相联系的领导者的品质特征。该理论是通过对大量成功的或不成功的领导者进行观察,归纳总结出成功领导者所具备的个性特征,以此推断和预测什么样个性的人最适合当领导者,或者是描述一个成功的领导者应具备何种个性特征。关于领导特质理论又存在着传统的和现代的特质理论之分。

领导特质理论着重于研究领导者的个人特性对领导有效性的影响。这种理论最初是由心理学家开始研究的。他们的出发点是,根据领导效果的好坏,找出好的领导者与差的领导者在个人品质或特性方面有哪些差异,由此确定优秀的领导者应具备的素质。研究者认为,只要找出成功领导者应具备的素质,再考察某个组织中的领导者是否具备这些素质,就能断定他是不是一个优秀的领导者。这种归纳分析法是领导特质理论研究的基本方法。

领导特质理论按其对领导特性来源所作的不同解释,可分为传统领导特质理论和现代领导特质理论。传统领导特质理论认为,领导者所具有的品质是天生的,是由遗传因素所决定的。现代领导特质理论则认为领导者的品质和特性是在实践中形成的,是可以通过后天的教育训练培养的。

1. 传统特质理论

传统领导特质理论认为领导者是天生的,只要是领导者就一定具备超人的素质。例如,美国心理学家斯托格迪尔(R.M.Stogdill)等认为,领导者应具有的特征包括:有良心、可靠、勇敢、责任感强、有胆略、力求革新进步、直率、自律、有理论、有良好的人际关系、风度优雅、胜任愉快、身体健壮、智力过人、有组织力、有判断力。

但通过几十年的研究与实践,许多人对传统特质的研究提出了种种异议。其中主要观点有以下几种。

各国学者所提出的天才领导者的个性特性范围广泛,有几十种,甚至上百种。这些特性之间不存在关联性,且常常是相互矛盾、相互对立的。例如,有人认为领导者应属于黏液质,具有理智冷静的头脑;而也有人认为领导者应属于多血质,具有热情、灵活等特征。

在研究领导者与被领导者、成功的领导者与不成功的领导者的差别时发现,他们的特质只存在量的差异,而没有质的差别。

在现实社会中,许多具备天才领导者特质的人实际上并没有成为领导者,但还有很多不完全具备或完全不具备领导者特质的人也会取得成功。

上述种种问题的产生,根源于传统特质理论是建立在唯心主义基础上的一种遗传决定论的观点。

2. 现代特质理论

与传统特质理论不同,现代领导特质理论认为先天的素质只是人的心理发展的生理条件,素质是可以在社会实践中得以培养和发展的。因此,他们主要是从满足实际工作需要和胜任领导工作所需的条件方面来研究领导者应具有的能力、修养和个性。为了满足实际工作的需要,选择领导者要有明确的目标,培训领导者要有具体的方向,考核领导者要有严格的指标。为此,各国学者分别根据本国的具体条件,提出了领导者应该具备的特质条件。

日本企业界认为,有效领导者应具有十项品德和十项能力。

这十项品德为:使命感、责任感、信赖性、积极性、忠诚老实、进取心、忍耐性、公平、热情与勇气。

十项能力为:思维决定能力、规划能力、判断能力、创造能力、洞察能力、劝说能力、对人理解能力、解决问题能力、培养下级能力与调动积极性能力。

美国管理协会曾对在事业上取得成功的1800名管理人员进行了调查,发现成功的管理人员一般具有下列品质和能力:工作效率高、有主动进取精神、善于分析问题、有概括能力、有很强的判断能力、有自信心、能帮助别人提高工作的能力、能以自己的行为影响别人、善于用权、善于调动他人的积极性、能使别人积极而乐观地工作、能自我克制、能自主做出决策、能客观地听取各方面的意见、对自己有正确的估价、能以他人之长补自己之短、勤俭、具有管理领域的专业技能和管理知识。

从20世纪80年代初开始，我国也对领导者的素质理论进行了一系列的研究，研究者们结合我国的具体实践提出了作为一个优秀领导者应具备的五个方面的素质，即政治素质、思想素质、知识素质、能力素质和身体素质。

（1）政治素质。领导者应自觉维护国家和人民的利益。在大是大非面前，领导者应该旗帜鲜明，身体力行。

（2）思想素质。领导者要有强烈的事业心、责任感和创业精神；要有良好的思想作风和工作作风，能一心为公，谦虚谨慎，戒骄戒躁；要有影响他人的魅力，和蔼可亲，平等待人，密切联系群众。

（3）知识素质。领导者应具备管理现代组织的知识和技能，具体来说就是要掌握市场经济的基本知识、社会主义理论、组织经营管理知识，应能熟练应用计算机、信息管理系统和网络技术，及时了解和处理有关信息。

（4）能力素质。领导者应具备的能力素质包括：筹划和决断能力。具有战略头脑，善于深谋远虑，运筹全局；有分析与归纳能力、逻辑判断与直觉判断能力。遇到事情点子多，处理问题善于做出决断，善于排除干扰，控制局势。

① 组织指挥能力。善于把人、财、物组织起来，精于运用组织的力量，形成配合默契、步调一致的集体行动。能统筹兼顾国家、集体和个人的利益。

② 人际交往能力。善于同他人交往，能理解人、关心人，善于倾听他人意见。习惯于设身处地的替他人着想，不把自己的意见强加于人。

③ 灵活应变能力。在复杂多变的环境中，领导者能审时度势、沉着冷静地处理所遇到的问题。在突发事件面前，既不惊惶失措、无所适从，又不拘泥刻板，能应付自如、灵活机动、临机处置。当然，机动灵活决非草率从事、随意武断，而是要慎重地做出合乎实际的对策。

④ 改革创新能力。领导者的创新能力，在于能面对变化的环境，及时提出新观念、新方案和新办法。要对新环境、新事物、新问题的敏锐感知能力。要思想活跃、富有胆识，不迷信权威，不为过时的老观念、老框框所束缚，敢想、敢说、敢改，在工作中有所发现，有所创新，有所突破。

（5）身体素质。领导者所从事的是一项繁重的工作，它不仅需要领导者具有一定的政治思想水平和知识水平，而且还要有强健的身体、旺盛的精力，这样的领导者才能精力充沛地开展工作。

还有一些类似的研究，但总的来说，领导特质理论并未取得多大的成功，也有人认为，这不是一种研究领导的好方法，因为各研究者所列的领导者特性包罗万象，说法不一且互有矛盾；这些研究大都是描述性的，并没有说明领导者应在多大程度上具有某种品质；进一步的，并非所有的领导者都具备所有的特质，而许多非领导者也可能具备大部分这样的品质。

尽管如此，这些理论并非一无用处，一些研究表明了个人品质与领导有效性之间确实存在着相互联系。此外现代领导特质理论从领导者的职责出发，系统地分析了领导者应具备的条件，向领导者提出了要求和希望，这对于我们培养、选择和考核领导者也是有帮助的。

领导特质理论侧重研究领导者的性格、品质方面的特征,作为描述和预测其领导成效的标准。然而相关研究表明,具备某些特质虽然能提高领导者成功的可能性,但没有哪一种特质能确保成功。因此,从20世纪40年代开始,特质理论就已不再占据主导地位了。40年代末,有关领导问题的研究开始致力于从领导偏爱的行为和风格等方面进行考察。

思考题:从领导者职责出发,你认为领导者应具备怎样的素质?为什么?

6.2.2 领导行为理论

领导行为理论主要研究领导者的行为和风格及其对下属的影响,以期寻求最佳的领导行为和领导风格。比较典型的领导行为理论有以下几个。

1. 勒温理论

关于领导作风的研究最早是由心理学家勒温(P. Lewin)进行的,他以权力定位为基本变量,通过各种实验,把领导者在领导过程中表现出来的工作作风分为三种基本类型:专制作风、民主作风、放任自流作风。

1) 专制作风

专制的领导作风是指以力服人、靠权力和强制命令让人服从的领导作风,它把决策权力定位于领导者个人。专制领导作风的主要行为特点是:独断专行,从不考虑别人意见,所有的决策由领导者自己做出。领导者亲自设计工作计划,指定工作内容和进行人事安排,从不把消息告诉下属,下属没有参与决策的机会,而只能察言观色、奉命行事;主要靠行政命令、纪律约束、训斥和惩罚来管理,只有偶尔的奖励;领导者很少参加群体活动,与下属保持一定的心理距离,没有感情交流。

2) 民主作风

民主的领导作风是指以理服人、以身作则的领导作风,它把决策权力定位于群体。其主要的行为特点是:所有的政策是在领导者的鼓励和引导下由群体讨论决定的;分配工作时尽量照顾到个人的能力、兴趣,对下属的工作也不安排得那么具体,下属有较大的工作自由、较多的选择性和灵活性;主要以非正式的权力和权威,而不是靠职位权力和命令使人服从,谈话时多使用商量、建议和请求的口气。领导者积极参加团体活动,与下属无任何心理上的距离。

3) 放任自流作风

放任自流的领导作风是指工作事先无布置,事后无检查,权利定位于组织中的每一个成员,一切悉听尊便的领导作风,实行的是无政府管理。

勒温根据实验得出结论:放任自流的领导作风工作效率最低,只能达到社交目标而完不成工作目标;专制的领导作风虽然通过严格的管理达到了工作目标,但是群体成员没有责任感,情绪消极、士气低落,争吵较多;民主型领导作风工作效率最高,不但完成了工作目标,而且群体之间关系融洽,工作积极主动,有创造性。

因此,勒温等研究者最初认为民主型的领导风格可能是最有效的领导风格。但是,研究者们后来发现了更为复杂的结果,民主型的领导风格虽然在一般情况下会比专制型的领导风格产生更好的工作绩效,而在另外一些情况下,民主型领导风格所带来的工作绩效低或者仅仅与专制型领导风格所产生的工作绩效相当。

讨论题:放任自流的领导作风是否一无是处?

2. 利克特的领导方式理论

继勒温提出三种类型的领导作风之后,美国密执安大学社会研究中心的利克特(Rensis Likert)长期进行了领导行为的研究。他把领导者分为"以工作为中心"与"以员工为中心"两种类型。前者重视人际关系,他们总是会考虑到下属的需要,并承认人与人的不同;而后者更强调工作的技术或任务事项,主要关心的是群体任务的完成情况,并把群体成员视为达到目标的手段。

通过对数百个组织机构的研究,利克特于1961年在其所著的《管理新模式》一书中提出了四种领导方式。

(1) 专制——权威式。领导者非常专制,决策权仅限于最高层,对下属很少信任;激励主要采取恐吓和惩罚的方式,有时也偶尔用奖赏去激励人们;沟通采取自上而下的方式。在这种方式下,最容易形成与正式组织目标相对立的非正式组织。

(2) 开明——权威式。领导者对下属有一定的信任和信心,也向下属授予一定的决策权,但是自己仍牢牢地掌握着控制权;采取奖赏和惩罚并用的激励方法;有一定程度的自下而上的沟通。在这种方式下也会形成非正式组织,但其目标不一定不一定同正式组织的目标相对立。

(3) 民主协商式。领导者对下属抱有相当程度(并不完全)的信任;主要采用奖赏的方式进行激励,偶尔也实行惩罚;沟通方式是上下双向的;在制定总体决策和主要政策的同时,允许下属部门对具体问题做出决策,并在某些情况下进行协商。在这种方式下,可能产生非正式组织,但它可能对正式组织的目标表示支持,只有部分反对正式组织的目标。

(4) 群体参与式。领导者对下属有充分的信心和信任,积极采纳下属的意见,鼓励各级组织做出决策;在诸如制定目标与评价目标所取得的进展方面,让下属参与其事并给予物质奖赏;上、下级关系平等,有问题民主协商讨论;不仅有上下之间的双向沟通,还有平行沟通。非正式组织和正式组织融为一体,所有的力量都为实现组织目标而努力;组织目标与成员的个人目标也是一致的。

利克特发现,采用群体参与式领导方式的领导者是最有成就的领导者。他同时也指出,采用这种方式进行管理的部门和公司在设置目标和实现目标方面也是最有成效的。他把这种成功主要归之于群体参与程度和对支持下属参与的实际做法坚持贯彻的程度。因此,利克特建议领导者们采用参与式的领导方式,以实现更有效的领导(表6-3)。

表6-3 利克特的四种领导方式

领导方式	专制——权威式	开明——权威式	民主协商式	群体参与式
对下属信心和信任	毫无信心和信任	有一定的信心和信任	有较大的信心和信任	有充分的信心和信任
决策	决策权在上层	决策权在上层,下级有一定的决策权	上层作主要决策,下级对具体问题可作决策	上下级共同决策

(续)

领导方式	专制——权威式	开明——权威式	民主协商式	群体参与式
沟通	自上而下	有一定的自下而上	双向沟通	全方位
激励措施	恐吓威胁,偶尔奖励	奖惩并用	奖励为主,偶然惩罚	奖励,启发自觉

3. 四分图理论

1945年,美国俄亥俄州立大学商业研究所掀起了对领导行为研究的热潮。一开始,研究人员收集了大量的下属对领导行为的描述,并列举了1000多个因素,通过逐步概括和归类,最后将领导行为的内容归纳为两个方面,即以人为重和以工作为重。

以人为重的领导者注重建立与被领导者之间的友谊、尊重和信任的关系。包括尊重下属的意见,给下属以较多的工作主动权,体贴他们的思想情感,注意满足下属的需要,平易近人,平等待人,关心群众,作风民主。

以工作为重的领导注重规定他与工作群体的关系,建立明确的组织模式、意见交流渠道和工作程序。包括设计组织机构,明确职责、权力、相互关系和沟通办法,确定工作目标和要求,制定工作程序、工作方法和制度。

他们依照这两方面的内容设计了领导行为调查问卷,就这两方面列举了15个问题,发给企业的员工,由下级来描述领导人的行为。调查结果表明,以人为重和以工作为重并不是一个连续带的两个端点,它们往往同时存在,只是强调的侧重点不同。领导者的行为可以是这两个方面的任意组合,即可以用两个坐标的平面组合来表示,这就是所谓的领导行为四分图,根据调查结果在图上评定领导者的类型。这是以二维空间表示领导行为的首次尝试,为以后领导行为的研究开辟了一条新的途径(图6-2)。

研究者认为,以人为重和以工作为重的领导方式是相互联系的,一个领导者只有把两者相互结合起来,才能进行有效的领导。即最佳的领导行为是既要以人为重,又要以工作为重。

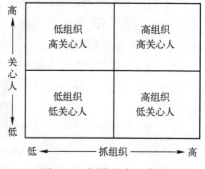

图6-2 领导行为四分图

4. 管理方格理论

在美国俄亥俄州立大学提出的四分图理论基础上,美国德克萨斯大学的管理学家罗伯特·布莱克和简·莫顿于1964年提出了管理方格理论。他们认为,在组织管理的领导工作中往往出现一些极端的方式,或者以生产为中心,或者以人为中心;或强调靠监督,或强调相信人。为了避免趋于极端,克服以往各种领导方式理论中"非此即彼"的绝对化观点。他们指出:在对生产关心的领导方式和对人关心的领导方式之间,可以有使两者在不同程度上互相组合的多种领导方式。

为此,他们就领导方式问题提出了管理方格法,使用自己设计的一张纵轴和横轴各9等分的方格图,纵轴和横轴分别表示领导者对人和对生产的关心程度。第1格表示关心程度最小,第9格表示关心程度最大。全图共81个小方格,分别表示"对生产关心"和"对人关心"这两个基本因素以不同比例结合的领导方式。如图6-3所示。

"关心生产"是指一名监督管理人员对各类事项所抱的态度,诸如对政策决议的质

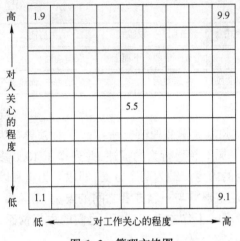

图 6-3　管理方格图

量、程序与过程,研究工作的创造性,职能人员的服务质量,工作效率和产量等。同样,"关心人"也有广泛的解释,包含了个人对实现目标的承诺程度、工人对自尊的维护、基于信任而非基于服从来授予职责、提供良好的工作条件和保持令人满意的人际关系等内容。

布莱克和莫顿在管理方格中列出了五种典型的领导方式。

(1) "1·1型领导"——贫乏型。采取这种领导方式的领导者希望以最低限度的努力来完成必须的工作,领导者对组织的任务和组织内的人际关系都不太关心,人际关系不融洽,生产任务难以完成,是一种不称职的领导。

(2) "1·9型领导"——俱乐部型。领导者只注意搞好人际关系,深切关怀员工,致力于创造一个舒适、友好的工作环境,领导人缘好。但是,不太注重工作效率,不关心任务的完成。

(3) "9·1型领导"——任务型。在这种领导模式中,领导只关心如何完成任务,不关心下属的成长和士气,组织内人际关系较差,只关心生产不关心人。

(4) "9·9型领导"——团队型。领导者对任务和组织中人际关系都关心,努力协调好各项活动,是一种协调配合的领导方式,组织内的人际关系好,任务也完成得好。

(5) "5·5"型领导——中庸型。领导者力求保持一般化的人际关系和对任务的关心,任务完成过得去,组织内人际关系不是特别好,也不是特别差,领导者比较安于现状,缺乏进取精神。

但是,到底哪种领导方式更有效,要看实际的工作效果,最有效的领导方式不一定是一成不变的,要以情况而定。但是应该指出的是,上述五种典型的领导行为,都仅仅是理论上的描述,也是极端的情况。在实际生活中,很难见到纯而又纯的范例。

管理方格理论对于培养有效的管理者是有用的工具,它提供了一种衡量管理者领导形态的模式,使管理者较清楚地认识到自己的领带行为,并指出改进的方向。

6.2.3　领导权变理论

1. 领导权变理论分析框架

领导权变理论是近年来国外行为科学家重点研究的领导理论,这种研究比领导特质理论、领导行为理论要晚,从内容上说,它是在前面两种研究的基础上发展起来的。这个理论所关注的是领导者与被领导者的行为和环境的相互影响。权变理论认为不存在一种"普适"的领导方式,领导工作强烈地受到领导者所处的客观环境的影响。换句话说,领导方式是既定环境的产物。某一个具体领导方式并不是到处都适用,领导的行为若想有效,就必须随着被领导者的特点和环境的变化而变化,而不能是一成不变的。这是因为任何领导者总是在一定的环境条件下,通过与被领导者的相互作用,去完成某个特定目标。因此,领导者的有效行为就要随着自身条件、被领导者的情况和环境的变化而变化。

领导权变理论的数学表达式为

$$S=f(L,F,E)$$

具体地说,领导方式是领导者特征、追随者特征和环境的函数。在上式中,S 代表领导方式;L 代表领导者的特征;F 代表追随者的特征;E 代表情景。

1) 领导者

领导者的特征主要指领导者的个人品质、价值观和工作经历。如果一个领导者决断力很强,并且信奉 X 理论,他很可能采取专制型的领导方式;反之,他会采取相对民主的领导方式。

2) 追随者

追随者的特征主要指追随者的个人品质、工作能力、价值观等。如果一个追随者的独立性较强,工作水平较高,那么采取民主型或放任型的领导方式比较合适。

追随者是领导方程式中的关键要素,但并非每个人都能意识到追随者的作用。例如,你只须看一下历史,就会发现其中充斥着领导者的个人贡献。甚至在领导文献的主要综述中,也会发现研究者很少关注领导过程中追随者所发挥的作用。然而,我们知道,追随者的预期、人格特质、成熟度、任职能力及激励水平也会影响到领导过程。

追随者工作动机的性质也很重要。与仅仅受到金钱性激励的追随者相比,当追随者认可领导者的目标和价值观,认为很好地完成工作能带来内在报酬的,更有可能因项目时间紧迫而加班工作。

下属的数量对领导方法也产生直接影响。例如,一位商店经理管辖 3 名职员,与一位管理 8 名职员、负责独立货运服务的经理相比,前者可以在每位职员(或其他事情)上花费更多的时间;主持 5 个人的任务小组与主持 18 个人的任务小组,所涉及的也是全然不同的领导活动。与此相关的其他变量还包括:追随者对领导的信任程度;追随者是否相信领导者关心他们的福利。

3) 情境

情境主要指工作特性、组织特征、社会状况、文化影响、心理因素等。工作是具有创造性还是简单重复,组织的规章制度是比较严密还是宽松,社会时尚是倾向于追随服从还是推崇个人能力等,都会对领导方式产生了强烈的影响。

情境是领导方程式中的第三个关键要素。即使我们了解某位领导和多名追随者的全部可知信息,如果不了解领导者与追随者发生互动时所处的特定情境,领导还是没有意义的。由于情境的含义相当广泛,从群体从事的具体任务到极为广泛的情境背景无所不包,情境可能是领导框架中最含糊暧昧的一个方面。

比较有代表性的领导权变理论有:菲德勒模型、不成熟—成熟理论、领导生命周期理论以及路径目标理论等。

2. 菲德勒(F. E. Fiedler)模式理论

从1951年起,菲德勒经过15年的调查研究,提出了一种随机制宜的领导理论。这个理论认为,人们之所以成为领导者不仅在于他们的个性,而且也在于各种不同的情境因素和领导者同群体成员之间的交互作用。菲德勒提出对一个领导者的工作最起影响作用的三个基本方面是职位权力、任务结构、领导者与被领导者之间的关系。

1) 职位权力

职位权力指的是与领导者职位相关联的正式职权,以及领导者从上级和整个组织各方面所取得的支持程度。这一职位权力是由领导者对下属的实有权力所决定的。正如菲德勒指出的,有了明确和相当大职位权力的领导者,才能比没有此种权力的领导者更易博得他人真诚的追随。

2) 任务结构

任务结构是指任务的明确程度和人们对这些任务的负责程度。当任务明确,每个人都能对任务负责,则领导者对工作质量更易于控制;群体成员也有可能比在任务不明确的情况下,能更明确地担负起他们的工作职责。

3) 领导者与被领导者之间的关系

菲德勒认为,上、下级关系对领导者来说是最重要的,因为职位权力与任务结构大多置于组织的控制之下,而上、下级关系可影响下级对领导者信任和爱戴的程度,以及是否愿意追随其共同工作。

菲德勒指出:"领导者的个性,更具体的说,领导者的动机构成,是靠反映个人在领导情境方面的量度来确定的。有一种类型的人,我们称他们是'以关系为动因'的,他们从和群体成员之间良好的人际关系及靠这种关系完成任务中,得到自我尊重。""另外一种主要的个性类型是'以任务为动因'的领导者,他们从证明自己才干的较明确的证据中得到满足和尊重。"菲德勒利用一种被称为"最不喜欢的同事(LPC)"的问卷调查来测定这两种动因系统,即请领导者个人回想一下所有曾同其一起工作的人,然后请他们对和其一起工作最难相处的人进行描述,以此为根据确定评分。菲德勒进行研究的结果也为其他人的研究结果所证实,他发现,以任务为动机的人用一种非常消极的、否定的字眼描述他最不喜欢的同事。实际上,他是说任务重要到如此程度,以致不可能把个人与工作关系区分开来。即是说,工作做得不好的人必然有一种讨厌的个性,例如不友好、不合作、令人不愉快等。以关系为动机的人较少取决于对完成工作得到的尊重,因此能够把一个工作不好的同事看作是令人愉快的、友好的或有帮助的。因为这种领导人在工作方面的情感纠缠不太强烈,所以用一种较积极的方式看待在工作中难以相处的人。

为了测定领导者的人格特征与情境之间的关系,菲德勒对1200个群体进行了广泛的调查,他设计了"最难共事者问卷(least preferred co-worker question-naire)",简称LPC问卷。问卷由16组双极性问题组成,让作答者想象出一个与自己最难共事者,然后对他进行评价。问卷以1~8等级记分,最后累加得分高者,说明即使对最不喜欢的共事者,他也给予了好的评价。那么,他一定是关心人而宽容的领导,属关系取向型领导,通常也称为高 LPC 领导。LPC 得分低者，他对人苛刻，是以工作为中心的，属于任务取向型领导，通常也称为低 LPC 领导。菲德勒运用 LPC 工具可以将绝大多数作答者划分为两种领导网络。当然，他也发现，有一小部分人处于两者之间，他承认很难勾勒出这些人的个性特点。

菲德勒认为，环境的好坏对领导的目标有重大影响。对低 LPC 领导来说，他比较重视工作任务的完成。如果环境较差，他将首先保证完成任务，当环境较好时，任务能够确保完成，这时他的目标将是搞好人际关系。对高 LPC 领导而言，他比较重视人际关系。如果环境较差，他首先将人际关系放在首位，如果环境较好，人际关系也比较融洽，这时他将追求完成工作任务，如图 6-4 所示。

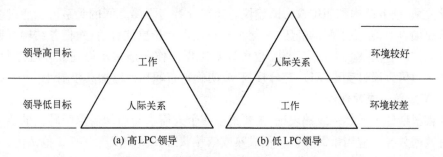

图 6-4　领导目标与环境关系示意图

菲德勒对 1200 个团体进行了抽样调查，得出了以下结论：领导与成员关系越好，任务的结构化程度越高，职位权力越强，则领导者拥有的控制力和影响力也越高。反之，领导者的控制力越低。总之，将三项权变变量总和，便可以得到 8 种不同的情境或类型，每个领导者都可以从中找到自己的位置。研究结果表明：当面对非常有利或非常不利的环境，即Ⅰ、Ⅱ、Ⅲ、Ⅶ、Ⅷ类型的情境（表 6-4）时，任务取向型领导者（低 LPC 领导）的工作更为有利；而关系取向型领导者（高 LPC 领导）在环境中等，即Ⅳ、Ⅴ、Ⅵ情况下会干得更好。

许多学者对菲德勒的模型从经验上、方法论和理论上提出了批评，认为他们取样太小，造成统计误差。还有人认为菲德勒只是概括出结论，而没有提出一个理论。尽管如此，这个模型还是有意义的（表 6-4）。

表 6-4　菲德勒模型表

环境类型	好			中　等			差	
人际关系	好	好	好	好	差	差	差	差
工作结构	简单	简单	复杂	复杂	简单	简单	复杂	复杂
职位权力	强	弱	强	弱	强	弱	强	弱
环境	Ⅰ	Ⅱ	Ⅲ	Ⅳ	Ⅴ	Ⅵ	Ⅶ	Ⅷ
领导目标	高			不明确			低	
低 LPC 领导	人际关系			不明确			工作	
高 LPC 领导	工作			不明确			人际关系	
最有效的方式	低 LPC			高 LPC			低 LPC	

(1) 这个模型特别强调效果,强调为了领导有效需要采取什么样的领导行为,而不是从领导者的素质出发强调应当具有什么样的领导行为,这应为研究领导行为指出了新的方向。

(2) 这个模型将领导和情境的影响、将领导者和被领导者之间关系的影响联系起来,表明并不存在着一种绝对的最好的领导形态,组织的领导者必须具有适应能力,自行适应变化的情况。

(3) 这个模型还告诉人们必须按照不同的情况来选择领导人。如果是最坏或最好的情况,则选用任务导向的领导者;反之则选用关系导向的领导者。

(4) 菲德勒还提出有必要对环境进行改造以符合领导者的风格。他提出了一些改善领导关系、任务结构和职位权力的建议。如领导者与下属之间的关系可以通过改组下属的组成加以改善,使下属的经历、文化水平和技术专长更加合适;对任务结构可通过详细布置工作内容而使其更加定型化,也可以对工作只作一般指示而使其非程序化;对领导职位权力可以通过变更职位、充分授权,或明确宣布职权而增加其权威性。

3. 不成熟—成熟理论

阿吉里斯的不成熟—成熟理论,主要集中在个人需求与组织需求问题上的研究。他主张有效的领导人应当帮助人们从不成熟或依赖状态转变到成熟状态。他认为,一个人由不成熟转变为成熟的过程,会发生下列七个方面的变化,如表 6-5 所列。

表 6-5 由不成熟到成熟

不成熟————————————————————————————→成熟

不成熟		成熟
被动	……	主动
依赖	……	独立
少数行动	……	能做多种行为
错误而浅薄的兴趣	……	较深和较强的兴趣
时间和知觉性短	……	时间和知觉性较长
(只包括目前)	……	(包括过去和未来)
附属地位	……	同等或优越的地位
不明白	……	明白自我,控制自我

他认为,上述变化是持续的,一般正常人都会从不成熟到趋于成熟。每个人随着年龄的增长,有日益成熟的倾向,但能达到完全成熟的人只是极少数。

同时,他还发现,领导方式不好会影响人的成熟。在传统领导方式中,把成年人当成小孩对待,束缚了他们对环境的控制能力。工人被指定从事具体的、过分简单的和重复的劳动,完全是被动的,依赖性很大,主动性不能发挥。这样就阻碍了人们的成熟。

要促进人们行为的成熟,领导方式应针对下级不同的成熟程度分别指导,传统的领导方式,适用于领导那些行为不成熟的人或心智迟钝的人;对成熟的人是不适用的。还要创造条件帮助和指导下级行为趋于成熟。为此,要扩大个人的责任,给下级在工作中成长成熟的机会,有助于社交、自尊、自我实现等需要的满足,从而激励人们发挥潜力来实现组织目标。

讨论题：若把不成熟的人当作成熟的人来对待，会出现什么问题？

4. 领导生命周期理论

另一个被广泛推崇的领导模型是生命周期理论。该理论由科曼（A·Korman）于1966年首先提出，由保罗·赫塞（Paul Hersey）和肯尼斯·布兰查德（Kenneth Blanchard）予以发展。这是一个重视下属的权变理论。赫塞和布兰查德认为，依据下属的成熟水平选择正确的领导方式会导致领导的成功。这一理论常作为主要的培训手段而应用，如《财富》杂志500家企业中的北美银行、IBM公司、美孚石油公司、施乐公司等都采用此理论模型。

赫塞和布兰查德将成熟度（maturity）定义为：个体对自己的直接行为负责任的能力和意愿。它包括两项要素：工作成熟度和心理成熟度。工作成熟度包括一个人的知识和技能，工作成熟度高的个体拥有足够的知识、能力和经验完成他们的工作任务而不需要他人的指导；心理成熟度指的是一个人做某事的意愿和动机，心理成熟度高的个体不需要太多的外部鼓励，他们靠内部动机激励。

领导生命周期理论使用的两个领导维度与菲德勒的划分相同：任务行为和关系行为。但是，前者更向前迈进了一步，他们认为每一维度有低有高，从而组成四种不同的领导风格。

（1）指示（高任务—低关系）：领导者定义角色，告诉下属应该干什么、怎样干以及何时何地去干。

（2）推销（高任务—高关系）：领导者同时提供指导性的行为与支持性的行为。

（3）参与（低任务—高关系）：领导者与下属共同决策，领导者的主要角色是提供便利的条件与沟通。

（4）授权（低任务—低关系）：领导者提供极少的指导和支持。

成熟度的四个阶段包括以下内容。

第一阶段（M1）：下属对于执行某任务既无能力又不情愿，他们既不胜任工作又不能被信任。

第二阶段（M2）：下属缺乏能力，但却愿意从事必要的工作任务，他们有积极性，但目前尚缺乏足够的技能。

第三阶段（M3）：下属有能力但却不愿意干领导者希望他们做的工作。

第四阶段（M4）：下属既有能力又愿意干让他们做的工作。

图6-5概括了领导生命周期理论。当下属的成熟水平不断提高时，领导者不仅可以不断减少对活动的控制，还可以不断减少关系行为。在第一阶段中，下属需要得到明确而具体的指导；在第二阶段中，领导者需要采取高任务—高关系行为。高任务行为能够弥补下属能力的欠缺；高关系行为则试图使下属在心理上"领会"领导者的意图。在第三阶段中出现的激励问题运用支持性、非指导性的参与风格可获最佳解决。最后，在第四阶段中，领导者不需要做太多事，因为下属既愿意又有能力担负责任。

思考题：在实际工作中，怎样才能保持领导行为和下属成熟度之间的匹配？

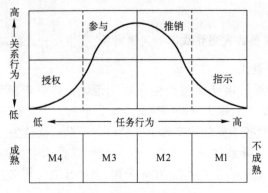

图 6-5 领导生命周期理论

5. 途径—目标理论

加拿大多伦多大学教授罗伯特·豪斯(Robert House)把期望理论和领导行为的四分图理论结合在一起,提出途径—目标理论。这种理论认为:领导者的效率是以能激励下级达成组织目标,并在其工作中使下级得到满足的能力来衡量的。领导者的责任和作用就在于改善下级的心理状态,激励他们去完成工作任务或对工作感到满意,帮助下级达到目标。因此,就要向下级讲清工作任务,承认并刺激下级对奖励的要求,奖励达到目的的成就,支持下级为实现目标所作的努力,为其完成任务扫清障碍,增加下级获得个人满意感的机会等。领导者的这种作用越大,对下级的激励程度越高,就越能帮助下级达到目标。

途径—目标理论认为,有四种领导方式可供同一领导者在不同环境下选择使用。这四种领导方式如下。

(1) 支持型领导方式。这种领导方式对下级友善、关心,从各方面给予支持。

(2) 参与型领导方式。领导者在做决策时征求并采纳下级的建议。

(3) 指导型领导方式。给予下级以相当具体的指导,并使这种指导合乎下级所要求的那样明确。

(4) 以成就为目标的领导方式。领导者给下级提出挑战性的目标,并相信他们能达到目标。

这种理论认为下级的特点和任务的性质这两个变量决定着领导的方式。下级接受领导方式的程度,取决于这种领导方式能否满足下级的需要。如果下级觉得有能力完成任务,很需要荣誉和交往,他们不喜欢指令性领导方式,就应选择支持性领导方式。如果工作任务是常规性的,目标和达到目标的途径都是一目了然的,在这种环境下,领导人还是去发号施令就会引起下级的不满。但是如果工作任务变化性很大,下级经常干些自己不熟悉和没把握的事,这时领导者如能及时告诉他们目标和达到目标的途径,而采用指令性的领导方式,下级会高兴的,因而也是适宜的。

如图 6-6 所示,途径—目标理论提出了两类情境或权变变量作为领导行为——结果关系的中间变量——他们是下属控制范围之外的环境(任务结构、正式权力系统、工作群体等)以及下属个性特点中的一部分(控制点、经验和知觉能力)。如果要使下属的产出最大,环境因素决定了作为补充所要求的领导的行为类型,而下属的个人特点决定了个体对环境和领导者的行为特点如何解释。这一理论指出,当环境结构与领导者行为相比重复多余或领导者行为与下属的特点不一致时,效果均不佳。

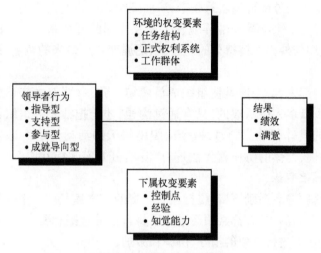

图 6-6 路径—目标理论

这个理论的核心是:领导者影响着介乎行为与目标之间的途径。领导者是通过规定职位与任务角色,清除实现业绩的障碍,在设置目标方面谋取群体成员的支援,促进群体的内聚力和协作力,增加满足实现个人业绩的机会,减轻压力和外界的控制,使期望目标明确化,以及采取另外一些满足人们期望的措施。

6.3 管理沟通

没有信息交流,就不可能有领导行为。领导者指导、协调和激励职责的履行都是建立在与他人良好沟通的基础之上的。从某种意义上来说,组织就是由沟通所构成的,没有沟通,组织就无法协作。

6.3.1 管理沟通的条件与方式

沟通是指信息从发送者到接受者的传递过程。沟通在管理的各个方面得到了广泛的运用。良好的沟通就是思想和信息的交换,它使双方得以相互了解和信任;通过信息传递,可以把组织抽象的目标和计划,转化成能够激发组织成员行动的语言,使组织成员明白应该做什么和怎么做才有利于组织目标和个人目标的实现;通过沟通,可使一个组织紧密团结,朝着共同的目标前进。

必须了解的是,有效的沟通并不是达成协议或共识,而只是通过一定的方式明白无误地表达各自的观点,并对对方的观点准确地理解。例如,在无数的谈判中,我们都非常明白谈判对手传递的观点,但从我们的立场上还是不能接受,这个交流过程已经实现了有效沟通,但却未达成共识。

1. 沟通在管理中的重要性

管理者每天的工作都离不开沟通。人际间的相互交往,与上司、下属和周围的人之间的协调,决策、计划、组织、领导和控制的开展都离不开信息的沟通。沟通在组织管理中的重要性主要体现在以下三个方面。

（1）沟通把组织与外部环境联系起来，从而使组织得以与时俱进。一个组织只有通过信息沟通才能成为一个与其外部环境发生相互作用的开放系统。外部环境始终处于变化之中，要求组织与外界保持持久的沟通，以把握变化所带来的机会，避免变化可能产生的风险。

（2）对组织内部来说，沟通是使组织成员团结一致、共同努力来达成组织目标的重要手段。组织是由众多人所组成的，只有通过沟通，才能把抽象的组织目标转变成为组织中每一个成员的具体行动。同时，一个组织中每天的活动都是由许多具体工作构成的，没有良好的沟通，群体的协作就无法进行，既不可能实现相互协调合作，也不可能做出必要而及时的调整变革。

（3）沟通也是领导者激励下属、履行领导职责的基本途径。一个领导者不管他有多高的领导艺术，有多高的威信，都必须通过沟通将自己的意图和要求告诉下属，通过沟通了解下属的想法，从而进行有效的指导、协调和激励。

人们进行沟通的目的是为了取得他人的理解和支持。在组织管理中，通过有效的沟通，可以使组织内部分工合作更为协调一致，保证整个组织体系的统一指挥、统一行动，实现高效率的管理；也可以使组织更好地适应外部环境，增强应变能力，保证组织的生存和发展。因此，沟通是管理者开展工作的重要手段，良好的沟通是组织内外部协调一致的重要基础，是组织贯彻、落实、完成其目标的必要条件。

思考题：作为一名管理者不善于沟通，会发生什么情况？

2. 沟通的条件

沟通必须具备一定的条件。假如有一条船在海上遇难，留下3位幸存者。这3位幸存者分别游到三个相隔很远的孤岛上。第一个人没带手机，他只有高声呼救，但是在他周围并没有人。第二个人有手机但受信号影响，外界虽然接到了他的电话，但是无法听清他的声音。只有第三个人成功地通过手机向外报告了自己受难情况和目前所处方位，最终得到救援。

在上述事例中，虽然三个人都在求救，都在向外联系，但是由于各自联络的条件不同，效果也不相同。上面三个人中，第一个人未能联络到接受者，第二个人虽然进行了联络，但发出的信息不清，对方无法辨认，只有第三个人实现了沟通。由此可以看出，要进行沟通就必须具备三个基本条件：有信息发送者和信息接受者；有信息内容；有传递信息的渠道或方法。

而要达到沟通的目的，通过沟通取得他人的理解与支持，则还要满足以下条件。
（1）发送者发出的信息应完整、准确。
（2）接受者能接受到完整信息并能够正确理解这一信息。
（3）接受者愿意以恰当的形式按传递过来的信息采取行动。

3. 沟通的过程

沟通过程，是指信息交流的全过程。人与人之间的沟通过程可以分为以下几个过程：发送者把所要发送出去的信息按一定程序进行编码后，使信息按一定通道进行传递，信息到达受传者时，先对信息进行译码处理，被受传者所接受，再将收到信息后的情况或反应发回给传递者,即反馈,如图 6-7 所示。

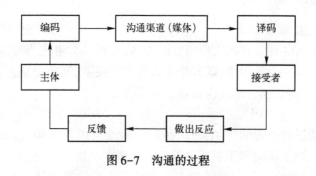

图 6-7　沟通的过程

1) 信息发送者

信息发送者即需要沟通的主体要把自己的某种思想或想法转换为信息发送者自己与受传者双方都能理解的共同语言或信号,这一过程就叫编码,没有这样的编码,人际沟通是无法进行的。

2) 信息传递渠道

编码后的信息必须通过一定的信息传递渠道才能传递到受传者那儿,没有信息传递渠道,信息就不可能传递出去,沟通也就成了空话。信息传递渠道有很多,如面对面口头交谈、电话、会议、书面得备忘录、计算机、电子邮件、政策条例等。选择什么样的信息传递渠道,既要看沟通的场合、双方意愿、沟通双方所处环境与拥有的条件等,也与选择所用渠道的成本有关。各种信息沟通渠道都有利弊,信息的传递效率也不尽相同。因此选择适当的渠道对实施有效信息沟通是极为重要的。

3) 信息接受者

信息接受者先接收到传递而来的"共同语言"或"信号",然后按照相应的办法将此还原为自己的语言即"译码",这样就可以理解了。在接收和译码的过程中,由于信息接受者的教育程度、技术水平以及当时的心理活动,均会导致在接收信息时发生偏差或疏漏,也会导致在译码过程中出现差错,这样就会使信息接受者产生一定的误解,不利于有效沟通。实际上,即使上述情况不发生,也会因为信息接受者的价值观与理解力导致理解信息发送者真正想法的误差。

4) 噪声与反馈

人们之间的信息沟通还经常受到"噪声"的干扰。无论是发送者方面,还是在受传者方面,都存在着妨碍信息沟通的因素。例如由于使用了模棱两可的符号可能造成编码、译码的错误;传递过程中的各种外界的干扰;因注意力不集中导致的错误发送或接收;因价值观不同或偏见而导致无法理解双方的意图等等。

反馈则是检查信息沟通效果的再沟通。反馈对于信息沟通的重要性在于它可以检查信息沟通效果,并迅速将检查结果传递给信息发送者,从而有利于信息发送者迅速修正自己的信息发送,以便达到更好的沟通效果。

讨论题:列举你所碰到过的沟通失败的案例,并分析究竟是在哪个环节出了问题?

6.3.2 组织沟通的类型

1. 按沟通的组织系统划分

组织既是一个由各种各样的人所组成的群体,又是一个由充当着不同角色的组织成员所构成的整体。在一个组织中,既有非正式的人际关系,又有正规的权力系统。因此,组织的沟通可以分为两大类:正式沟通和非正式沟通。

1) 正式沟通

正式沟通是指通过正规的组织程序,按权力等级链进行的沟通,或完成某项任务所必须的信息交流。当上司向其下属布置任务或下属向上级请示某个问题时,所进行的都是正式沟通,这是组织内部信息传递的主要方式。这种沟通的优点在于沟通效果好、严肃可靠、约束力强、易于保守秘密。缺点就在于信息传递速度一般较慢。

2) 非正式沟通

非正式沟通是指以组织中的非正式组织系统或个人为渠道的信息沟通。这种沟通没有列入到管理的范畴,不按正规的组织程序、隶属关系、等级系列来进行沟通。由于非正式组织的存在,组织内部的非正式沟通的存在也就显得是必要的。非正式沟通一方面可满足组织成员社会交往的需要,另一方面可弥补和改进正式沟通的不足。它的优点是传递速度快,形式不拘一格,能传递内部信息。缺点在于信息容易失真,引起组织内部矛盾。管理者应正确对待非正式沟通,必须认识到它是一种重要的沟通方式;可以充分利用非正式沟通为自己服务;非正式沟通中的错误信息必须通过非正式渠道进行更正。

2. 按沟通的信息流动方向划分

组织内的信息沟通有多种形式,其中正式沟通主要包括上行沟通、下行沟通、平行或横向沟通以及斜向沟通。

1) 上行沟通

上行沟通是指下级向上级的信息传递。例如,下级向上级请示汇报工作、反映意见等。它是管理者掌握基层动态和组织运转情况、发现存在的问题以改进工作的基本手段。同时,上行沟通又可以达到管理控制的目的。其作用是为提供员工参与管理的机会。这种沟通有时会受到不同层次上的主管人员的阻塞,他们常常对信息进行过滤,以去掉对自己不利的信息。上行沟通往往带有民主性、主动性,因此有赖于良好的组织文化和便利的沟通渠道的建立。

2) 下行沟通

下行沟通是指上级向下级的信息传递。上级将工作计划、任务、规章制度由较高的组织层次向较低的组织层次传达。下行沟通的主要目的是为了控制、指示、激励及评估,其形式包括管理政策宣示、备忘录、任务指派、下达指示等。有效的下行沟通并不只是传送命令而已,应能让组织成员了解组织政策、计划内容,并获得组织成员的信赖和支持,达成组织目标。这种沟通往往带有权威性、指令性。单单采用下行沟通方式,信息可能会在传递途中遗漏或被曲解,因此必须要有一个信息反馈系统。

3) 平行沟通或横向沟通

平行沟通或横向沟通是指正式组织中同级部门同层次成员之间的信息传递。命令的统一性要求信息传递按照上下垂直地通过等级链进行,这给横向沟通带来了麻烦。死板遵照等级链进行沟通会造成信息滞后，延误时机，因此有些时候还需要进行横向沟通。这种沟通的目的是为了谋求相互之间的了解和工作上的配合，因此它往往带有协商性和双向性。如高层管理人员之间的沟通，中层管理人员之间的沟通和基层管理人员之间的沟通，这种沟通大多发生于不同命令系统间而地位相当的人员之中，这种沟通弥补了垂直沟通的不足，减少了单位之间的事权冲突，使各单位之间、各成员之间在工作上能密切配合，增进友谊。

4）斜向沟通

斜向沟通是指发生在组织中不属于同一个部门和等级层次的人员之间的信息沟通。当财务部的一位主管会计直接与等级比他高的销售部经理联系时，他采用的就是斜向沟通渠道。斜向沟通的目的主要是为了加快信息的传递，所以它主要用于相互之间的情况通报、协商和支持，带有明显的协商性和主动性。职能权力的实施采用的也大多是斜向沟通。为了克服其对等级链的冲击，斜向沟通往往伴随着上行沟通或下行沟通。

管理创新——通用电气的无边界沟通

通用电气公司著名的解决项目是由一系列会议构成的，这些会议跨越多个等级链，为多个涉及某一业务的人员而召开，以特别深刻、诚恳、激烈的讨论而著称。这些激烈的讨论将纵向的界限扫荡一空。它包括22.2万名员工；在任何一个星期，有超过20万人会参与。它也包括供应商和客户，这样就打破了公司的外围边界。通用电气公司还使用大量的技术手段来打破边界限制。它列出其他行业的竞争者和公司的基准化，以便学习全世界范围内的最佳做法。通用电气将不同的业务功能放在一起，如工程和制造。它在不同部门之间实现服务共享，有时还同客户分享工作场所。

通用电气公司采取一种有益的方法帮助不同部门的人相互学习。例如，位于路易斯威尔的电器集团可能已经采用了一项重大发明，那么从路易斯威尔来了一个工作团队，就会到公司位于纽约的培训中心去。从其他业务部门来的团队也会去培训中心，接受电器集团工作团队为时15分钟的概况介绍。然后，一组组的经理们向电器集团的经理们发问，竭力弄明白他们采用的到底是什么东西。然后，其他业务部门的团队设法解决这一难题。当他们认为已经找出答案以后，就会将结果交给来自路易斯威尔的电器集团工作团队。而当他们的结果不正确时，电器集团的工作团队会就其错误结果加以说明更正，其他团队则继续努力去弄明白究竟发生了什么。

3. 按沟通方式划分

在沟通过程中，信息传递可以通过多种方式进行，其中最常见的有口头交谈、书面沟通、非语言文字形式以及电子媒介的沟通，如表6-6所列。

表6-6 各种沟通方式比较

沟通方式	举例	优点	缺点
口头	交谈、讲座、会议、电话等	传递速度快，信息反馈快，信息量大	信息在传递过程中经过的层次越多，信息失真越严重，核实也越困难
书面	报告、备忘录、信件、文件、布告等	持久、有形、容易核实	效率低，缺乏反馈

(续)

沟通方式	举例	优点	缺点
非语言	体态、语调、肢体语言、声、光信号等	信息意义十分明确、内容丰富、含义隐含灵活	传递的距离有限;界限模糊;只能意会不能言传
电子媒介	传真、电子邮件、计算机网络、闭路电视等	信息传递快,信息容量大,信息可一份多传	虽然可以交流,但无法获得直接反馈

1) 口头交谈

口头交谈是指采用口头语言进行的信息传递,它的优点是信息发送者与信息接受者当面接触,有亲切感,并可运用肢体语言、手势、表情和语气、语调等增强沟通的效果,使信息接受者能更好地理解、接受所沟通的信息。其优点是用途广泛、交流迅速,有什么问题可直接得到反馈。缺点是沟通范围有限;事后无据,容易忘记,当一个信息要经过多人传递时,由于每一个人可能根据自己的理解传递信息,到最后信息会发生歪曲。

2) 书面沟通

书面沟通是指以书面文字或电子邮件或手机短信等文字形式进行的沟通,书面沟通往往显得比较正规和严肃。它的优点是有文字为据,信息可长久地被保存;若有关于此信息的问题发生,可以进行检查核实,这对于重要信息的沟通是十分必要的。另外通过文字准备,可酌字斟句,以更准确地表达信息内容;可使许多人同时了解到信息,提高了信息传递速度,扩大了信息传递范围。缺点是应变性差,只能适应单向沟通;需要花一定时间形成文字,且写得不好词不达意,会影响信息的理解。

3) 非语言文字形式

有一些沟通既不是通过口头交谈,也不是通过书面文字形式进行,如交通要道上的红绿灯通过灯光的变换告诉你可不可以通过道口;对某些行为通过目光予以制止等。人们在沟通中常用的非语言文字方式有手势、面部表情和身体姿势等。非语言沟通中信息意义十分明确,内涵丰富,但是传递距离有限,界限模糊,只能意会不能言传。一般情况下非语言沟通与口头沟通结合进行,在沟通中对语言表达起到补充、解释、说明和加强感情色彩的作用。

4) 电子媒介的沟通

随着信息技术的发展,电子媒介在当今世界信息传递过程中充当着越来越重要的角色。电子媒介与技术设备支持的沟通传递速度快,信息容量大,远程传递信息可以同时传递给多人。缺点是过于依赖电子设备,安全性保密性存在一定的风险。

以上沟通方式,哪一种最好,取决于沟通的目的和当时的情境。尽管研究表明,采用口头和文字结合的沟通方式比单独采用口头或文字的方式要好,但通常人们还是认为面对面的交流方式更好。

讨论题:为什么面对面交流更好?

6.3.3 沟通障碍与有效沟通

1. 组织沟通的主要障碍

无论采用何种信息沟通网络,在组织信息沟通过程中都会遇到一些问题,影响组织良好沟通的障碍主要表现在以下几方面。

1)等级观念的影响

由于在组织中建有等级分明的权力保障系统,不同地位的人拥有不同的权力,这就使得组织中的人们在信息传递过程中,经常首先专注的是信息的来源。同样的信息,由不同地位的人来传递发布信息,效果会大不一样。这种等级观念的影响,常使得地位较低的人传递的重要信息不被重视,而地位较高的人发布的不重要信息则会得到不必要的过分重视,从而造成信息传递的失误。

2)小团体的影响

为了达到分工协作的目的,组织在形成过程中建立了各种各样的部门或机构,从而把组织分成了若干群体。由于每一群体都有其共同的利益,因此在组织信息传递过程中,为了维护小团体利益,他们可能会扭曲信息、掩盖信息甚至伪造信息,使信息变得混乱而不真实。在小团体思想的影响下,圈子外发出的信息不被重视,而对于圈子内的信息则很重视,造成了"县官不如现管"的状况。

3)利益的影响

由于信息的特殊作用,人们在传递信息时常会考虑所传递的信息是否会对自己的利益产生影响。当人们觉得此信息对自己的利益会产生不利影响时,就会自觉或不自觉地从心理到行为上对此信息的传递采取对抗或抵制的态度,从而妨碍组织沟通。在一个组织中,信息对于正确决策是十分重要的,而重要信息又不是人人都可以获得的,这就使得组织中那些掌握着别人不知道的重要信息的人比其他人显得更有权威性。那些拥有重要信息的管理者,常常会为了增加自己的影响力,而截留信息或有目的地修改来自上级或下级的信息,从而导致信息的走样。

4)信息的超负荷

现代组织中的信息传递是又快又多。在高节奏的工作环境中,信息传递的任何延误都会造成很大的损失;而信息大量增加,会使人觉得难以抉择,无所适从。若在组织设计中不好好地确定哪些人应该通过哪些渠道获得哪些信息,就会由于混杂而出现信息超负荷。信息的超负荷不仅会造成"文山会海",而且导致了人们对所传递信息的麻木。当人们需要面对着众多信息时,可能会无视某些信息或将之束之高阁。

讨论题:你是否曾碰到过信息超负荷?对此你是如何处理的?

组织沟通的改善需要依据组织的具体情况来对症下药,在组织设计时明确各部门间的分工合作关系,经常进行信息沟通检查,完善信息沟通的准则,借助信息技术改进信息沟通的手段等都可改进组织中的信息沟通。

2. 有效沟通的实现

沟通是现代管理的重要内容,要提高沟通效率,实现有效沟通,必须注意以下几点。

1) 要有明确清晰的沟通目标

任何一个管理者在沟通行为发生之前，都必须明确自己沟通的目标。沟通目标可以分为三个层次：总体目标、行动目标和沟通目标。

总体目标是指沟通者期望实现的最根本结果；行动目标是指沟通者实现总体目标拟采取的可度量的有时限的步骤与行动方案；沟通目标是沟通者自身对接收者信息反馈的预期目标。

2) 要制定基本的沟通策略

凡事预则立，不预则废，沟通中的策略不是边沟通边制定，而是在沟通行为之前，根据具体的沟通要素组合而制定的指导性谋略。通常，沟通者根据自己对沟通内容的控制程度和沟通对象的参与程度，采用四种沟通策略形式，即告知、说服、征询、参与。

告知策略适用于沟通者为权威或掌握足量信息，沟通者仅仅是向接收者解释信息提出要求，沟通结果是让听者接受信息观点并遵照要求行事。如上级向下属布置任务并不需要他们参与意见。

说服策略一般是沟通者为权威或掌握信息，但接收者有最终决定权，沟通者只有说服对方才可达到目的。

征询策略适用于沟通者希望通过商议来共同达到某个目的。双方都要付出，也都有收获。例如，沟通者希望说服同事支持他向上级管理者提出某个建议。

参与策略则具有最大限度的合作性。沟通者可能起先尚没有形成最后的建议，要求通过共同的参与讨论来发现并确定解决问题的办法。

在上述四种策略中，前两种统称为指导性策略，后两种统称为咨询型策略。一般来说，当沟通者认为沟通的目的在于通过为他人提供建议、信息或制定标准的方式帮助其提高工作技巧时，可以采用指导性策略。

3) 构建良好的组织沟通文化氛围

沟通是现代组织管理的重要内容，不是权宜之计，要把沟通机制的建设纳入组织文化建设之中，让沟通文化成为组织文化的组成部分，把沟通当作理念与信念，渗透到所有决策之中，传递到组织的各个角落，使沟通成为指导管理者管理行为的大纲或指针，这样才能从根本上确保良好沟通状态、良好沟通效果的形成。

管理小贴士——人际沟通在中国

中国是一个非常重视人际关系的国家，人与人之间存在着较强的人际依赖和人际制约。同时，中国人在人际交往中的心理困扰也受中国人特有的情感表达方式、思维方式和个性的影响，使人际沟通在中国存在着一定的特殊性。

情感表达的含蓄性。中国社会文化习俗促使个体形成了比较内向的性格特征，并因而决定了情感表达方式的含蓄性。由于很难将感情和情绪直率地表达出来，所以不仅加大了人际间理解的难度，同时也加大了误解的可能性。

思维方式的求全性。中国人追求完美的思维方式主要体现在道德观和人性审美上既苛求他人也苛求自己。这种缺乏宽容精神的求全思维加深了人际间的隔阂，从而加大了人际间的摩擦系数。

对他人评价的极端关注。人际敏感可以说是中国人普遍具有的性格特征，其根源是个体对自我的判断总是取决于他人对自己的态度,而自我感觉的良好与否,则主要依赖于人际交往的结果。如有的人在公众场合唯恐说错话、做错事,结果言行过度谨慎,举止极端退缩;有的人在别人面前总要刻意修饰,生怕暴露自身缺陷;有人面对上级会深感不自在。

4) 要学会积极的倾听

要认真地听对方讲话,并力图弄懂所听到的内容,这对于沟通双方都很重要,只有明白无误地弄清楚了对方表达的内容,才能够进行沟通。

在倾听时要注意以下几点。

(1) 少讲多听,多保持沉默和冷静,不轻易打断对方。

(2) 设法使交流轻松,使对方感到舒畅,消除紧张感,充分表达自己的观点,说出自己想说的话。

(3) 用动作语言做出反馈,如目光接触,展现赞许性的点头和恰当的面部表情,表示你在认真听对方讲话。

(4) 尽可能排除外界的干扰,避免使对方分心的举动或手势,如在对方讲话时不要轻易走动,不要有挠头、掏耳朵等动作。

(5) 站在对方立场上考虑问题,学会换位思考,避免先入为主,努力去理解别人要表达的含义而不是你想理解的意思。不随便质疑对方,不要立即与对方发生争论或妄加批评。

(6) 在必要时要求解释一些问题,重复一些观点表达,以显示在倾听并求得理解。

5) 要准确理解非语言表达的信息

非语言信息是揭示沟通双方内心世界的窗口,一个成功的沟通者必须懂得辨别非语言信息的意义,充分利用它来促进沟通。由于非语言丰富多彩且在不同地域、不同国家地区由不同的内涵和暗示,这就要求管理者在使用驾驭非语言时,要准确理解正确使用,且不能仅凭自己的主观经验随意判断。

6) 要不断提高沟通中的语言表达能力

高效沟通离不开高水平表达。这里所说的表达主要指"说"和"写",这是管理沟通最重要的形式,因此要提高沟通的效率,就必须在"说"和"写"上下功夫。

(1) "说"的技巧。必须先明确我们要表达什么,除非有明确的目的,否则我们是很难组织语言的。有效的"说"的另一个基本准则是口头表达的信息必须是听众感兴趣,如果我们说的话无法符合听众的要求,会失去沟通的效用。为此要做到:展示真诚的说话态度,注意语气语速语调;精心选择说话的主体和用词,注意说话时语法运用等。

(2) "写"的技巧。要提高吸引读者注意力的写作技巧,正确运用语言文字,要注意:多使用对方在感情上容易接受的语言文字,多使用陈述性语言,来表明自己的观点,避免评论性、挑战性的语言文字;语言文字的使用要准确,尽量减少歧义,切忌含糊不清、模棱两可,以免使人产生误解;语言文字要朴实,切忌滥用辞藻华而不实;在非专业性交流中要尽量避免专业性用语,措辞恰当,通俗易懂;叙事谈理务必做到言之有理,论之有据,条理清楚,结构严谨。

本 章 小 结

领导是管理过程中的一项重要而独特的职能。领导工作具有人与人互动的性质,领导者正是通过其与被领导者的双向互动过程,促使组织成员更有效地实现组织目标。这一点使领导职能与计划、组织与控制职能形成了鲜明的区别。

管理者与领导者是两类不同的人,管理者要创造一个科学的组织环境,使组织成员各负其责,协调一致,提高工作效率,侧重于正确的做事;领导者则要创造一个和谐的组织环境,带领和影响群众实现目标,侧重于做正确的事。因此,领导者不一定是管理者,管理者也不一定是领导者,但管理者应该成为领导者。领导力从本质上而言是一种影响力,或者说是对他人施加影响的过程。影响意味着使他人的态度和行为发生改变。而要产生这种影响,领导者就必须拥有某种比被领导者更大的权力,这种权力是领导者对他人施加影响的基础。

领导权力的本质是稀缺和依附,领导权力的基础包括:惩罚权、奖赏权、合法权、专家权和参照权。惩罚权、奖赏权和合法权称为职位权力,源于领导者在组织中所处的位置,是由上级和组织赋予而产生;专家权和参照权称为个人权力,与领导者在组织中的位置无关,而源于领导者自身的某些特质。领导者影响力是指领导者在与下级人员的交往活动中影响和改变他们心理及行为的能力。与领导权力对应,领导者影响力亦可分为职位影响力和个人影响力,也称为职权和威信,这是领导者影响力的来源。领导者正是以自己所拥有的职权和威信来影响和指挥下级,来体现其在组织中的影响力的。职权的使用需要管理者做到多赞扬、少批评、多引导、常请求。威信的树立需要管理者正确认识任务与责任、树立正确的权威观、注重品德和专长的影响力。

所谓领导理论,是关于领导有效性的理论。对领导有效性的研究主要是从三个方面进行的:领导品质理论主要着眼与领导的品行、素质、修养,目的是要说明好的领导者应具备怎样的素质;领导行为理论着重分析领导者的领导行为和领导风格对其组织成员的影响,目的是找出最佳的领导行为和风格;领导权变理论则着重研究影响领导行为和领导有效性的环境因素,目的是要说明在不同情况下,哪一种领导方式才是最好的。

领导品质理论着重于研究领导者的个人特性对领导有效性的影响。领导品质理论按其对领导特性来源所作的不同解释,可分为传统领导品质理论和现代领导品质理论。领导行为理论一般包括勒温理论、领导方式理论、四分图理论和管理方格图理论。领导权变理论主要包括菲德勒模型、不成熟—成熟理论、领导生命周期理论以及路径目标理论等。

沟通是指信息从发送者到接受者的传递过程。沟通在管理的各个方面得到了广泛运用,是领导者得以履行领导职责、管理者得以开展各项工作的重要手段。管理沟通有各种类型。不同的沟通方式有其适用的场合和不同的沟通内容。

影响组织沟通的特殊障碍主要是:等级观念的影响、小团体的影响、利益的制约和信息的超负荷。实现高效沟通的方法和技巧包括:通过提高沟通者的可信度促进沟通;通过激发接受者兴趣促进沟通;通过科学的信息编排促进沟通;通过积极的倾听促进沟通;

通过提高非语言表达技巧促进沟通；通过提高表达能力促进沟通；通过积极利用反馈促进沟通。

习　题

1. 领导的本质是什么？领导者的工作内容包括哪些？
2. 领导者与管理者有何不同？
3. 请判断下列问题是基于何种权力基础：
   (1) 你喜欢这个人，并乐于为他做事；
   (2) 这个人掌握支配你的职位和责任的权力，期望你服从法规的要求；
   (3) 这个能给他人以特殊的利益和奖赏，你知道与他的关系密切是大有好处的；
   (4) 这个人的知识和经验能使你尊重他，在一些问题上你会服从他的判断；
   (5) 这个人可以为难他人，但你总是避免惹他生气。
4. 如果你是一名兼职干部，你的影响力如何？制约你影响力的因素主要是什么？通过分析，下一步该采取何种方法提高自己的影响力？
5. 简述领导权力与领导者影响力的关系。
6. 领导理论包括哪几方面内容？它们之间有什么区别？
7. 勒温理论的基本观点是什么？
8. 领导权变理论的基本观点是什么？
9. 菲德勒模型的主要内容是什么？
10. 怎样根据下属的成熟度，选择合适的领导方式？
11. 结合自身实际谈谈，你最喜欢什么样的领导？
12. 怎样才算是有效的沟通？
13. 结合你在日常沟通实践中的体会，分析怎样才能提高信息传递的有效性？
14. 列举平时人们在沟通交往中所看到的不良习惯，并说明这些不良习惯是如何影响人们相互之间的沟通的。
15. 案例分析

某公司因近年来市场不景气，准备辞退部分员工，并给与员工一定的补偿，但公司领导在辞退哪些人和给予多少补偿问题上存在着较大的分歧。由于这项决定直接涉及员工的利益，因此要求慎重决策。

请问：公司领导该怎么做，才能使公司的决策得到员工的理解和支持？

第 7 章 激 励

【学习目的】

(1) 了解关于人性的几种基本看法,理解人的行为产生的原因;
(2) 掌握激励机制的构成及激励的实现过程;
(3) 把握激励理论的各种观点与学说;
(4) 掌握主要的激励理论的原理和基本内容,能够有效运用各种激励理论对社会现象或典型案例进行分析;
(5) 了解有效激励的基本方法,并能理会其精神。

我们常常可以看到在同一个组织中,两个人能力相仿,客观条件也差不多,工作业绩却大不一样。有时甚至是能力差的人反而比能力强的人干得更出色。究其原因,是因为后者的积极性没有被调动起来,即缺乏激励。

激励是激发和鼓励人朝着所期望的目标采取行动的过程。组织的生命力来自于组织中每一个成员的热忱,如何激发和激励员工的创造性和积极性,是管理者所必须解决的问题。

7.1 激励的基本概念

充分调动员工的工作积极性,是管理者十分重要的工作内容,是实施科学管理的关键。因而,研究如何根据被管理者的心理活动规律,科学地实施激励,在管理心理学中就有着特殊重要的意义。

7.1.1 激励的含义

激励是心理学的一个术语,也是一种复杂的现象,因此从心理学角度讲,激励是指激发人的行为动机的心理过程,是一个不断朝着期望的目标前进的循环的动态过程。其本质就是发现并满足被激励者的需要。激励用于管理中,是指激发员工的行为动机,也就是说用各种有效的方法去调动员工在工作中的积极性和创造性,改变员工的活动方式,使员工奋发努力完成组织分配的任务,为实现组织目标作贡献。

激励是对人的一种刺激,是促进和改变人的行为的一种有效的手段。激励的过程就是管理者引导并促进工作群体或个人产生有利于管理目标行为的过程。每一个人都需要激励,在一般情况下,激励的表现为个体将外界所施加的推动力或吸引力转化为自身的动力,使得组织的目标变为个人的行为目标。

可以从以下三个方面来理解激励这一概念。

第一,激励是一个过程。人的很多行为都是在某种动机的推动下完成的。对人的行为的激励,实质上就是通过采用能满足人的需要的诱因条件,引起行为动机,从而推动人采取相应的行为,以实现目标,然后再根据人们新的需要设置诱因,如此循环往复。

第二,激励过程受内外因素的制约。各种管理措施,应与被激励者的需要、理想、价值观和责任感等内在的因素相吻合,才能产生较强的合力,从而激发和强化工作动机,否则不会产生激励作用。

第三,激励具有时效性。每一种激励手段的作用都有一定的时间限度,超过时限就会失效。因此,激励不能一劳永逸,需要持续进行。

7.1.2 动机理论

根据心理学家所揭示的规律,人之所以会采取某种特定的行为是由其动机决定的。一个人愿不愿意从事某项工作,工作积极性是高还是低,干劲是大还是小,取决于他是否具有进行这项工作的动机及动机的强弱。

所谓动机,是鼓励和引导一个人为实现某一目标而行动的内在力量。它是一个人产生某种行为的直接原因。了解动机,对于管理者调动员工的积极性是十分重要的。

1. 动机的来源

行为科学理论认为,动机是驱使人产生某种行为的内在力量,它由人的内在需要所引起。根据动机理论,动机有以下几个特点:

动机是一种内在力量,具有内隐性。我们无法直接了解一个人的动机,而只能通过观察其行为来判断一个人的动机。

动机是高度个性化的,同样的行为,可能出自不同的动机。因为不同的需要可以通过同样的行为得到满足。

动机是受目标控制的。根据动机理论,人之所以愿意做某事,是因为做这件事本身能满足其个人的某种需要,或完成这件事能给他带来某种需要的满足。

进一步地,动机在人类活动中具有唤起、维持、强化人的行为的功能:

动机能唤起人的行动。人的行为总是由一定动机引起的,动机可驱使一个人产生某种行为。

动机能维持人的行为趋向一定的目标。动机不仅能唤起行为,而且能使人的行为具有稳固的和完整的内容,沿着一定的方向行进。

动机能巩固或修正行为。动机会因良好的行为结果,使行为重复出现,从而使行为得到加强;动机也会因不好的行为结果,而使这种行为减少以致不再出现。

思考题:动机的上述特点和功能对于激励有何指导意义?

动机是由人的内在需要所引起,需要是使某种结果变得有吸引力的一种心理状态,是指人们对某种目标的渴求。正是这种欲望驱使人去采取某种行为。而人之所以会有某种需要,是因为人自身的某些要求没有得到满足。当一个人要求满足这些未满足的需要时,就会努力追求他所需要的东西。例如,饥饿会使人去寻找食物,孤独会使人去寻求关心……未满足的需要时形成人的行为动机的根本原因,一个人的行为,总是直接或间接、自觉不自觉地为了实现某种需要的满足。因此,研究人的行为及其规律,必须研究人的需求。

思考题:人是否只要有某种未满足的需要就会产生某种特定的行为?

2. 动机的形成

动机是个体需要和环境相互作用的结果,有的人之所以懒,不是他没有需要,而是因为他的动机没有被激发。

人的行为举止,在正常情况下都是有动机的。动机是在需要的基础上产生的,动机的产生必然是因为其有某种未满足的需要,但反过来,并不是有未满足的需要就会产生引发行为的动机,只有当人的需要达到一定的强度时,动机才会形成。

如图7-1所示,从需要产生动机一般需经历以下过程:当人的需要还处于萌芽状态时,它以不明显的模糊的形式反映在人的意识之中,这时人并不清楚自己到底需要什么,表现在外在形态上就是当事人的紧张不安;当需要不断增强,当事人比较明确地知道,是什么使其不安时,需要就转化为意向;当人意识到可通过什么手段来满足此种需要时,意向转化为愿望;当人的心理进入到愿望阶段后,在一定的外界条件刺激下就可能形成为满足此种需要而行动的动机。也就是说,有需要,还要有一定的诱因,才能产生现实的动机。由此可见:形成动机的条件一是内在的需要;二是外部的刺激。其中,内在的需要是促使人产生某种动机的根本原因。

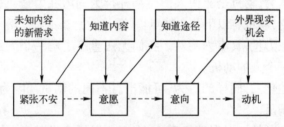

图7-1 动机的形成过程

3. 需要、动机、行为与激励的关系

如图7-2所示,行为是由动机决定的,动机来自需要。但是这句话不能反过来理解,有某种需要,就有某种动机,有某种动机就会产生某种行为。事实上有某种需要不一定就会产生某种动机,有某种动机也不一定就会引发某种行为。人们产生某种需要后,只有当这种需要具有某种特定的目标,并且在一定外在刺激之下,需要才会产生动机,动机才会成为引起人们行为的直接原因。但并不是每个动机都必然会引起行为,只有在个人能力和行动条件都具备的情况下,动机才能产生相应的行为。

组织成员之所以产生组织所期望的行为,是组织根据成员的需要来设置某些目标,并通过目标导向使成员出现有利于组织目标的优势动机,同时按照组织所需要的方式行动。管理者实施激励,即是想方设法做好需要引导和目标引导,强化组织成员动机,刺激组成成员的行为,从而实现组织目标。

思考题:你认为作为管理者可以通过哪些因素来影响下属的行为?

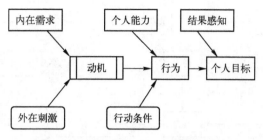

图 7-2　需要、动机、行为与激励的关系

7.1.3　激励机制

动机理论主要说明了人为什么会采取某种行为的原因,而作为管理者,更关心的是怎样才能使员工采取某种特定的行为。

管理者之所以要研究员工的动机和激励的方法,是因为它们与员工的工作业绩有关。一个人的工作成效首先取决于其能力,但仅有能力还是不够的,因为一个有能力的员工可能很积极地去做,也可能不愿意去做,因此,在能力一定的情况下,动机就非常重要了。

只有当一个人愿意干且有能力干好时,其工作业绩才可能比较高。也就是说,在同样的环境条件下,一个人的工作业绩 P 是能力 A 与动机 M 的函数,即

$$P=f(A \cdot M)$$

工作业绩会随着两者的提高而提高,随着两者的降低而降低。一般而言,一个人能力的提高需要经过较长时间,因此,能力在一定时期内是恒定的。所以,一定时期内,管理者为了提高工作业绩,只能从提高员工动机强度着手。一个人的行为取决于其动机的强弱,而动机的形成又取决于人的内在需求和外界的刺激。因此,管理者可以通过外在刺激,在一定程度上影响人们的动机,从而使其产生组织所希望的行为。激励的作用就在于可以激发人的内在动力,变消极为积极,使人努力地谋求上进,并充分发挥自己的才能。从长远来说,通过激励,还可以鼓励人们不断提高自己的能力,为组织做出更大的贡献。

根据动机理论,我们首先要针对个人没有满足的需求,采取相应的激励手段,激发他的动机,动机就会产生一种行为,从组织的角度讲,我们希望他的行为导向于组织目标的实现。但是,每个人产生行为的原因是为了实现个人目标,这样的情况下,怎么样才能激励他为了组织目标而努力呢?我们要根据行为结果对组织目标的实现给予相应的奖惩,从而把个人目标与组织目标紧密关联。一个人的行为和能力有关,能力可以通过培训来加强;行为有一定的条件,我们可以通过授权等措施创造条件;同时,我们要以规章的约束和以目标的引导使行为能够指向于组织目标的实现。个人目标的实现程度和知觉有关,知觉是一种主观感觉,可以通过宣传等手段影响他的知觉。没有得到满足的需求和价值观有关,需求不是天生的,而是可以加以引导的。因此,未满足的需求可以通过教育和宣传引导其价值观。所以,管理者在一定程度上还可以去主动引导需求的产生。在不同时代,大家追求热门的东西是不一样的,希望自己成为什么样的人不同,这就是社会教育的结果。激励机制如图 7-3 所示。

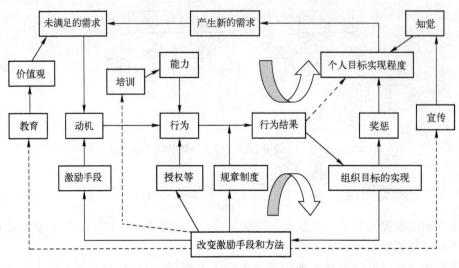

图 7-3 激励机制示意图

当个人的目标实现以后就会产生新的需求,组织目标实现以后就可以改变激励方式,持续刺激,这样就形成了双涡轮发动机。个人通过这样的正循环不断得到满足,组织则可以通过各种激励手段的运用来不断增强刺激的力度和行为的一个导向作用。

根据如图所示激励机制,可将激励的基本原理总结如下。

(1) 动机的形成:激励手段必须针对被激励者未满足的需求,并且随着被激励者需求的变化而变化,由此激发被激励者的动机,使其愿意采取组织所希望的行为。

(2) 行为的产生:通过培训增强被激励者的能力,通过授权等方法创造被激励者行动的条件,通过组织目标引导被激励者的行为,通过规章制度规范其行为,从而使被激励者能够从事组织所分配的任务并使其行为指向组织目标的实现。

(3) 行为的持续和改变:根据被激励者行为结果有助于组织目标实现的程度给予其公平的奖惩,奖惩的内容和强度必须能够在一定程度上影响被激励者个人目标的实现程度,以强化被激励者良好的行为,弱化其不良行为。

7.2 人性假设理论

从激励的定义不难看出,激励是针对人的行为动机而进行的工作,因此,激励的对象主要是人。因此在开展激励工作之前,管理者首先要正确地认识人。作为管理者,他的人性观以及他对被管理者人性方面的基本认识,决定着他将追求的目标,为实现目标可能采取的行为以及对被管理者所采取的基本态度。

人究竟是为了什么样的利益而采取行动呢?不同时期的管理学者和组织行为研究者们提出了各自的见解,从而形成了不同的人性假设理论。归纳起来有五种,即经济人假设、社会人假设、自我实现人假设、复杂人假设和观念人假设。

1. 经济人假设

经济人假设认为,人的本性是懒惰的,人的一切行为都是为了最大限度地满足自己的利益,工作动机是为了获得经济报酬,或者是为了避免受到惩罚。作为管理者无需关心人的感情和愿望,组织应以金钱刺激员工的生产积极性,而对消极怠工者采取严厉的惩罚措施。对组织而言,管理是管理者的事,与广大员工无关。

根据经济人的假设,管理人员的职责和相应的管理方式如下。

(1) 管理人员关心的是如何提高劳动生产率,完成任务,他的主要职能是计划、组织、经营、指引、监督。

(2) 管理人员主要是应用职权,发号施令,使对方服从,让人适应工作和组织的要求,而不考虑在情感上和道义上如何给人以尊重。

(3) 强调严密的组织和制定具体的规范和工作制度,如工时定额、技术规程等。

(4) 应以金钱报酬来收买员工的效力和服从。

由此可见,此种管理方式是胡萝卜加大棒的办法。一方面靠金钱的收买与刺激,一方面靠严密的控制、监督和惩罚迫使其为组织目标努力。泰勒制就是这类管理的典型代表。这种经济人观点目前在西方资本主义国家已经过时了。

2. 社会人假设

将人看作社会人是根据霍桑实验提出来的。所谓社会人是指人在进行工作时将物质利益看成次要的因素,人们最重视的是和周围人的友好相处,满足社会和归属的需要。

社会人的假设,可由英国塔维斯托克研究所的煤矿实验所证实。煤矿原来用短墙法工作,工作面很窄,2~8人一组,小组包干承包,负责挖掘、装载、运送,成员自愿组合,自行分工,生死与共,感情深厚。后来随着技术的发展,采用传送带和其他机械设备挖煤,工作面长至6~66米,40~50人一组,三班作业,分工很细,工人很少见面,工作不能自主,沟通减少,隔阂加深,工人失去和别人的联带感,觉得工作毫无意义,从而使生产率大为下降。通过研究,不得不对班组重新调整,自由组合,允许交往,采取组织分配工资的办法,才使生产率得到恢复。

社会人假设的基本内容如下。

(1) 交往的需要是人们行为的主要动机,也是人与人的关系形成整体感的主要因素。

(2) 工业革命所带来的专业分工和机械化的结果,使劳动本身失去了许多内在的含义,传送带、流水线以及简单机械的动作使人失去了工作的动力,因此只能从工作的社会意义上寻求安慰。

(3) 工人与工人之间的关系所形成的影响力,比管理部门所采取的管理措施和奖励具有更大的影响。

(4) 管理人员应当满足职工归属、交往和友谊的需要,工人的效率随着管理人员满足他们社会需要的程度的增加而提高。

由此假设所产生的管理措施如下。

(1) 作为管理人员不能只把目光局限在完成任务上,而应当注意对人关心、体贴、爱护和尊重,建立相互了解、团结融洽的人际关系和友好的感情。

(2) 管理人员在进行奖励时,应当注意集体奖励,而不能单纯采取个人奖励。

(3) 管理人员由计划、组织、经营、指引、监督的作用变成为上级和下级之间中间人的作用,应当经常了解工人感情和听取意见并向上级发出呼吁。

根据这个理论,美国企业中实行了一项专门的计划,即提倡劳资结合作用,利润分享,其中除了建立劳资联合委员会,发动群众提建议外,主要是将超额利润按原工资比例分配给大家,以谋取良好的人际关系。这项计划收到了较好的效果。

3. 自我实现人假设

自我实现人的假设认为人是能自我激励、自我指导和自我控制的,人都需要发挥自己的潜力,表现自己的才能,实现自己的理想,人可以在自我内在激励中,自动地将自己的才能发挥出来,采用授权、工作扩大和丰富化、目标管理等具体管理方法,都能收到一定成效。

具体假设内容包括以下几个方面。

(1) 工作中的体力和脑力的消耗就像游戏或休息一样自然,厌恶工作并不是普遍人的本性,工作可能是一种满足,因而自愿去执行;也可以是一种处罚,因而只要可能就想逃避。到底怎样,要看环境而定。

(2) 外来的控制和处罚,并不是使人们努力达到组织目标的惟一手段。它甚至对人是一种威胁和阻碍,并放慢了人成熟的脚步。人们愿意实行自我管理和自我控制来完成应当完成的目标。

(3) 人的自我实现的要求和组织要求的行为之间是没有矛盾的。如果给人提供适当的机会,就能将个人目标和组织目标统一起来。

(4) 普通人在适当条件下,不仅学会了接受职责,而且还学会了谋求职责。逃避责任、缺乏抱负以及强调安全感,通常是经验的结果,而不是人的本性。

(5) 大多数人,而非少数人,在解决组织的困难问题时,都能发挥较高的想象力、聪明才智和创造性。

(6) 在现代工业社会条件下,普通人的智能潜力只得到了部分发挥。

根据以上假设,相应的管理措施如下。

(1) 改变管理职能的重点。管理经济人的重点放在工作上,即放在计划、组织和监督上;管理社会人主要是建立亲善的感情和良好的人际关系;而管理自我实现人应重在创造一个使人得以发挥才能的工作环境,此时的管理者已不是指挥者、调节者和监督者,而是起辅助者的作用,从旁给以支援和帮助。

(2) 改变激励方式。无论是经济人还是社会人的假设,其激励都是来自金钱和人际关系等外部因素。对自我实现人主要是给予来自工作本身的内在激励,让他担当具有挑战性的工作,担负更多的责任,促使其工作做出成绩,满足其自我实现的需要。

(3) 在管理制度上给予工人更多的自主权,实行自我控制,让工人参与管理和决策,并共同分享权力。

4. 复杂人假设

复杂人假设是在 20 世纪 70 年代提出来的。它的提出是由于几十年的研究证明,前面所说的经济人、社会人和自我实现人,虽然都有其合理的一面,但并不适用于一切人。因为人是复杂的,不仅因人而异,而且同一个人在不同的年龄和情境中会有不同的表现。人会随着年龄、知识、地位、生活以及人与人关系的变化,而出现不同的需要。因此研究者认为人是复杂的,并提出了复杂人假设。其内容主要包括下面几点。

(1) 人的需要分为许多种,这些需要不仅是复杂的,而且会根据不同的发展阶段、不同的生活条件和环境而改变。

（2）人在同一个时间内会有多种的需要和动机,这些需要和动机相互作用、相互结合,形成了一种错综复杂的动机模式。

（3）人由于在组织中生活,可以产生新的需要和动机。在人的生活的某一特定阶段和时期,其动机是内部的需要和外部环境相互作用而形成的。

（4）一个人在不同的组织或同一组织的不同部门、岗位工作时会形成不同的动机。一个人在正式组织中郁郁寡欢,而在非正式组织中有可能非常活跃。

（5）一个人是否感到满足或是否表现出献身精神,决定于自己本身的动机构造及他跟组织之间的相互关系。工作能力,工作性质与同事相处的状况皆可以影响他的积极性。

（6）由于人的需要是各不相同的,能力也是有差别的,因此对不同的管理方式每个人的反应是不一样的,没有一套适合任何时代,任何人的普遍的管理方法。

这个假设没有要求采取和上列假设完全不同的管理方法,而只是要求了解每个人的个别差异。对不同的人,在不同的情况下采取不同的措施,即一切随时间、条件、地点和对象变化而变化,不能一刀切。一些研究结果表明,同一个管理方式,对不同类型的单位以及不同的地区效果不同,所以调动积极性的办法也应不同。

5. 观念人假设

马克思、恩格斯把唯物论和辩证法应用于研究人本身,发现人具有自然属性、社会属性和思维属性。

恩格斯说:"我们连同我们的肉、血和头脑都是属于自然界,存在于自然界的;我们对自然界的统治,是在于我们比其他一切动物强,能够认识和正确运用自然规律。"这里讲了两个基本事实:一是人属于自然界,这是人的自然化;二是人统治自然界,这是自然界的人化。同时,它揭示了一个真理:人的本质是客观的,因而是可以认识的。首先,人具有一定的动物性,正如恩格斯所说:"人来源于动物的事实已经决定了人永远不能摆脱兽性,所以问题永远只能在于摆脱得多些或少一些。"生物学家巴甫洛夫发现了三种无条件反射——食物反射、防御反射和性反射,以及在此基础上形成的某些条件反射,乃人与动物所共有。人的动物性或自然属性,主要表现在人的生存需要——衣、食、住、行、性。

马克思说:"人的本质并不是单个人所固有的抽象物。在其现实性上,它是一切社会关系的总和。"

人的社会性有四个方面的含义。

（1）人不能离群索居,必须在社会中生存。

（2）人除了生存需要外,还存在着许多社会需要——安全需要,社会交往需要,自尊需要,自我实现需要。这些需要来自于社会,也只能通过社会得到满足,并存在着客观的社会尺度。

（3）人的需要存在着客观的社会尺度。马克思、恩格斯指出:"我们的需要和享受是由社会产生的,因此,我们对于需要和享受是以社会的尺度去衡量的。"具体而言,人的需要带有时代性和阶级性。这是前面四种人性假设所没能涉及到的。

（4）人的全面发展取决于社会的高度发展。人与动物的本质区别是能够思维,有思想。根据恩格斯的观点,认识过程可分为三个阶段:第一个阶段是感性阶段,即对个别事物的感觉知觉表象;第二个阶段是知性阶段,即对事物之间关系进行分析综合归纳演绎;第三个阶段是理性阶段,即通过辩证思维形成概念并研究概念的本性。第一个阶段与第二个阶段是人和动物所共有的,第三个阶段才是人所独有的,辩证思维才是人本质的反映。正如恩格斯所说,"辩证的思维——正因为它是以概念本性的研究为前提——只对于人才是可能的,并且只对于较高发展阶段上的人(佛教徒和希腊人)才是可能的。"

于是形成了"观念人假设"——人的行为受其观念的巨大影响。理想、信念、价值观、道德观对人力资源开发管理是十分重要的因素。

综上所述,马克思主义认为,人的本质是人的自然属性、社会属性和思维属性的辩证统一,而且统一在人的实践活动之中。

讨论题:你对人性有何认识?

上述五种人性假设所提出来的管理主张和管理措施中有许多观点至今仍有很强的借鉴作用。经济人假设提出的工作方法标准化、制定劳动定额、实行有差别的计件工资、建立严格的管理制度等,至今仍是管理的基础工作;社会人假设提出的尊重人、关心人、满足人的需要,培养员工的归属感、整体感,主张实行参与管理;自我实现人假设提出给员工创造一个发挥才能的环境和条件,重视人力资源的开发,重视内在奖励等,这些都是现代管理应遵循和坚持的基本原理和原则;复杂人假设提出的因人、因事、因时而异的管理,是具有辩证思想的管理原则;观念人的假设对于人力资源开发管理有着重要意义。

7.3 典型的激励理论

有关激励的理论很多,根据前述的激励原理,众多的激励理论可以相应地分成三大类:内容型激励理论、过程型激励理论和行为改造型激励理论。内容型激励理论从研究需求入手,主要研究动机的形成过程,着重探讨什么东西能使一个人采取某种行为,即着重于研究激励起点和基础,包括需要层次理论、双因素理论、"ERG"理论、成就激励理论、激励需要理论等。过程型激励理论主要研究一个人被打动的过程,着重研究行为产生、发展、改变和结束的过程,一般包括期望理论、公平理论等。行为改造型激励理论则从行为的控制着手,着重探讨如何引导和控制人的行为,包括归因理论、强化理论等,如表7-1所列。

表7-1 各种激励理论原理

激励理论	研究重点	代表理论
内容型	动机的形成。从研究需求入手,着重探讨什么东西能使一个人采取某种行为	需要层次理论 双因素理论 "ERG"理论 激励需要理论
过程型	行为的产生。着重研究行为产生、发展、改变和结束的过程	期望理论 公平理论
行为改造型	行为的控制。着重探讨如何引导和控制人的行为	归因理论 强化理论

7.3.1 内容型激励理论

内容型激励理论有许多,这里重点介绍需要层次理论和双因素理论。

1. 需要层次理论

在所有的激励理论中,最早的、最受人瞩目的理论是由美国人本主义心理学家亚伯拉罕·马斯洛(Abraham Maslow)在1943年所著的《人的动机理论》一书中提出的需要层次论(Hierarchy of Needs Theory)。

1) 需要的分类

马斯洛认为,每个人都有5个层次的需要,由低到高依次为:生理需要、安全需要、社交需要、尊重需要、自我实现需要,如图7-4所示。

(1) 生理需要(Physiological Needs)。管仲曾说:"仓廪实则知礼节,衣食足则知荣辱。"生理需要是一个人对生存所需的衣、食、住、行等基本生活条件的追求。在一切需要中,生理需要是最优先的,当一个人什么也没有时,首先要求满足的就是生理需要。

(2) 安全需要(Safety Needs)。安全需要分为两类:一类是对现在安全的需要,如人身安全、就业保障、工作和生活环境等安全;另一类

图7-4 人的五个需要层次图

是对未来安全的需要,未来总是不确定的,不确定就会令人担忧,所以人们都会追求未来的安全。

(3) 社交需要(Social Needs)。当生理和安全需求得到满足之后紧跟着就是人对人这种人际关系的需要。马斯洛认为,人是一种社会动物,人们的工作和生活都不是孤立进行的。人们希望在社会生活中受到别人的关注、关心和关爱,在感情上有归属感。

(4) 尊重需要(Esteem Needs)。美国学者詹姆士曾讲过:"人类天性中最深层的本性,就是渴望为人所重视,这是一种痛苦的急待解决的人类饥饿。"尊重需要是指希望自己有稳固的地位、得到别人高度的评价或为他人所尊重。每个人都有一定的自尊心,若得不到满足,就会产生自卑感,从而失去自信心。包括自尊和受别人尊重,也就是一种认可。

(5) 自我实现需要(Self-actualization Needs)。自我实现需要的满足来自两个方面:一是,理想变为现实的胜任感;二是,完成一个挑战性任务的成就感。

思考题:从需要层次理论出发,如何理解"谈心是我军基层带兵的法宝"?

2) 基本观点与启示

(1) 阶进原理。第一层含义:人的需要是分等分层的,呈阶梯式逐级上升。马斯洛将生理需要和安全需要称为低层次需要,而社交需要、尊重需要与自我实现需要称为高层次需要。一般来说,低层次的需要得到满足以后,人们会进一步追求较高层次的需要,而且低层次需要满足的程度越高,对高层次需要的追求就越强烈。

管理小贴士

我国清代钱德苍所编的《解人颐》一书中对人们的欲望无尽进行了入木三分的描述："终日奔波只为饥,方才一饱便思衣;衣食两般皆俱足,又想娇容美貌妻;娶得美妻生下子,恨无田地少根基;买到田园多广阔,出入无船少马骑;槽头栓了骡和马,叹无官职被人欺;当了县丞嫌官小,又要朝中挂紫衣。一品当朝为宰相,还想山河夺帝基,心满意足为天子,又想长生不老期,一旦求得长生药,再跟上帝论高低,要问世人心田足,除非南柯一梦西。"

第二层含义:人在不同的发展阶段,需要结构是不同的,如图7-5所示。A点,生理需要占第一位,安全需要次之;B点,社交需要跃居首位,安全与尊重需要次之;C点,尊重与自我实现需要已成为主流。

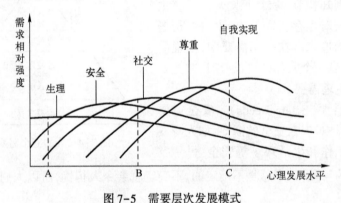

图 7-5 需要层次发展模式

所以,带队伍是一个满足多样化需要的过程,管理者一定要认清下级的需要层次,激励的时候就要去针对不同下级给予不同报酬。管理者同时要注意引导下级去追求更高层次的需要。

(2) 亏空原理。

第一层含义:当某种需要得到满足以后,这种需求也就失去了对行为的唤起作用。所以,只有没有得到满足的需求才是唤起行为的根本原因。

管理小贴士

激励要有针对性,多一些雪中送炭,有一些锦上添花,少一些多此一举。了解需要,满足或控制心理需要,以达到激励的目的。

第二层含义:满足高层次需要比满足低层次需要难度更大,激发的动力持续的时间更长。据马斯洛估计,80%的生理需要和70%的安全需要一般会得到满足,但只有50%的社交需要、40%的尊重需要和10%的自我实现需要能得到满足。所以,管理者要更多地去满足下级高层次的需要。

思考题:如何理解我军奖励的基本原则——"以精神奖励为主,物质奖励为辅"?

(3) 人的需要的个体差异性。当一个人的高级需要和低级需要都得到满足时,他往往追求高层次需要,因为高层次的需要更有价值。但是,如果满足了高层次需要,却没有满足低层次需要时,有些人可能牺牲高层次需要而去谋取低层次需要,有些人可能为了实现高层次需要而舍弃低层次需要。

思考题:如果将需要层次理论用到极致,所有人的所有需要都得到满足。激励工作是否还有升级的空间呢?

(4)人的需要应与组织目标紧密结合。

管理小贴士——石匠的故事

三个石匠在做一项工程,路人问三个石匠在做什么。第一个石匠回答:"混口饭吃,养家糊口。"第二个石匠回答:"我在做整个国家最出色的石匠工作。"第三个石匠回答:"我正在建造一座大教堂。"

在石匠的故事中,三个石匠分别是什么需要呢?很显然,第一个石匠是生理需要,第二个和第三个石匠都是自我实现需要。同为自我实现需要,有什么区别呢?其实,第二个石匠的满足感来自于个人的成就,而第三个石匠的满足感来自于他看到了自己工作和组织目标的关系,难能可贵。

因此,管理者在完成组织目标的过程中一方面要满足个人需要,使下级有胜任感、成就感;同时,满足个人需要的时候也要让其看到组织的目标,前进的方向,也就是要善于把组织目标与个人的需要紧密结合,这样事业才能发展。

3)理论评析

马斯洛是人本主义心理学家,他从人性理论出发,较早地对人的需要进行了具体的研究、分类和阐述,为研究人的行为提供了一个科学的理论框架,引起了人们对需要的关注和重视,特别得到了实践中管理者的普遍认可。需要层次理论在西方以至于后来在世界许多国家都产生了重大的影响。但是,人们对需要层次理论也提出了一些质疑。

(1)对需要层次的划分简单、机械,存在一些争议。例如:人在不同时期存在不同的需要,其实即使在同一个时期,需要也在不同程度的变化;某一个层次需要得到一定满足之后,是否一定会削减这种需要;需要层次是绝对的高低还是相对的高低?其实应该是由低到高相对排列,需要的层次应有其迫切性决定。因此,很多管理学家在其基础上进行了后续的研究,如和美国耶鲁大学组织行为学教授奥德弗的 ERG 理论,我国管理学者提出了需要的多样性、层次性、潜在性和可变性等,就是对马斯洛需要层次论的发展和完善。

(2)理论的假设前提是"人都是自私的"。认为人的需要是一种利己本能,是与生俱来的。如马斯洛将生理需要解释为维护自己生存,安全需要源于趋利避害的本能,社交需要是人享受生活的乐趣,尊重和自我实现需要源于出人头地的想法,他甚至将无私解释为"以健康的方式自私",否认无私行为的真实性,与实际不符。

(3)将人的需要归结为五个层次本身是不完善的。后来马斯洛发现还有爱美的需要、求知需要、劳动需要。最后归结为 13 个层次,没有得到认同。

2. 双因素理论

20世纪50年代,美国心理学家弗雷德里克·赫兹伯格对9个企业中的203名工程师和会计师进行了1844人次的关于"希望从工作中得到什么"的调查。发现受访人员不满意的因素多与他们的工作环境有关,而使他们感到满意的因素通常是由工作本身所产生的。依据调查结果,赫兹伯格提出了别具一格的双因素理论。

1) 基本观点

(1) 满意的对立面是没有满意,不满意的对立面则是没有不满意。赫兹伯格修正了传统的认为满意的对立面就是不满意的观点,认为满意与不满意是质的区别。因此,满意的对立面是没有满意,不满意的对立面则是没有不满意。如图7-6所示。同时,他把影响人工作动机的因素分为两类,能够使组织成员感到满意的因素称为激励因素,会使组织成员感到不满意的因素称为保健因素。

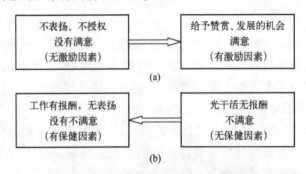

图7-6 不同的工作状态示意图

(2) 激励因素是以人对工作本身的要求为核心的。激励因素的内容都是跟工作本身相关的因素,包括:成就感、认同感、工作本身的挑战性趣味性、责任感、个人成长与发展等。如果工作本身富有吸引力,组织成员工作时就能得到激励;如果奖励是在完成之后,或离开工作场所之后才有价值和意义,则对工作只能提供极少的满足。

(3) 保健因素大多与工作以外的因素相关。包括:单位的政策、监督、人事关系、工作条件、薪酬等。如图7-7所示。

2) 理论启示

(1) 应提供保健因素,防止人产生不满。保健因素处理不好,会引发组织成员对工作不满情绪的产生,处理得好,可以预防或消除这种不满。但这类因素并不能对组织成员起激励的作用,只能起到保持人的积极性、维持工作现状的作用。所以保健因素又称为"维持因素"。

(2) 在激励因素上下功夫才有可能持续地激发人的积极性。并不是所有需要满足都能激起人的积极性,只有那些激励因素的满足,才能激发人的积极性,使人满意。例如,一个学生之所以潜心学习,是因为他对所学的知识感兴趣;而如果只是为了取得一定的学分。则其学习积极性一定难以持久,一旦取得必要的学分,他就不再努力钻研。也就是说,当工作本身具有激励因素时,人们对外部因素引起的不满足感会有较大的忍受力;而当他们经常处于没有"保健因素"的状态时,则常常会对周围事物感到极大的不满意。

(3) 善于把握激励因素与保健因素的转化。对于哪些属于激励因素,哪些属于保健

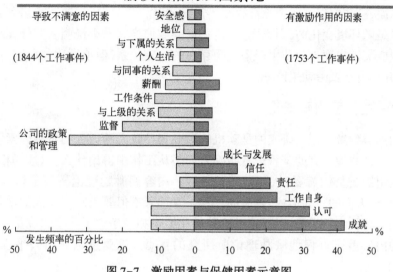

图 7-7 激励因素与保健因素示意图

因素,赫兹伯格是根据美国 20 世纪 50 年代末对部分工程师和会计师的调查得出的,并不一定符合国际的实际。对于每一个人来说,需要是因人而异的,激励因素和保健因素也会各不相同。对一个人来说是激励因素;而对另一个人可能就是保健因素。同时,激励因素和保健因素也可能随着时间的变化而变化。因此,某一个因素是激励因素还是保健因素要取决于环境,要带着权变的思想进行分析。

管理小贴士——双因素理论应用实例

双因素理论虽然存在着一些研究方面的不足,但却告诉管理者可以从组织成员的工作本身入手进行激励。苹果公司在其创业初期,员工们每周的工作时间不止 80 个小时,这种狂热的工作情绪不是处于公司的某项强制性规定,反而来源于工作本身的乐趣与挑战性,员工们为改变人们对计算机的看法这一理想而不懈奋斗。员工的这种动力来源于哪里呢?答案是苹果公司管理者的有效激励。

- 了解员工的兴趣爱好,尽量安排其从事自己喜欢的工作;
- 恰当的岗位轮换可以让员工寻找到自身的潜力和兴趣所在;
- 提供培训,让他们对工作更加得心应手,获得满足感;
- 工作设计要精心,增加趣味性、挑战性及其员工的征服欲;
- 适时适度奖励,使其感到满意。

3) 理论评析

赫兹伯格的双因素理论就如何针对组织成员需要来开展激励工作进行了更深入的分析,提出要调动和保持组织成员积极性的有效方法。双因素理论与马斯洛的需要层次理论是兼容并蓄的。只不过马斯洛的理论是针对需要和动机而言的,而赫氏理论是针对满足这些需要的目标和诱因而言的。具体来说,生理、安全、社交以及尊重需要中的地位为保健因素,而尊重中的晋升、褒奖和自我实现需要为激励因素。

不过,正如马斯洛的需要层次理论在讨论激励的内容时有固有的缺陷一样,赫兹伯格的双因素理论也有欠完善之处。像在研究方法、研究方法的可靠性以及满意度的评价标准这些方面,赫兹伯格这一理论都存在不足。同时,在"启示"中第三点讲到:激励因素和保健因素是随环境变化的,因人而异,这一点赫兹伯格并没有说明。另外,赫兹伯格讨论的是组织成员满意度与劳动生产率之间存在的一定关系,但他所用的研究方法只考察了满意度,并没有涉及劳动生产率。

7.3.2 过程型激励理论

前述的内容型激励理论研究的是动机的形成和导致人的行为的各种因素:需要内容和激励手段。这些理论有助于管理者明确人们想从工作中得到什么,以选择相应的激励措施来满足组织成员的需要,从而调动积极性。内容型激励理论研究了行为产生的原因,但未能解释人们的行为形成、发展的过程。管理者不但要判断一个人的动机,还要知道动机是如何转化为行为的,以便通过这种转化提供相应条件引导组织成员的行为。有关这方面的内容就是过程型激励理论所研究的重点。这里重点介绍公平理论和期望理论。

1. 公平理论

讨论题:"公平"和"平均"能划等号吗?你在学习和生活中有没有遇到不公平的事情?遇到这样的事,你会怎么做呢?不公平感是如何产生的?

公平理论是由美国心理学者斯达西·亚当斯(J. Stacey Adams)在1965年发表的《社会交换中的不公平》一文中首先提出的,也称为社会比较理论。

1) 基本观点

人是社会人。当一个人做出了成绩并取得报酬以后,他不仅关心自己所得报酬的绝对值,而且关心自己所得报酬的相对值。因此,他要进行种种比较来确定自己所获报酬是否合理,比较的结果将直接影响今后工作的积极性。这种"比较"分为横向比较和纵向比较。

(1) 横向比较——与别人比。横向比较是与"别人"的比较。"别人"包括在本组织中从事相似工作的其他人以及别的组织中与自己能力相当的同类人,包括朋友、同事、学生甚至自己的配偶等。

对某项工作的付出(inputs),包括工作数量与质量、技术水平、努力程度等,通过工作获得的所得或报酬(outcomes),包括工资、奖金、津贴、晋升、荣誉、地位等。

假设当事人为 A,他通过比较自己的收入——付出比率与别人的收入——付出比率,可能会发现三种不同的关系,根据自己所处的状态来决定自己的行为,如图 7-8 所示。

当 $[O/P]_A < [O/P]_B$ 时,即自己的收入/自己的付出<别人的收入/别人的付出时,显然不公平,A 会认为自己获得的收入过低,会产生不满情绪。这种不满情绪促使他去摆脱这种状态。它可以有三种选择:找上级理论,争取增加自己的收入而达到公平;减少自己的生产数量、时间或其他投入,从而减少付出而达到公平;离开这个组织,到新的组织中去寻求公平。

当 $[O/P]_A = [O/P]_B$ 时,即自己的收入/自己的付出等于别人的收入/别人的付出

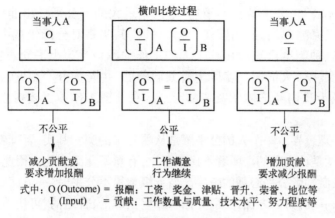

图 7-8 横向比较过程示意图

时，A 感觉公平。这样，它既不希望改变收入，又不希望改变付出，还是按以往的努力程度去工作。

当 $[O/P]_A > [O/P]_B$ 时，即自己的收入/自己的付出大于别人的收入/别人的付出时，A 会认为不公平，这是因为收入过高而引起的不公平。但这种不公平不会产生不满情绪，A 可能会比较满意。这种不公平会给 A 带来紧张感，促使其改变不公平状态。这时，A 所采取的方法通常是增加自己的付出以达到公平。

管理小贴士——如此分配合理吗？

某大学管理学院院长带 5 位老师做咨询项目，赚 30000 元，每人 5000 元。当天晚上一位老师退回 3000 元，认为自己做的比较少，拿 2000 就够了，你是院长该怎么办？

报酬高低对篮球运动员的影响

学者哈德的一份调查资料表明，垒球属于个体化运动，绩效与报酬成正比。篮球是群体性运动，感到报酬过高的人表现出与团队中队友的高水平合作，而报酬过低的队员会增加个人远距离投篮，忽视其他队友的有利位置。

（2）纵向比较——与自己比。

除了进行横向比较，还存在着在纵向上把自己目前的情况与过去的情况进行比较的问题，假设 N 表示现在，P 表示过去，结果仍然有三种情况。

当 $[O/P]_N < [O/P]_P$ 时，此时他觉得很不公平，工作积极性会下降，除非管理者给他增加报酬。

当 $[O/P]_N = [O/P]_P$ 时，他认为激励措施基本公平，积极性和努力程度可能会保持不变。

当 $[O/P]_N > [O/P]_P$ 时，一般来讲他不会觉得所获报酬过高，因为它可能会认为自己的能力和经验有了进一步的提高，其工作积极性不会因此而提高多少。

2）理论启示

（1）重视相对报酬。通过公平理论可以看到，影响激励效果的不仅有报酬的绝对值，还有报酬的相对值。因此，管理者给予下级的报酬不仅要足，更要公平、合理。

（2）树立差异化分配的理念。古人言"不患寡而患不均"。其实，更准确地讲应是"不患寡而患不公"。公平就是不平均,平均是最大的不公平。20世纪50年代,"大锅饭"一词可谓是家喻户晓,妇孺皆知。"大锅饭"其实是对分配领域中平均主义的形象比喻和概括,这种制度严重地压抑了人们工作的积极性。小平同志曾经明确指出:"过去搞平均主义,吃'大锅饭',实际上是共同落后,共同贫穷。"因此,打破"大锅饭",实行按劳付酬成为我国经济体制改革的起点。在管理工作中更要树立差异化分配的理念。

(3) 进行心理疏导。一个人的公平感是从哪儿来的呢?其实,管理者应建立一个概念:不公平的感觉是比出来的。明着不比暗着比,有意不比无意比。因此,在激励过程中一定要注意对被激励者公平心理的疏导。当下级觉得不公平时,一方面要让下级认识到绝对的公平是没有的;另一方面,要引导他和那些正确的、合适的、可比的人去比较,通过改变比较标杆,调整比较对象,使其心里恢复平衡。

(4) 尽量做到公正公开。一般而言,下级的不公平感来自两个方面:主观因素和客观因素。主观因素是指别人确实付出比你多,只不过自己不知道而已,源于信息的不对称;客观因素是指确实存在不公,干得多拿得少,这就要求公正,一碗水要端平。

3) 理论评析

公平理论不仅就组织成员对自己所得报酬比较后的心理状态作了详尽的描述,而且还对比较后可能引起的行为变化进行了预测。这些研究成果对管理者客观地评价工作业绩和确定合理的工作报酬,以及敏锐地估计下级的行为都是非常重要的。

公平理论也存在一定的缺陷,主要在于公平与否主要取决于下级的主观判断。在一般人的观念里,往往可能对自己的付出和别人所得的收入估计过高,本来实际上公平的状态,结果在人们的主观上变得不公平,从而影响努力程度。因而管理者按公平理论进行激励也会出现偏差。

2. 期望理论

期望理论是心理学家弗鲁姆(Victor Vroom)在其1964年出版的《工作与激励》一书中提出的,研究的初始目的是为了更好地理解和解释"人为什么选择现有的工作"。

1) 基本观点

人是理性的人,对于生活和事业的发展,他们有既定的信仰和基本的预测;一个人决定采取何种行为与这种行为能够带来的结果对他来说是否重要有关,人就是根据他对某种行为结果实现的可能性和相应报酬的重要性的估计来决定其是否采取某种行为的。可用公式表示为

$$激励力量(M) = 效价(V) \times 期望率(E)$$

激励力量是一个人受到激励的强度,即动机的强度,它表明一个人为达到目标而努力的程度。

效价指人们对目标价值的估计。对同一个目标,由于个人的需要不同,所处的环境不同,其对该目标的价值估计也往往不同。效价反映了一个人对某一结果的偏爱程度。某人对某种结果越是向往,此结果对该人而言其效价就越接近于1;如果这一结果对他来说无足轻重,他对结果也漠不关心,那么此结果的效价对他来说接近于0;如果他害怕这一结果的出现,那么效价就是负值。

期望率是指某人对实现某一目标的可能性的主观估计。一个人往往根据过去的经

验来判断一定的行为能够导致某种结果或满足某种需要的可能性大小,如果他认为某一目标是完全可能实现的,那么期望率为1;反之,若认为此目标根本不可能实现,则期望率为0。一般情况下,期望率介于0~1之间。

因此,进行激励时要注意以下三个关系:

努力与绩效的关系,即努力导致业绩的期望率 E_1——组织成员是否相信通过努力能完成任务;绩效与报酬的关系,即绩效导致报酬的期望率 E_2——组织成员是否相信好的绩效会带来报酬;报酬与个人需要的关系,即报酬的价值(效价) V——组织成员是否相信报酬是他所需要的。如图7-9所示。

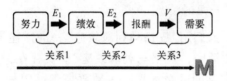

图7-9 期望——效价模型

2) 理论启示

(1) $M = E_1 \cdot E_2 \cdot V$(表示正相关)。

讨论题:队长为了鼓励学员努力学习,在全队提出:如果下学期每门功课都考90分以上,就可以获得嘉奖。学员会因此而努力学习吗?这条激励措施的效果会怎样呢?

根据期望理论,学员是否会因此而努力学习,取决于他对以下三个问题的考虑。

第一,我平时成绩怎么样?或者说我能不能做到每门功课都90分以上?这是学员对达到队长所定目标的可能性(期望率 E_1)分析。如果平时成绩很差,根本做不到,再多再好的奖励也与我无缘;如果平时成绩比较好,有可能达到这个目标,那么是否努力学习还要看下一个问题。

第二,队长说话算不算数?这是对奖励兑现的可能性(期望率 E_2)分析。如果队长说话经常不算数,所谓的奖励大概也是假的,考到90分也没用,不值得努力;如果队长向来说到做到,那么是否努力关键还要看第三个问题的答案。

第三,嘉奖对我来说重不重要?这是对达成目标后效价 V 的估计。

由此得出:一个人从事某项工作的动机强度是由其对完成该项工作的可能性、获取相应外在报酬的可能性的估计和对这种报酬的需求程度来决定的。根据期望率和效价的不同组合,将会产生不同的激励力量,如表7-2所列。

所以,激励时需要综合考虑 E_1、E_2、V,即 $M = E_1 \cdot E_2 \cdot V$。只有将这三点结合,当期望率和效价都比较高时,才有可能产生比较大的激励作用(表7-2)。

表7-2 激励力量的形成

努力导致业绩的期望率 E_1	高	中	高	高	低	低
绩效导致报酬的期望率 E_2	高	中	高	低	高	低
报酬的价值 V(效价)	高	中	低	高	高	低
激励力量 M	高	中	低	低	低	低

(2) 合理设定绩效。绩效值不是越高越好,也不是越低越好,关键要适当。当绩效设定远远高于实际情况时,就可能产生挫折感。所以很多高难度的重奖政策更多起到了示范性的导向作用,基本没有实际的激励作用;而绩效值太低,又会减少对目标的激励力量。

管理小贴士——期望理论遵循的篮板效应原则

- 任务指标比能力高一点
- 奖励比心里预期高一点
- 处罚比忍受程度低一点

(3) 科学影响效价。人们用"皮格马利翁效应"一词描述了期望所具有的巨大的改造现实的力量。在日常生活中,"皮格马利翁效应"确实存在,并且在近些年已经得到了大量研究的证实。哈佛大学研究员罗伯特·罗森塔尔就曾做过这样的实验,以此说明"皮格马利翁效应"的影响力。

管理小贴士——"皮格马利翁"效应

皮格马利翁是古希腊神话中的塞浦路斯国王。相传,他性情非常孤僻,喜欢一人独居,擅长雕刻。他用象牙雕刻了一座理想中的女神。天天与雕像作伴,雕像被他的爱和痴情所感动,变成了真人。皮格马利翁娶了少女为妻。他的故事后来被演化为心理学上著名的期望效应——皮格马利翁效应。

罗森塔尔去了一所小学,并告诉学校的老师们,他正在进行一项能确定学生学习潜力的测试。事实上他并不是真的在做测试。然后,他随意挑选出来一批学生,告诉老师,这些学生的天资非常好,如果能得到充分的指导,他们将会有非常优异的表现。到学年结束时,在罗森塔尔向老师们所指出的"冲刺能力强的学生"中,绝大多数的智商得分和学习成绩都有了大幅度的提高。

这其中的奥秘何在呢?原来,罗森塔尔提高了老师们对这批挑选出来的学生的期望率,因此老师们在教这些学生时,会真的把他们当作特别的学生来教。而老师们这般行为的每个方面都传递了这些学生。

"皮格马利翁效应"告诉我们:当我们传递我们对他人的看法以及期望时,我们就会对他们自身的期望率产生影响,而这种影响所产生的张力就可能把他们引向我们所期望的方向。当然,我们在他人眼中的位置越重要,对效价的影响力就越大。

3) 理论评析

从期望理论可以看到,弗鲁姆强调各个个体的复杂的需要与激励问题,马斯洛、麦格雷戈、赫茨伯格研究的是人类的共同特征,而弗鲁姆研究的是个体特征。尤其是他的理论是以个人的价值观为基础的,这种因人、因时、因地而异的价值观假设,比较符合现实生活,而且在逻辑上都是非常正确的。因此,期望理论是深受行为科学家欢迎的理论,因为他们认为这一理论能够被实践验证,并且比较清楚地说明了个体受到激励的原因。从实用的角度讲,期望理论为管理者提高下级的工作业绩指出了一系列可供借鉴的途径。

7.3.3 行为改造型激励理论

与前面介绍的内容型和过程型激励理论不同,行为改造型激励理论是把个人看做"黑箱",试图避免涉及人的复杂心理过程而只讨论人的行为,研究某一行为及其结果对以后行为的影响。强化理论就是这类研究中的一个典型代表,由美国哈佛大学的心理学家 B·F·斯金纳(B. F. Skinner)提出。

1. 基本观点

(1) 人具有学习能力。通过改变其所处的环境,可以保持和加强积极的行为,减少或消除消极行为,把消极行为转化为积极行为。

(2) 斯金提出了以下几种纳行为改造策略。

① 正强化。正强化是指对正确的行为及时加以肯定或奖励。

管理小贴士——香蕉奖励

美国福克斯波罗公司,专门生产精密仪器设备等高科技产品。在公司创业初期,有一次大家在技术改造上碰到了一个难题。一天晚上,正当公司总裁在冥思苦想对策时,一位科学家闯进办公室来,向总裁详细论述了他的解决方法。总裁听罢,觉得很有道理,便想立即给予他嘉奖,于是在抽屉中找来找去,但最后还是只找到了一根香蕉。他在给这位科学家香蕉时,说道"对不起,这是我所能找到的唯一奖品了"。

这位科学家为此十分感动。虽然奖励的只是一根香蕉,但这行为本身表示他所陈述的解决方法得到了总裁的认可。从此以后,该公司对攻克重大技术难题的技术人员,总是授予一只金制香蕉形别针。

福克斯波罗公司的总裁在没有别的东西做奖品的情况下,用一只香蕉作为嘉奖品,这样做至少有两个好处:一是受嘉奖者的行为受到肯定后,有利于他继续重复所希望出现的行为;二是以这种嘉奖行为,激励其他员工。其他人从中可以看到,只要按制度要求去做,就可以立即受奖,这说明制度和领导是可以信赖的,因为大家就会争相努力,以获得肯定性的奖赏。

② 负强化。负强化是指通过避免人们不希望的结果,而使行为得以强化。例如,下级努力按时完成任务,就可以避免上级的批评,于是人们就一直努力按时完成任务;上课迟到的学生受到老师的批评,不想受到批评的学生就努力做到不迟到。负强化可以增加某种预期行为发生的概率,而使一些不良行为结束或消退。

③ 忽略。又称为不强化,是指对某种行为不采取任何措施,既不奖励也不惩罚。这是一种消除不合理行为的策略,因为倘若一种行为得不到强化,那么这种行为的重复率就会下降。如果一个人老是抱怨分配给他的工作,但却没人理睬他,也不给他调换工作,也许过一段时间他就不抱怨了。

④ 惩罚。惩罚就是对不良行为给予批评或处分,与正强化是相对应的。

2. 理论启示

思考题:奖励和惩罚的效果有何区别?

1) 组合强化——奖励为主,惩罚为辅

表扬和惩罚在效果上的区别见表7-3。根据心理分析,奖励或表扬可使人产生一种积极的情绪体验,使人受到鼓舞,而惩罚或批评会引起忧虑甚至敌意。美国西点军校教官赖瑞·杜尼嵩曾说:"在面对面的领导中,处罚应该是最后的手段,因为要想改变部属的行为,处罚是效果最低的办法。"因此,在实际工作中应该把着眼点放在人们的长处上,重视发现人们的优点和长处,贯彻奖励与惩罚相结合,以奖励为主的原则。

表 7-3 表扬和惩罚在效果上的区别

激励方式	效果 行动变化比重		
	变好	没有变	变差
公开表扬	87	12	1
个别指责	66	23	11
公开指责	35	27	38
个别体罚	28	28	44
公开体罚	12	23	65

管理小贴士——奖励和惩罚的关系

奖励为主,惩罚为辅;奖罚兼顾,奖罚分明;
奖励多数,处罚少数;奖要逐步,罚要到位。

2) 权变强化——不同对象,不同措施

思考题:负强化和惩罚有什么区别?

人是有感情的,每一个人都有自己复杂的内心世界,有各自的性格、脾气,因此运用不同的行为改造策略时要注意从不同对象的心理特点出发,采取不同的方式方法。有的人爱面子,口头表扬就有作用,有的人讲实惠,希望有物质奖励;有的人脸皮薄,会上批评受不了,而有的人若不狠狠惩罚他,就满不在乎。因此,为了收到好的效果,必须针对不同激励对象采取不同的激励措施和方法。

3) 及时强化——赏不逾时,罚不迁列

无论是表扬还是批评,都要注意及时性,这是奖惩发挥激励作用的基础和前提。这就要求对好的行为及时予以肯定,如漫不经心,就会使人产生"是好是坏一个样"的感觉,好的行为就会逐渐消退;批评也要及时,不要到大家快淡忘了,再来"算旧账",或到群情激奋时再处理。大量心理研究表明,无论是奖励还是惩罚,及时激励的激励强度为80%,滞后激励的激励强度只有7%。

3. 理论评析

强化理论为预测和控制人的行为提供了可操作性的方法,为社会及工作行为的培训、教育以及人类社会化因素的培养形成,提供了心理学理论上的依据,有助于对人们行为的理解和引导。但是,强化理论只讨论了外部因素或环境刺激对行为的影响,忽视了人的内在因素和主观能动性对环境的反作用。

7.4 激励的策略

7.4.1 激励的基本原则

激励是一门学问,科学地运用激励理论,可以有效地激发组织成员的潜力,使组织目标和个人目标在实践中达到统一,进而提高组织的经营效率。正确的激励应遵循以下原则。

1. 组织目标与个人目标相结合的原则

在激励中设置目标是一个关键环节。目标设置必须以体现组织目标为要求,否则激励将偏离组织目标的实现方向。目标设置还必须能满足员工个人的需要,否则无法提高组织成员的目标效价,达不到满意的激励强度。只有将组织目标与个人目标结合好,才能收到良好的激励效果。一是把组织目标转化为员工个人目标,明确组织目标的实现将给员工带来的好处,使员工自觉从关心自身利益变为关心组织的利益,从而提高影响个人激励水平的效价;二是善于把组织、个人目标展现在员工眼前,不断增强员工实现目标的自信心,提高员工实现目标的期望率;三是制定具有一定挑战性的目标。

2. 物质激励与精神激励相结合的原则

组织成员存在物质需要和精神需要,相应的,激励方式也应该是物质与精神激励相结合。随着生产力水平和人员素质的提高,应该把重心转移到满足较高层次的需要,即社交、自尊、自我实现需要的精神激励上去,但也要兼顾好物质激励。物质激励是基础,精神激励是根本,在两者结合的基础上,逐步过渡到以精神激励为主。

3. 外在激励与内在激励相结合的原则

凡是满足组织成员对工资、福利、安全环境、人际关系等方面需要的激励,称为外在激励;满足组织成员自尊、成就、晋升等方面需要的激励,称为内在激励。实践中,往往是内在激励使组织成员从工作本身取得了很大的满足感。例如,工作中充满了兴趣、挑战性、新鲜感,工作本身具有重大意义,工作中发挥了个人潜力、实现了个人价值等等,对组织成员的激励最大。所以,要注意内在激励具有的重要意义。

4. 正强化与负强化相结合的原则

在管理中,正强化与负强化都是必要而有效的,通过树立正面的榜样和反面的典型,扶正祛邪,形成一种良好的风气,产生无形的压力,使整个群体和组织行为更积极、更富有生气。但是,鉴于负强化具有一定的消极作用,容易产生挫折心理和挫折行为,因此,管理者在激励时应把正强化和负强化巧妙地结合起来,以正强化为主,负强化为辅。

5. 按需激励的原则

激励的起点是满足组织成员的需要,但组织成员的需要存在着个体的差异性和动态性,因人而异,因时而异,并且只有满足最迫切需要的措施,其效价才高,激励强度才大。因此,对组织成员进行激励时不能过分依赖经验及惯例。激励不存在一劳永逸的解决方法,必须用动态的眼光看问题,深入调查研究,不断了解组织成员变化了的需要,有针对性地采取激励措施。

研究表明,年轻员工(25岁或以下)在尊重和自我实现需要方面比年龄大的员工(36岁或以上)更强烈;低层次的管理人员与小组织的管理人员比大组织的管理人员更易得到满足。管理者应根据组织性质及员工特点激励员工。

6. 客观公正的原则

在激励中,如果出现奖罚不当的现象,就不可能收到真正意义上的激励效果,反而还会产生消极作用,造成不良的后果。因此,在进行激励时,一定要认真、客观、科学地对组织成员进行业绩考核,做到奖罚分明,不论亲疏,一视同仁,使得受奖者心安理得,受罚者心服口服。

7.4.2 激励的基本方法

根据上述各种激励理论,管理者激励下属可采用多种方法和手段。其中最基本的方法是:工作激励、成果奖励和培养教育。工作激励是指通过设计合理的工作内容,分配恰当的工作来激发员工内在的工作热情;成果奖励是指在正确评估员工工作成果的基础上给予合理的奖惩,以保持员工行为的良性循环;培养教育是指通过思想、文化教育和技能培训,提高员工的素质,从而增强员工的进取精神和工作能力。

1. 针对需求给予合理报酬

一个员工之所以愿意积极地去从事某项工作,是因为从事这项工作能在一定程度上满足其个人的需求。工作本身给员工带来的需求的满足感是即时的和直接的,它使人感受到了成功的喜悦、自我的价值和社会的承认等。同样的,工作以外的奖励,如金钱、就业保障、晋升等也能在一定程度上满足人们的生理和心理需求。管理者要引导员工的行为,使得它向着有利于组织目标的方向行动,就必须把奖励的内容与员工的需求相结合,奖励的多少与工作业绩的高低相挂钩。

1) 奖品必须在一定程度上满足员工的需求

首先,管理者要了解员工希望从工作中得到什么,即了解员工的需求,据此才能确定合适的奖品。需要认识到的是,每个员工都是一个独特的不同于他人的个体,他们的需要、态度、个性及其他重要的个体变量各不相同。

保持良好的人际关系便于管理者获取有关员工需求的信息。知道了员工的需求以后管理者就可以据此来设置奖品。奖励可以是物质奖励,也可以是精神奖励;可以是正向奖励(奖),也可以是负向奖励(惩)。不管怎样,都必须针对员工的需求,才能有效引导员工的行为。

思考题:如果员工需求都不相同,管理者该如何设置奖励体系?

2) 奖励的多少应与员工的工作业绩挂钩

管理者奖励员工的目的是为了使员工的行为有助于组织目标的实现,如果奖励不与员工工作业绩挂钩,那么奖励也就失去了意义。那么,怎样才能把奖励与员工工作业绩挂钩起来呢?在实践中,管理者采取了各种各样的方法,常见的有以下几种。

① 按绩分配。即直接根据工作业绩的大小支付报酬。这是最古老的奖励方法,它使每一位员工都专注于自己的工作,根据工作成果领取报酬,业绩越好,报酬越多。属于这类方法的有绩效工资制等等。

② 按劳分配。即根据工作量支付报酬。从理论上讲,工作业绩与工作数量之间并不一定存在着必然的联系,组织应该按员工的工作业绩而不是工作努力程度来支付报酬。但事实上,很多工作无法用客观标准来衡量业绩的大小,而且一个组织中很多工作的完成得益于群体的努力,很难完全按个人的工作业绩来进行奖励。在这种情况下,管理者只好根据每个员工工作量大小的评估进行奖惩。例如,加班工资等。

③ 效益分红。即把奖励与员工对组织的贡献直接挂钩。这是一种把组织生产率的提高与员工的收入相联系的管理方法,它有助于鼓励员工群策群力,以积极的态度去解决组织在质量、生产率和其他方面存在的问题,因为根据其所带来的组织业绩的提高,员工将获得相应的报酬。例如,合理化建议奖、新产品开发奖、利润分享制度、差额结算制等。

④ 目标考核法。即按一定的指标或评价标准来衡量员工完成既定目标和执行工作标准的情况,根据衡量结果给予相应的奖励。这种方法比较适用于管理人员的考评。它通过事先确定目标和考评标准,然后对实际业绩进行衡量,最终根据目标达成度给予相应的奖惩。例如岗位经济责任制等。

不管采用哪一种方法,在对员工进行成果评价时都必须做到客观公正。因为按照"公平理论",人们会对自己的报酬公平与否进行比较,并将根据比较结果采取相应的行动。

2. 改进工作设计

根据激励理论,一个人的投入产出率取决于其所从事的工作是否与其所拥有的能力、动机相适应。通过合理地设计和分配工作,能极大地激发员工内在的工作热情,提高其工作业绩。这就要求在设计和分配工作的时候做到分配给员工的工作与其能力相适应,所设计的工作内容符合员工的兴趣,所提出来的工作目标富有挑战性。

1) 工作内容要考虑到员工的特长和爱好

每一个人所拥有的文化水平和能力是不同的,而且不同的工作对于人的知识和能力要求也不同,要做到"人尽其才",就必须根据各人不同的才能结构来设计和安排工,把人与工作有机地结合起来。

这就要求管理者在设计和安排工作前,首先,对每一个员工的才能结构有一个比较清楚的认识,这是合理利用人力资源的前提。其次,在设计和分配工作时,要从"这位员工能做什么"的角度出发来考虑问题。因为每一个人与他人相比都有其优势和劣势。一方面,由于人的精力是有限的,人们一般只能把自己有限的精力集中于一个或少数几个领域,因此,水平再高的人也总有自己的不足之处;另一方面,水平再低的人也总有某些独到之处。在进行工作内容设计时,合理地使用人力资源,扬长避短,使每一个人都从事其最擅长的工作。

由于一个人的工作业绩与其动机强度有关,因此,在设计和分配工作的时候,还要求在条件允许的情况下,尽可能把一个人所从事的工作与其兴趣爱好结合起来。"双因素理论"认为,能够激发人的工作动机的因素主要来自于工作本身。当一个人对某项工作真正感兴趣,并爱上此项工作时,他会千方百计去钻研,克服困难,努力把工作做好。

2) 工作目标应具有一定的挑战性

设计和分配工作,不仅要使工作的性质和内容符合员工的特点和兴趣,而且要使工作的要求和目标富有挑战性,这样才能真正激发员工奋发向上。

根据"成就激励论",人们的成就需要只有在完成了具有一定难度的任务时才会得到满足。如果管理者为保险起见,把一项任务交给一位能力远远高于任务要求的员工去做,这位员工凭实力可马上开展工作,但他会感觉到自己的潜力没有得到充分的发挥,随时间的推移,他会对该项工作越来越不感兴趣,越来越不满意,工作积极性也随之迅速下降。

与此相反,管理者或许会从迅速提高员工的技术水平和工作能力出发,把这项任务交给一位工作能力远远低于该项工作要求的员工去做。那么根据"期望理论",这位员工也许一开始就觉得自己不可能完成这项任务而放弃一切努力;即使这位员工在管理者的鼓励下,开始努力去做,也会在经过几次努力未获得成果以后,灰心丧气,不愿意再做新的尝试。

正确的做法应该是:把这项任务交给一个能力略低于工作要求的员工,或者说,应该对一位员工提出略高于其实际能力的工作要求与目标。如果这位员工不努力,那么这项任务将难以圆满完成;但只要员工在工作中愿意思考与努力,这项工作就有可能完成,目标就有可能实现。这样,不仅能在工作中提高员工的工作能力,而且能使员工获得一种成就感,从而较好地激发员工内在的工作热情。

思考题:以你自身学习或他人工作为例,说明工作激励的多种方法?

3. 教育培训

员工的工作热情和工作积极性通常与他们自身的素质有极大关系,一般而言,自身素质较好的人,自信心和进取心就强,比较注重高层次的追求,因此,相对来说比较容易自我激励,在工作中表现出高昂的士气和工作热情。所以,通过教育培训,增强员工的工作能力,提高员工的思想觉悟,从而增强其自我激励的能力,是管理者激励和引导下属行为的一种重要手段。教育培训的内容主要包括思想教育和业务知识与能力培训。

知识经济的特点是知识更新的速度不断加快,员工的知识结构不合理和知识老化现象日益突出。虽然员工在实践中不断丰富和积累知识,但仍需对他们采取各种形式的培训激励措施,充实员工知识,提高员工的工作适应能力,以满足他们自我实现的需要。

管理小贴士——教育培训实施要领

- 教育培训的内容要精心挑选,精华精炼,感人至深。切不可空洞说教,官话套话。
- 教育形式要灵活多样,生动活泼,富有吸引力。
- 注意教育中的反馈与沟通,务求实效。

4. 精神激励

精神激励是指精神方面的无形激励,包括目标激励、工作激励、参与激励、荣誉激励等。

精神激励是调动员工积极性、主动性和创造性的有效方式。精神激励不仅可以弥补物质激励的不足,而且可以成为长期起作用的力量,能激发员工的工作热情,满足自我发展需要,提高工作效率,具有不可替代的作用。

精神激励的一般形式如下。

1) 榜样激励

组织管理者以某些方面的有意识的行为来激发员工的激励方法就是榜样激励法。榜样的力量是无穷的。多数人不甘落后，但不知道从何做起。通过树立先进典型和领导者的宣传垂范，可以使广大员工找到一个参照并自我鞭策，增强其克服困难取得成功的决心和信心。

管理小贴士——榜样激励实施要领

- 选择先进典型做榜样激励，一定要客观真实，令人信服，否则只能起反作用。
- 要高度重视管理者自身的模范作用，管理者以身作则。

2) 荣誉激励

荣誉激励是满足员工自尊和自我实现的需求，也是激发他们奋力进取的重要手段，主要包括表彰、奖状、荣誉称号、晋升职务等。人人都具有自我肯定和被人肯定的需要，荣誉激励能够满足员工这种需要，从而大幅提高员工的工作热情、改善工作质量、激发创造能量，加速个人成长。对于一些工作表现比较突出、具有代表性的先进员工，给予必要的荣誉奖励，是很好的精神激励方法。

3) 情感激励

情感激励是通过建立一种人与人之间和谐、友好的感情关系，以调动工作积极性的激励方法。情感激励的形式多种多样，其最大特点在于关心人、爱护人、帮助人、尊重人，使被管理者时时感到自己受到重视和尊重。人是感情动物，被尊重是人最重要的情感需要。人一旦能感到被别人认同、被人尊重，在上级和同事的心目中占有一定的位置，那么他的工作积极性就会被激发起来。

以上激励手段，不管采取何种形式，都是外在激励和内在激励的统一。通过外部因素来诱使员工内在动力的产生，是管理者激励工作的要旨。

本 章 小 结

(1) 所谓动机是鼓励和引导一个人为实现某一目标而行动的内在力量。它是一个人产生某种行为的直接原因，在人类活动中能唤起、维持、强化人的行为。形成动机的条件，一是内在的需要，二是外部的刺激。其中内在的需要是促使人产生某种动机的根本原因。激励是激发人的内在动机，鼓励人朝着所期望的目标采取行动的过程。管理者通过外在的刺激，影响人们的动机，从而使其产生实现组织目标所希望的行为。

(2) 每一个管理者都是根据其对人性的认识来采取相应的管理行为的。人们对于人性有几种典型的看法，从而形成了不同的人性假设理论。归纳起来有五种，即经济人假设、社会人假设、自我实现人假设、复杂人假设和观念人假设。

(3) 关于激励的理论可分为三大类：内容型激励理论、过程型激励理论和行为改造型激励理论。内容型激励理论着重探讨如何能够打动一个人，包括需要层次理论、双因素理论、"ERG"理论、成就激励理论、激励需要理论等。过程型激励理论主要研究一个人被打动的过程，一般包括期望理论、公平理论等。行为改造型激励理论主要探讨如何引导和控制人的行为,包括归因理论、强化理论等。

(4) 管理者激励下属可采用多种方法和手段,其中最基本的方法是:工作激励、成果奖励和培养教育。工作激励是指通过设计合理的工作内容,分配恰当的工作来激发员工内在的工作热情;成果奖励是指在正确评估员工工作成果的基础上给予合理的奖惩,以保持员工行为的良性循环;培养教育是指通过思想、文化教育和技能培训,提高员工的素质,从而增强员工的进取精神和工作能力。

习　题

1. 需求、动机、行为之间有什么关系?根据动机理论,怎样才能使人产生某种特定的行为?
2. 对于人是怎么样的人,有哪几种典型的看法?
3. 简述三类激励理论的研究重点与方向。
4. 请运用需要层次理论分析以下现象或行为:
(1) 军校学员赴地方大学开展军事指挥与实践,训练非常辛苦却很期待,队列、歌声、口号比在本校做得还好。
(2)《自由与爱情》:"生命诚可贵,爱情价更高;若为自由故,两者皆可抛。"
(3) "黑煤窑"那么危险为什么还能招到很多工人。
(4) 公务员求职热。
5. 教室灯光明亮、按劳分配、奖励工资、军人外出是保健因素还是激励因素?
6. 请结合期望理论分析:在布置一项重大任务时,为什么常常要进行动员和形势分析?
7. 当下级向你抱怨不公平时,作为管理者该如何处理?
8. 为什么"干多干少一个样"会挫伤人们的工作积极性?
9. 根据强化理论,怎样才能控制人的行为?
10. 王军是某保障大队的一名战士,爱喝酒,喜欢打架。为此,受过单位的处分。但这名同志也有优点:干活不惜力,为人豪爽。在最近的一次保障任务中,优质地完成了任务,荣获"优秀突击队员"的称号。大队长决定奖励1000元,政委却认为应该给王军买一套高档运动服,前胸再印上"优秀突击队员"。你认为怎样奖励更合适,为什么?
11. 怎样进行有效的物质激励?
12. 常用的激励手段有哪些?各自有些什么特点?
13. 学员学习管理课程是为了满足马斯洛理论中的何种需要?对每一个学员来说这种需要是不是一样的?教员应该怎样才能满足学员的需要?学员应该如何进行自我激励?

第8章 现代管理方法

【学习目的】
(1) 现代管理方法的相关概念；
(2) 深刻理解学习现代管理方法的重要意义；
(3) 了解不同管理方法的发展历程；
(4) 能运用相关管理方法分析、解决实际问题；
(5) 引发对于现代管理方法更深入的思考。

管理方法，同人类的一切知识一样，来源于人类的实践活动，是随着人类社会实践的发展和科学技术的进步而不断发展起来的。

人们一直在管理活动中和社会实践中摸索，寻找着正确的、合乎需要的管理方式。随着资本主义大工业生产的发展，越来越细的专业化分工，越来越复杂的生产协作关系以及科学技术在生产过程中的日益广泛的应用，使得管理方法在实践中的作用变得越来越突出和重要了。人们开始把管理方法作为管理科学的一个重要组成部分而进行系统研究。本章主要介绍四种管理方法：标准化管理、质量管理、项目管理和目标管理。

8.1 标准化管理

8.1.1 标准化管理的相关概念

随着时间的推移和生产力的进步，关于标准的定义也会有新的变化。比较有影响力的定义有以下几种。

思考题：关于标准的定义有哪些共同要素？

一、标准

1. 盖拉德定义

1934年，约翰·盖拉德在《工业标准化——原理与应用》一书中，将标准定义为："对计量单位或基准、物体、动作、程序、方式、常用方法、能力、职责、办法、设置、状态、义务、权限、责任、行为、态度、概念和构思的某些特性给出的定义，做出规定和详细说明。它是为了在某一时期内运用，而用语言、文字、图样等方式或模型、样本及其他表现方法所做出的统一规定。"

2. 桑德斯定义

桑德斯在1972年出版的《标准化的目的与原理》一书中将标准定义为："经公认的权

威机构批准的一个个标准化工作成果。它可以采用以下形式：①文件形式，内容是记述一系列必须达到的要求；②规定基本单位或物理常数，如安培、米、热力学零度等"。这个定义强调标准是标准化工作的成果，要经权威机构批准。

3. WTO 标准定义

WTO/TBT（《技术贸易壁垒协议》）规定："标准是被公认机构批准的、非强制性的、为了通用或反复使用的目的，为产品或其加工或生产方法提供规则、指南或特性的文件"。

4. 国际标准定义

1996 年，ISO 与 IEC 联合发布第 2 号指南，该指南将标准定义为："标准是由一个公认的机构指定和批准的文件。它对活动或活动的结果规定了规则、导则或特性值，供共同和反复使用，以实现在规定领域内最佳秩序的效益"。

我国是 ISO 与 IEC 的正式成员，也按照上述定义把标准表述为："为了在一定的范围内获得最佳秩序，经协商一致制定，并由公认机构批准，共同使用和重复使用的一种规范性文件"。

而"规范性文件"又是诸如标准、技术规范、规程和法规等文件的通称，是"为各种活动或其结果提供规则、导则或规定特性的文件"（GB/T20000.1）。

思考题：不同组织对标准化的定义有哪些相同之处？

二、标准化

关于标准化的定义，国际标准化组织和有关国家及组织给出的定义各有不同，其中具有代表性的定义有以下几种。

1. 桑德斯定义

桑德斯在《标准化目的与原理》一书中将"标准化"定义为："标准化是为了所有相关方面的利益，特别是为了促进最佳的全面经济，并适当考虑产品的使用条件和安全要求，在所有相关方面的协作下，进行有秩序的特定活动而制定并实施各项规定的过程"。"标准化是以制定和贯彻标准为主要内容的全部活动过程"。"标准化以科学、技术与实践的综合成果为依据，它不仅奠定当前的基础，而且还决定了将来的发展，它始终和发展的步伐保持一致"。

2. 日本工业标准定义

日本工业标准 JSIZ81010《品质管制术语》中把"标准化"定义为："制定并贯彻标准的有组织活动"。而"标准"的定义是：为使有关人们之间能公正地得到利益或方便，出于追求统一和通用化的目的，而对物体性能、能力、配置、状态、动作、程序、方法、手续、责任、义务、权限、概念等所做出的规定。

3. 国际标准定义

国际标准化组织与国际电工委员会在 1996 年联合发布的 ISO/IEC 第 2 号指南《标准化与相关活动的通用词汇》（第 7 版）中，把"标准化"定义为：对实际与潜在问题做出统一规定，供共同和重复使用，以在预定的领域内获取最佳秩序的活动。实际上，标准化活动有制定、发布和实施标准所构成。标准化的主要作用在于改进产品、过程和服务的实用性，以方便技术协作，消除贸易壁垒。

我国 GB/T2000.1—2002《标准化工作指南第 1 部分：标准化和相关活动的通用词

汇》对"标准化"的定义等同采用 ISO/IEC 第 2 号指南的定义:为在一定范围获得最佳秩序,对现实问题或潜在问题制定共同使用和重复使用的条款的活动。上述活动主要包括编制、发布和实施标准的过程。标准化的主要作用在于为了其预期目的改进产品、过程或服务的适用性,防止贸易壁垒,并促进技术合作。

8.1.2 标准种类和标准体系

思考题:标准有哪些分类方式?

一、标准种类

1. 层次分类法

按照标准化层次标准作用和有效的范围,可以将标准划分为不同层次和级别的标准。

1) 国际标准

国际标准是由国际标准化组织或国际标准组织通过并公开发布的标准,因此,ISO、IEC 批准并发布的标准是目前主要的国际标准,ISO 确认并公布的一些国际组织制定发布的标准也是国际标准。

2) 区域标准

区域标准是由区域标准化组织或区域标准组织通过,并公开发布的标准。

3) 国家标准

国家标准是由国家标准机构通过并公开发布的标准。

4) 行业标准

由行业标准化团体或机构批准、发布并在某行业范围内统一实施的标准是行业标准。又称为团体标准。

我国的行业标准是对没有国家标准而又需要在全国某个行业范围内按照统一的技术要求所制定的标准。

5) 地方标准

地方标准是在国家的某个地区通过并公开发布的标准。

我国的地方标准是对没有国家标准和行业标准而又需要在省、自治区、直辖市范围内按照统一的产品安全、卫生、环境保护、食品卫生、节能等有关要求所制定的标准,它由省级标准化行政主管部门统一组织制定、审批、编号和发布。

6) 其他标准

其他标准包括公司标准、企业标准,是由企事业单位自行制定、发布的标准。也是"对企业范围内需要协调、统一的技术要求、管理要求和工作要求所制定的标准"。

2. 对象分类法

按照标准对象的名称归属分类,可以将标准划分为产品标准、工程建设标准、方法标准、工艺标准、环境保护标准、过程标准、数据标准等。

3. 性质分类法

按照标准的属性分类,可以把标准划分为基础标准、技术标准、管理标准和工作标准等。

(1) 基础标准:在一定范围内作为其他标准的基础并普遍使用,具有广泛指导意义的标准。

(2) 技术标准：对标准化领域中需要协调统一的技术事项所制定的标准。

(3) 管理标准：对标准化领域中需协调统一的管理事项所制定的标准。

(4) 工作标准：对企业标准化领域中需要协调统一的工作事项所制定的标准。

二、标准体系

1. 标准体系的概念

标准体系是一定范围内标准按其内在联系形成的科学有机整体。

标准体系是一定时期整个国民经济体制、经济结构、科技水平、资源条件、生产社会化和组织程度的综合反映。它反映了人们对客观规律的认识，又反映了人们的意志与愿望，是一个人造系统。

2. 标准体系结构

1) 空间结构

空间结构是有层次结构和领域结构组成，二者构成标准体系统一体。层次结构反映事物内在的抽象和具体，共性和个性的辩证关系。领域结构是指标准体系在技术工作、管理之间的内在联系及其展开。层次结构和领域结构是互相联结、互相渗透的。

2) 时间结构

标准体系的时间结构，就是标准体系空间结构在一定时间内的具体表现。具体说，就是在一定时间内，必须与当时的科学技术、经济的发展相适应。

为了不同的目的，可以从各种不同的角度，对标准进行不同的分类。

8.1.3　标准化的方法

思考题：标准化有哪些具体方法？

一、简化

1. 简化的定义

简化就是在一定范围内缩减对象的类型数目，使之在既定时间内足以满足一般需要的标准化形式。就是对具有同种功能的标准化对象来说，当多样性的发展规模超出了必要的范围时，消除其中多余的、可替换的、低功能的环节，保证其构成的精练、合理，并使整体功能最佳的方式。

2. 简化的原理

1) 简化的客观基础

(1) 事物的多样性是发展的普遍规律；

(2) 商品生产和市场竞争是产生多样化的重要原因；

(3) 控制对象类型的盲目膨胀是简化的直接目的。

2) 简化的操作原则

(1) 对客观事物进行简化时，既要对不必要的多样化加以压缩，又要防止过分压缩；

(2) 对简化方案的论证应以特定的时间、空间范围为前提；

(3) 简化的结果必须保证在既定时间内足以满足一般需要，不能因简化而损害消费者的利益；

(4) 对产品规格的简化要形成系列，其参数组合应尽量符合数值分级制度。

3. 简化的应用

在标准化活动中,简化应用最多的有以下几个方面。

(1) 原料与产品品种、规格的简化;

(2) 结构要素的简化;

(3) 工艺装备的简化;

(4) 零部件的简化;

(5) 数值的简化。

二、统一化

1. 统一化的定义

统一是指在一定范围、一定程度、一定时间、一定条件下,对标准化对象、功能或其他特征及特性所确定的一致性,且与被统一前事物的功能等效。统一化的实质是使对象的形式、功能(效用)或其他技术特征具有一致性,并把这种一致性通过标准确定下来。

2. 统一化的原则和方法

统一化是一个动态的过程。动态过程中需要遵循一定的原则。

1) 适时原则

统一化是事物发展到一定规模、一定水平时,人为地进行干预的一种标准化形式干预的时机是否恰当,对事物未来的发展有很大影响。把握好统一的时机,是搞好统一化的关键,也是统一化的一条原则。

2) 适度原则

统一要适度,这是统一化的另一条原则。所谓"度",就是在一定"质"的规定中所具有的一定"量"的值,"度"就是"量"的数量界限。统一化,既要有定性的要求,又要有定量的要求。所谓适度,就是要合理地确定统一化的范围和指标水平。

3) 等效原则

任何统一化都不可能是任意的,统一是有条件的。首要的前提条件是等效性。所谓等效,指的是把同类事物两种以上的表现形态归并为一种(或限定在某一范围)时,被确定的"一致性"与被取代的事物之间必须具有功能上的可替代性。

4) 先进性原则

统一化的目标绝非仅仅为了实现等效替换,而是要使建立起来的统一性具有比被淘汰的对象更高的功能,在生产和使用过程中取得更大的效益,为此还须贯彻先进性原则。所谓先进性,就是指确定的一致性或所作的统一规定应有利于促进生产发展和技术进步,有利于社会需求得到更好的满足。

3. 统一化的应用

统一化的对象主要有以下几种。

(1) 计量单位、术语、图形、符号、代码、标志;

(2) 产品性能;

(3) 零部件及其结构要素;

(4) 实验方法、检验方法、仲裁方法;

(5) 软硬件接口;

(6) 设计文件、工艺文件、检验文件、随机文件;

(7) 体制、制式；

(8) 信息格式、信息编码。

统一化的主要方法有以下几种。

(1) 选择统一。在需要统一的对象中选择并确定一个，以此来统一其余对象的方式。它适用于那些相互独立、相互排斥的被统一的对象。

(2) 局部式统一。功能相近的不同事物，或不同事物中的功能相同部分，经过统一达成相互转换。

(3) 融合统一。在被统一对象中博采众长，取长补短，融合成一种新的更好的形式，以代替原来的不同形式的方式。

(4) 创新统一。用完全不同于被统一对象的崭新的形式来统一的方式。

三、系列化

1. 系列化的定义

系列化是对同一类产品中的一组产品通盘规划的标准化形式。

系列化是标准化的高级形式。它通过对同一类产品国内外产需发展趋势的预测，结合自己的生产技术条件，经过全面的技术经济比较，对产品的主要参数、型式、功能、基本结构等做出合理的安排与规划。因此，也可以说系列化是使某一类产品系统的结构优化、功能最佳的标准化形式。

2. 系列化的过程

(1) 制定产品基本参数系列标准。其步骤和方法如下。

① 选择主参数和基本参数；

② 确定主参数和基本参数的上、下限；

③ 确定参数系列。

(2) 编制产品系列型谱。根据上述参数的论述，可以确定产品的型式、系列结构、用途、结构性能特点、品种、通用化关系及尺寸参数表等，并把基型产品和变型产品的关系及品种发展的总趋势用图表反映出来，形成一个品种系列表。系列型谱应确定现有品种和今后若干年内可能需要发展的新品种。因此，产品系列型谱是产品发展的总蓝图，是制订产品品种发展规划及开发新产品的基础，也是指导产品设计的用户选择产品的依据。

3. 产品的系列设计

根据产品的型式尺寸参数、产品的系列型谱、产品的制造与验收技术条件和国内外产品技术经济分析及社会需要，对包括基型和变型产品的整个系列进行技术设计和施工设计。

(1) 首先在系列内选择基型。

(2) 在充分考虑系列内产品之间，以及与变型产品之间的通用化的基础上，对基型产品进行总体设计或详细设计。

(3) 向横的方向扩展，设计全系列的各种规格。

(4) 向纵的方向扩展，设计变型系列或变型产品。

4. 系列化的应用

系列化广泛应用在武器装备、工具材料、计算机软件等的产品设计、产品更新、产品包装等方面。

四、通用化

1. 通用化的定义

通用化是指在互相独立的系统中,选择和确定具有功能互换性或尺寸互换性的子系统或功能单元的标准化形式。它是以互换性为前提的。

互换性指的是不同时间、不同地点制造出来的产品或零件,在装配、维修时不必经过修整就能任意替换使用的性质。互换性概念有两层含义:一是指产品的功能可以互换,称为功能互换性;二是尺寸互换性,当两个产品的线性尺寸相互接近到能够保证互换时,就达到了尺寸互换性。

2. 通用化的方法

在进行产品系列设计时,要全面分析产品的基本系列及派生系列中零部件的共性与个性,从中找出具有共性的零部件,先把这些零部件作为通用件,以后根据情况有的还可以发展成为标难件。如果对整个系列产品中的零部件都经过了认真的研究和选择,能够通用的都使之通用,这就叫系列通用。这是通用化的重要环节和基本方法。

3. 通用化的应用

通用化在工艺工作中得到了广泛的应用,主要是工艺规程典型化和成组工艺。

1)工艺规程典型化

它是从工厂的实际条件出发,根据产品的特点和要求,从众多的加工对象中选择结构和工艺方法相接近的加以归类,也就是把工艺上具有较多共性的加工对象归并到一起并分成若干类或组,然后在每一类或组中选出具有代表性的加工对象,以它为样板编制出的工艺规程称为典型工艺。

2)成组工艺

它是指零件成组加工或处理的工艺方法和技术。成组工艺是在总结典型工艺经验的基础上发展起来的。

五、组合化

1. 组合化的定义

组合化是按照统一化、系列化的原则,设计并制造出若干组通用性较强的单元,根据需要拼合成不同用途的物品的一种标准化的形式。

2. 组合化的前提

组合化的前提内容,主要是选择和设计标准单元和通用单元,这些单元又可称为"组合元"。

确定组合元的程序,大体是先确定其应用范围,然后划分组合元,编排组合型谱,检验组合元是否能完成各种预定的组合,最后设计组合元件并制定相应的标准。除确定必要的结构型式和尺寸规格系列外,拼接配合面(接口)的统一化和组合单元的互换性是组合化的关键。此外,还可预先制造并储存一定数量的标准组合元,根据需要组装成不同用途的物品。

3. 组合设计系统

组合设计系统指在设计新产品或新零件时,根据功能要求,尽量从存储的标准件、通用件和其他可继承的结构和功能单元中选择。

组合设计系统的工作程序如下。

(1) 输入产品的有关情报,主要是消费者的要求和产品的应用范围,并对消费者的功能要求进行分解。这是组合设计的准备阶段。

(2) 从存储子系统中检索、选择符合要求的单元或典型结构;同时,对必须重新设计的新单元,按设计标准的要求重新设计,然后将两部分加以组合。这是产品组合设计图纸的产生过程。

(3) 通过审查评价系统,对图纸进行审查、评价。

六、模块化

1. 模块化的定义

模块是构成系统的,具有特定功能,可兼容、互换的独立单元。

模块化是以模块为基础,综合了通用化、系列化、组合化的特点,应对复杂系统类型多样化、功能多变的一种标准形式,是标准化的一种形式。

模块化的对象是可分解的复杂系统。这个系统的特点是结构复杂、功能多变、类型多样。模块化操作有利于减少复杂性,创造多样性和多变性。

2. 模块化原理

模块化是由系统工程、系列化、通用化、组合化派生出来的一种新技术。模块化将产品的功能作为一个系统,并且以这个系统作为对象进行研究,再考虑产品的系列化、通用化。模块化是以组合化的分解、组合为基础来达到产品功能最优的目的。

模块化过程一般来说包括模块化的全部活动内容。如图 8-1 所示。

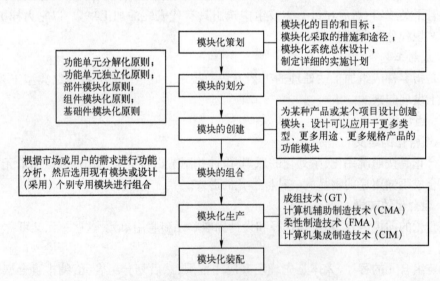

图 8-1 模块化过程的内容

思考题:标准的制定贯彻过程?

8.1.4 标准的制定与贯彻执行

《中华人民共和国标准化管理条例》规定:国务院有关部门和人民解放军的标准化机构,负责管理本部门的标准化工作。其下属单位的标准化管理机构,负责管理本单位的标准化工作和承办上级机关交给的标准化任务。贯彻国家有关的标准化方针、政策,制定本部门的规章制度和组织制度标准并贯彻执行,是标准化管理的主要环节。

一、标准的制定与修订

标准的制定和修订是推行标准化的前提,也是一项科学性、政策性很强,工作量很大的工作。制定先进、合理的标准,建立门类齐全、衔接配套的标准体系,是摆在我们面前的一项重要任务。

1. 制定和修订标准的原则

制定和修订标准,必须遵循以下原则。

（1）从全局利益出发,服从管理和保障任务的需要。

（2）正确处理技术先进与现实可能的关系。制定标准既要符合科学技术的要求,又要照顾实际情况。

（3）标准体系要做到协调一致,衔接配套。

（4）制定技术标准要密切结合我国的自然条件,合理利用国家资源。

（5）尽可能做到统而不死,活而不乱,留有余地。根据生产技术的发展和管理水平的提高适时修订标准。

2. 制定标准的程序和方法

制定和修订标准,必须遵循以下步骤。

（1）明确任务,拟定实施计划。

（2）调查研究,收集资料。

（3）编写标准初稿。

（4）征求意见,实验验证。

（5）标准草案的审定。

（6）批准和发布。

上述程序如图 8-2 所示。

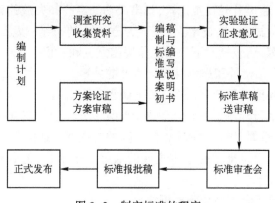

图 8-2 制定标准的程序

为了便于标准的贯彻执行,在编写标准文件时,应对其内容、名词、术语作统一规定。

就标准文件的用语和文字方面来说,应做到技术用语统一,用词严格确切,语言通俗易懂。

3. 标准的修订

标准制定以后,应在一定时期内保持相对稳定,以便通过重复利用,获得效益。但是,由于现代科学技术的迅速发展,标准又不能一成不变。当一项标准所采用的科学技术成果被新的、已用于生产的科学技术成果所取代时,就应及时制定新标准或修订原有标准的内容,将先进的技术成果和实践经验纳入标准之中。

《中华人民共和国标准化管理条例》规定:根据国民经济和国防科学工业的发展情况,对现行标准一般每隔三五年复审一次,分别予以确认、修订或废止。标准的修订、废止,由标准的审批机关批准,并通报有关部门。

经过修订的标准,其编号中的序号不变,只改变年号。修订标准的程序与制定标准相同,但可根据情况简化程序中的某些环节。

二、标准的贯彻执行

标准化的目的在于标准的贯彻,旨在使标准付诸实践才能达到发挥作用、提高效益的目的。同时,也只能在贯彻执行的实践中,才能检验、改进标准;因此,标准的贯彻执行是整个标准化活动的关键环节。

1. 贯彻标准的程序

标准的贯彻大致可分为以下四个步骤。

(1) 计划准备。标准贯彻计划主要包括以下内容:开始实施新标准的日期和要求;资料的准备,新标准的宣传和组织学习等工作的内容与进度;贯彻新标准的生产技术准备工作;新旧标准的过渡措施、负责单位和执行期限,必要的试点工作与负责单位和执行期限等。准备工作是贯彻标准的重要环节。

(2) 组织实施。根据不同的情况,标准的实施可采取不同的方式:①以单项标准为中心;②围绕其他工作任务去组织和推动标准的贯彻;③压缩贯彻与补充贯彻,对涉及面广、内容广泛的上级标准,要根据本单位的具体情况压缩使用,当上级标准的内容比较概括,不便于具体执行时,需要做出补充规定。

(3) 对照检查。通过及时检查比较,找出成功的经验和失败的教训。

(4) 总结处理。总结包括技术上的总结,方法上的总结;以及各种文件、资料的归纳、整理、立卷、归档等,还包括对下一步工作提出意见和建议。

2. 贯彻标准中要正确处理严肃性与灵活性的关系

强调严肃性,首先要有严肃的态度,真正认识贯彻标准是科学管理的基础。要准确理解标准内容,严格执行标准。所谓灵活性,有两个方面的含义:①当标准的某一部分、某项指标已失去先进性时,可以突破规定,向高的方向靠;②由于某些客观原因,暂时达不到标准要求的,经上级批准暂时按本企业的最好水平执行,但必须同时提出限期达到标准的措施。

3. 贯彻标准与推行全面质量管理相结合

全面质量管理体制是一种科学的质量管理方法,是现代管理科学在质量管理上的具体运用。全面质量管理与标准化有着密不可分的关系,标准化是全面质量管理的基础,全面质量管理体制是标准化的保证。因此,我们在贯彻标准时,一定要推行与全面质量管理相结合,充分运用全面量管理的一整套理论,方法,来保证标准的正确贯彻,促进标准化水平的不断提高。

8.2 质量管理

思考题:质量与质量管理的定义有哪些共同要素?

8.2.1 质量管理的相关概念

一、质量与质量管理

21世纪是质量的世纪,产品的质量代表了一个国家的科学技术、生产水平、管理水平和文化水平。当今世界经济发展正经历由数量型增长向质量型增长的转变,市场竞争也由价格竞争为主转向质量竞争为主。任何一个组织要发展,必须视质量为生命,以持续的质量改进作为永恒的目标。

1. 质量

人们对质量概念的认识是一个不断变化的过程,包含了很多著名质量学者和组织的相关理念。

1) 克劳斯比

美国质量管理学者克劳斯比将质量定义为:质量就是合乎标准。质量标准可以将质量量化为便于衡量的特性值。质量必须符合要求,意味着组织的运作不再只是依靠意见或经验,而是将所有的脑力、精力、知识集中于制度质量标准。达到标准的质量是企业质量管理所追求的目标。

2) 朱兰

朱兰认为,产品质量就是产品的适用性,即产品在使用时能成功地满足用户需要的程度。

此定义有两方面含义,即使用要求和满足程度。人们使用产品,总是对产品质量提出一定的要求,而这些要求往往受到使用时间、使用地点、适用对象、社会环境和市场竞争的影响,这些因素的变化会使人们对产品提出不同的质量要求。

用户对产品的使用要求的满足程度,必然反映在对产品的性能、经济特性、服务特性、环境特性和心理特性等方面的态度上。因此,质量是一个综合的概念。但是,质量并不意味着要求技术状态越高越好,而是追求外观、性能、安全、成本、数量、期限及服务等因素的最佳组合,即所谓的适当。

3) 田口玄一

田口玄一提出的质量概念是以否定的方式来定义质量的。田口玄一对质量的定义是:产品从装运之日起,直到使用寿命完结止,给社会带来的损失的程度。换句话说,质量是用产品出厂后,带给社会的损失大小来衡量。其中损失可以分为有形损失和无形损失。有形损失包括三个部分:一是由于产品性能波动所造成的损失;二是由于产品缺陷项目所造成的损失;三是产品的额外使用费用。无形损失包括导致企业信誉损失的顾客满意成本。

4) ISO9000标准

国际标准化组织(ISO)在ISO9000标准中,把质量定义为一组固有特性满足要求的程度。这一定义可以从以下几个方面来理解。

① 质量是以产品、体系或过程作为载体的。定义中"固有"是指在某事或某物中本来就有的,尤其是那种永久的特性。"特性"是指可区分的特征,它可以是固有的或赋予的、定性的或定量的。特性有多种类型,如物理的、感官的、行为的、时间的、人体功效的、功能的等。

② 定义中的"要求"是指明示的、通常隐含的或必须履行的需求或期望。"通常隐含的"是指组织、顾客和其他相关方的惯例或一般做法,所考虑的需求或期望是不言而喻的。特定要求可使用修饰词来表示,如产品要求、质量管理要求、顾客要求;规定要求是经明示的要求,需在文件中予以阐明。要求可由不同的相关方提出。

③ 质量是名词。质量本身并不反映一组固有特性满足顾客和其他相关方要求的能力的程度。所以,产品、体系或过程质量的差异要用形容词加以修饰,如质量好或质量差等。

④ 顾客和其他相关方对产品、体系或过程的质量要求是动态的、发展的和相对的。它随着时间、地点、环境的变化而变化。所以,应定期对质量进行评审,按照变化的需要和期望,相应地改进产品、体系或过程的质量,这样才能确保持续地满足顾客和其他相关方的要求。

2. 质量管理

根据 ISO9000 标准,对质量管理的定义是:在质量方面指挥和控制组织的协调的活动。通常包括质量方针和质量目标以及质量策划、质量控制、质量保证和质量改进。可从以下几个方面来理解。

(1) 组织的质量管理是指导和控制组织的与质量有关的相互协调的活动。它是以质量管理体系为载体,通过建立质量方针和质量目标,并为实施规定的质量目标进行质量策划,实施质量控制和质量保证,开展质量改进等活动予以实现的。

(2) 组织的基本任务是提供能符合顾客和其他相关方要求的产品,围绕产品质量形成的全过程实施质量管理是组织的各项管理的主线,因此质量管理是组织各项管理的重要内容,深入开展质量管理能推动组织其他的专业管理。

(3) 质量管理涉及组织的各个方面,能否有效地实施质量管理关系到组织的兴衰。组织的最高管理者正式发布组织的总的质量宗旨和质量方向在确立组织质量目标的基础上,运用管理的系统方法建立质量管理体系,为实现质量方针和质量目标配备必要的人力和物力资源,开展各项相关的质量活动。所以,组织应采取激励措施激发全体员工积极参与,提高他们充分发挥才干的工作热情,营造人人做出应有贡献的工作环境,确保质量策划、质量控制、质量保证和质量改进活动顺利地进行。

思考题:质量管理的演变发展过程。

二、质量管理的发展历程

质量管理是随着生产的发展和科学技术的进步而逐渐形成和发展起来的,它发展到今天大致经历了三个阶段。

1. 质量检验阶段

所谓质量检验,就是把检验直接从生产工艺过程中独立出来,对生产的产品用各种各样的检验设备和仪表,进行全数检查和筛选,看它是否达到规定的技术要求,将检查出来的不合格品挑出来,只让合格品通过。它的基本方式是整个生产过程实行层层把关,防止不合格品流入下道工序或出厂。

质量检验虽然对保证产品质量起到了把关的作用。然而,也存在着许多不足之处:①对产品质量的检验只有检验部门负责,没有其他管理部门和全体员工的参与,尤其是直接操作者不参与质量检验和管理,就容易与检验人员产生矛盾,不利于产品质量的提高;②主要采取全数检验,不仅检验工作量大,检验周期长,而且检验费用高;③由于是事后检验,没有在制造过程中起到预防和控制作用,即时检验出废品,也已既成事实,质量问题造成的损失已经难以挽回;④全数检验在技术上优势变得不可能,如破坏性检验,判断质量与保留产品之间发生了矛盾,这种质量管理方式逐渐不能适应经济发展的要求,需要改进和发展。

2. 统计质量控制阶段

第二次世界大战期间,美国许多工厂转入军品生产。由于产品质量控制不住,交付时出现了大量废品而耽误了交货期。欧洲战场上质量事故层出不穷,影响了士兵的士气。于是美国国防部邀请专家制定了"战时质量管理办法",由当时的美国标准协会出版了美国战时标准 Z1.1~Z1.3,将数理统计方法和控制质量的管理图法引入了美国的兵器工业,颇见成效。把概率论和数量统计应用到质量管理中,最早是由美国贝尔研究所的休哈特于 1924 年首先提出。休哈特提出通过对小部分样品的测试来推测和控制全体产品或工艺过程的质量状况,防止不合格品的产生,并在生产现场中最早采用了质量控制的"6σ"控制图。其后又由贝尔研究所的道奇和罗密格联合提出在破坏性检验情况下采用的"抽样检验表",为解决这类产品的质量控制提出了初步的科学依据。

用管理图表从生产过程中取得数据资料进行统计、分析不合格产品产生原因,并采取措施,使生产过程保持在不出废品的稳定状态,这样的质量管理成为统计质量管理(Statistical Quality Control,SQC)。

统计质量管理的方法利用控制图对大量生成的工序进行动态控制,有效防止了不合格品的产生;质量管理重视产品质量优劣的原因研究,提倡以预防为主的方针;很好解决了全数检验和破坏性检验的问题。但还是存在许多不足之处:①它仍然以满足产品标准为目的,而不是以满足用户需求为目的;②它仅偏重于工序管理,而没有对产品质量形成的整个过程进行管理;③统计技术难度较大,主要靠专家和技术人员,难以调动广大工人参与质量管理的积极性;④质量管理与组织管理没有密切结合起来,质量管理仅限于数学方法,常被忽略。由于上述问题,统计质量控制也无法使用先到工业生产发展的需要。

3. 全面质量管理

全面质量管理阶段是从 20 世纪 60 年代开始的,促使统计质量控制向全面质量管理的原因主要有:①科学技术的进步,出现了许多高精尖的产品,这些产品对安全性、可靠性等方面的要求越来越高,SPC 已不能满足这些高质量产品的要求;②随着生活水平的提高,人们对产品的品种和质量有了更高的要求,而且保护消费者利益的运动也向企业提出了"质量责任"问题,这就要求质量管理进一步发展;③系统理论和行为科学等管理理论的出现和发展,对企业组织管理提出了变革要求,并促进了质量管理的发展;④激烈的市场竞争要求企业深入研究市场需求情况,制度合适的质量,不断研制新产品,同时还要做出质量、成本、交货期、用户服务等方面的经营决策。

在这些新的社会历史背景和经济发展形势的客观要求下,20世纪60年代初,美国通用电气公司的工程师费根鲍姆和质量管理专家朱兰提出了全面质量管理这一新的质量管理理论。由于全面质量管理理论符合当今世界经济技术发展的需要,很快普及到全世界。全面质量管理从20世纪60年代以来,经过许多国家在实践中运用、总结、提高,其内容和方法日趋完善,并形成了完整的科学体系。通常称全面质量管理阶段是质量管理的完善期和巩固期。

8.2.2 质量的形成过程——质量螺旋曲线

质量环又称质量螺旋,它的定义可叙述为"从识别需要直到评定能否满足这些需要为止的各个阶段中,影响产品、过程或服务质量的相互作用活动的理论模式"。质量环是指导企业建立质量体系的理论基础和基本依据。

任何产品都要经历设计、制造和使用的过程,产品质量相应地有产生、形成和实现的过程。在这个过程中,企业各部门应该发挥什么作用,应该承担什么职责,这些就是质量职能的主要内容。企业中的质量职能一般包括:市场调研、设计、规范的编制和产品研制、采购、工艺准备、生产制造、检验和实验、包装和储存、销售和发运、安装和运行、技术服务和维护、用后处置等个环节,这个环节构成一个质量螺旋,如图8-3所示。

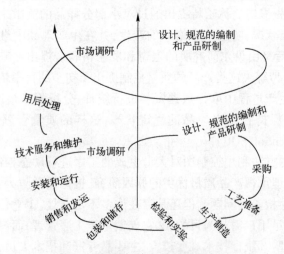

图8-3 质量螺旋上升过程示意图

必须指出,该质量环上的各个环节,是针对制造装配型产品质量形成全过程所作的一般描述。质量环的最后一个环节是"用后处理",是指危及社会环境、影响人类安全的产品在使用报废后必须妥善处理的环节,并不是所有的产品都存在这一环节。因此并不是说企业生产的任何产品质量都要完全按照上述质量环所有环节运行,根据企业特点,产品类型和生产性质的不同,其质量环所包含的环节也会有所不同。例如,有的企业是按照外来图样进行加工制造的,因此其质量环中不需要经历"设计、规范的编制和产品研制"这一环节。由此可见,企业建立质量体系时首先必须正确地分析本企业产品质量形成全过程应包含哪些环节,这是建立质量体系的具有指导性的一步。

8.2.3 质量管理的基本原则

1. 以顾客为中心

组织依存于其顾客,因此组织应当理解顾客当前的和未来的需求,满足顾客要求并争取超越顾客期望。

2. 领导作用

领导者将本组织的宗旨、方向和内部环境统一起来,并创造使员工能够充分参与实现组织目标的环境。

3. 全员参与

各级人员是组织之本,只有他们的充分参与,才能为组织带来最大的收益。

4. 过程方法

将相关的资源和活动作为过程进行管理,可以更高效地得到期望的结果。

任何将所接收的输入转化为输出的活动都可以视为过程。组织为了能有效地运作,必须识别并管理许多相互关联的过程,通常一个过程的输出会直接成为下一个过程的输入,组织系统地识别管理的系统方法并管理所采用的过程以及过程之间的相互作用,称为"过程方法"。

5. 管理的系统方法

针对设定的目标,识别、理解并管理一个由相互关联的过程所组成的体系,有助于提高组织的有效性和效率。系统方法的特点在于它围绕某一个设定的方针和目标,确定实现这一个方针和目标的关键活动,识别由这些活动构成的过程,分析这些过程间的相互作用和相互影响的关系,按某种方式或规律将这些过程有机地组合成一个系统,管理由这些过程构成的系统,使之能协调地运行。

6. 持续改进

持续改进是组织一个永恒的目标。人们对过程结果的质量要求也在不断提高,因此,管理的重点应关注变化或更新产品所产生结果的有效性和效率,这就是一种持续改进的活动。由于改进是无止境的,所以持续改进是组织的永恒目标之一。

7. 基于事实的决策方法

对数据和信息的逻辑分析或直觉判断是有效决策的基础,成功的结果取决于活动实施之前的精心策划和正确的决策,而正确、适宜的决策依赖良好的决策方法。依据准确的数据和信息进行逻辑推理分析或依据信息做出直觉判断是一种良好的决策方法。利用数据和信息进行逻辑判断分析时可借助其他的辅助手段。

8. 与供方互利的关系

通过互利的供方关系,增强组织和供方创造价值的能力。通常,某一个产品不可能由一个组织从最初的原材料开始加工直至形成最终顾客使用的产品,而往往是通过多个组织分工协作来完成的。因此,绝大多数组织都有供方。

供方所提供的高质量产品是组织为顾客提供高质量产品的保证之一。组织市场的扩大,则为供方增加了更多的合作机会。所以,组织与供方的合作与交流是非常重要的。最终促使组织和供方均增强了创造价值的能力,使双方都获得了效益。

8.2.4 质量管理的持续改进方法

PDCA 循环是由美国质量管理学专家戴明在 20 世纪 60 年代初创立,故也称为戴明环活动。PDCA 循环中的四个英文字母分别代表"plan"(计划)、"do"(执行)、"check"(检查)、"action"(处理)的缩写。这四个阶段不断循环,周而复始,使质量不断改进。图 8-4 所示为 PDCA 循环示意图。

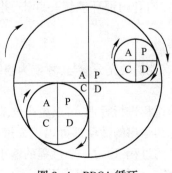

图 8-4 PDCA 循环

思考题:PDCA 循环具体运作方法?

1. PDCA 循环的四个阶段

1) 计划制定阶段——P 阶段

这一阶段的总体任务是确定质量目标,制定质量计划,拟订实施措施。具体可以分为四个步骤。

步骤一:分析产品质量,找出存在的质量问题。根据顾客、社会以及组织的要求和期望,对组织现在所提供的产品和服务的质量加以衡量,找出差距或问题的所在。

步骤二:对造成产品质量问题的各种原因和影响因素进行分析。根据质量问题及其某些迹象,进行细致入微的分析,找出致使出现质量问题的各种因素。

步骤三:从各种原因中找出影响质量的主要原因。影响质量的因素通常很多,但起主要作用的则只在少数,找出这些因素并加以控制或消除,可产生显著的效果。

步骤四:针对影响质量问题的主要原因制定对策,拟订相应的管理和技术组织措施,提出执行计划。

在计划的制定过程中,必须明确制订计划的原因、目的、计划期、计划执行人、计划执行地点及执行方法等问题,以确保计划的可行性。此阶段最好制定若干个可行计划,经全面评价和比较后,从中选择一个最优计划为行动方案。该计划经过批准后,方可作为正式计划下达。

2) 计划执行阶段——D 阶段

执行就是具体运作,即实现计划中的内容。

3) 计划检查阶段

这一阶段就是要总结执行计划的结果,分清对错,明确效果,查出问题。

4) 计划处理阶段——A 阶段

此阶段包括以下两个步骤。

（1）巩固提高。即把措施计划执行成功的经验进行总结并整理成标准，以巩固提高。

（2）把本工作循环尚未解决的问题以及出现的新问题，提交到下一步工作去解决。

2. PDCA 循环的特点

（1）PDCA 中的一个阶段也不能少。

（2）大环套小环，互相衔接，互相促进。如图 8-5 所示，可以把质量保证体系视作一个大的管理循环，使之形成一个有机整体。同时，在管理循环的四个阶段，也必须按 PDCA 循环办事，从而推动与确保活动目标的实现。

（3）转到一周，提高一步，如同爬楼梯，螺旋式上升。如图 8-5 所示，PDCA 循环每执行一次，就应解决好原有问题，实现预定目标。对遗留或新提出的问题，可作为下一个循环新目标的部分内容，转入新的管理循环，从而进一步提高质量。

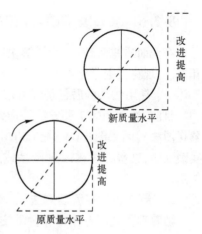

图 8-5　PDCA 循环不断上升

8.2.5　质量管理的实施过程

为了有组织并有效地开展以质量保证为中心的质量管理活动，一般要进行以下活动。

（1）为了推进全企业/组织的质量管理，以由经营者构成的推进组织为核心，根据企业的实际情况设置质量保证、标准化等相关的 QC 小组和委员会等。

（2）明示企业质量、质量管理的基本方针和目标，制订、实施相应的计划。建立评价实施结果，适时进行诊断，采取适当措施的管理体系，并贯彻执行。

（3）在质量管理规定中，明确各部门的质量责任和权限。确定相应的管理项目，以便确认在日常工作中各部门是否确实履行了各自的质量责任。利用管理图表等掌握具体动态并相应地采取必要的改进措施。

（4）各种标准是企业固有技术、管理技术等的积累。为了避免标准的僵化，应当不断加入新的信息，关注标准的修订和制定，以及在日常工作中的应用。

（5）质量管理"始于教育终于教育"，是"人本管理"。企业应对包括经营管理者到操作者各层次的员工进行系统的质量管理教育，提高质量意识、开发能力和管理技术水平，培养能够应对变化、具有挑战精神的人才。

（6）企业未来能够在严峻的环境中生存和发展，就必须不断地开展改进和改革活动。企业的重要问题应通过建立在方针管理上的项目团队及各部门来解决。带着问题意识观察生产现场就会发现仍然存在很多问题，这是植根于生产现场的 QC 小组活动等取得巨大成果的原因之一。

（7）信息引导行动。企业内外有很多过程异常、检查、投诉、关于产品质量等的信息。应收集、分析这些信息，并迅速传递给需要部门，以便在上述活动中应用。质量管理被称为"基于事实的管理"。数理统计的理论和方法对于客观地掌握事实、做出正确判断是非常重要的。在质量管理的各种活动中应坚持应用统计方法。

（8）ISO9000 国际质量管理体系标准的认证制度。企业可以利用 ISO9000 标准认证制度和各种质量奖项评选提高自身的质量管理水平。

8.2.6　质量管理的常用方法

在全面质量管理中,为了解决产品质量或服务质量问题,必须采用科学的管理技术和方法,现将目前常用的分析质量和控制质量的方法概述如下。

一、常用的 7 种质量管理方法

目前,最常用的 7 种方法是指分层法;调查表法(又称检查表法);排列图法(又称帕累托图法);因果图法(又称鱼刺图法);直方图法;控制图法;散布图法(又称相关图法)。实践证明,这些方法在改进产品或服务质量和提高企业的经济效益方面发挥了巨大的作用。

二、新 7 种质量管理方法

随着现代化工业生产和科学技术的发展以及生产规模的扩大和生产效率的提高,用户和社会对产品质量的要求越来越苛刻,对企业的生产活动和质量管理也提出越来越多的限制条件和要求。企业面临的市场竞争越来越激烈,只有提供优质的产品或服务,才能求得生存和发展。这些新的要求,推动了质量管理的进一步科学化和现代化,促进了在质量管理工作中更加自觉地利用先进科学技术和科学管理方法。常用的 7 种方法已不能满足新的形势需要。国外从 20 世纪 70 年代开始探索新的质量管理方法,从运筹学、系统分析理论、网络理论、价值工程等学科中逐渐提炼和创新出一套对推行全面质量管理有效的 7 种方法,又称新 7 种方法。新 7 种方法是关系图法(又称关联图法)系统图法、矩阵图法、矩阵数据分析法、矢线图法(又称箭条图法)。

三、抽样检验法

抽样检验法就是从一批产品的总体中随机地抽取一定数量的产品,并对这些产品进行逐个测定,然后将测定结果同规定标准进行比较,最后对产品质量做出统计判断。这是一种检验产品质量的统计方法,它能对产品质量起到把关作用。抽样检验法适用于连续流水线上的产品、大批量产品以及属于破坏性检验产品的质量控制与检验。因为在大批量产品检验中,要是将整批产品逐个检验就需要大量人力和很高的费用,而且由于产品批量太大也不能避免检验人员不犯错误。同样,属于破环性检验的产品,要做到全数检验也是不现实的和不可能的,因此通常在上述情况下,采用抽样检验方法可以获得显著的经济效果。抽样检验适用范围很广,它可以用于原材料、半成品、成品的质量检验和工序质量控制,以及两个不同部门之间的产品交、收等方面。

四、正交实验法

正交实验是一种用于设计和分析多因素实验的科学方法。它是利用一张规格化的"正交表",通过挑选实验条件,根据"均衡搭配"原理,科学地安排实验,经过若干次实验就可以找到影响实验结果主要的和次要的因素,进而确定最优的和次优的生产条件。对于同样的一个实验,采用正交实验方法要比采用一般实验方法,所需要的实验次数要少得多。这说明正交实验法具有很高的工作效率。目前,这种方法已在科学实验、工业、农业生产中得到广泛应用,在质量管理实践中同样已被证明是非常有效的方法。

8.3 项目管理

8.3.1 项目管理概述

1. 项目及项目管理相关定义

项目管理(PM)是"管理科学与工程"学科的一个分支,是介于自然科学和社会科学之间的一门边缘学科。

对项目管理的定义是:项目的管理者,在有限的资源约束下,运用系统的观点、方法和理论,对项目涉及的全部工作进行有效地管理。即从项目的投资决策开始到项目结束的全过程进行计划、组织、指挥、协调、控制和评价,以实现项目的目标。

项目是指一系列独特的、复杂的并相互关联的活动,这些活动有着一个明确的目标或目的,必须在特定的时间、预算、资源限定内,依据规范完成。项目参数包括项目范围、质量、成本、时间、资源。

"项目"自古有之,但"项目管理"却是人们在不断做项目的基础上,逐步总结归纳形成的一种管理思维和模式。随着人类社会逐步迈向知识经济和信息社会,原有工农业经济社会周而复始不断重复的"日常运营"活动为主的财富创造范式正逐渐被一次性、独特性和创新性的"项目"所替代,原有以职能管理为主导的管理模式正在逐步转为以现代项目管理为主导的全新的管理模式。

思考题:项目与日常运营有哪些区别?

2. 项目的特性

工作总是以两类不同的方式来进行的,一类是持续和重复性的,另一类是独特和一次性的。任何工作均有许多共性。

(1) 要由个人和组织机构来完成;
(2) 受制于有限的资源;
(3) 遵循某种工作程序;
(4) 要计划、执行、控制等;
(5) 受一定时间内的限制。

项目管理具有以下属性。

1) 一次性

一次性是项目与其他重复性运行或操作工作最大的区别。项目有明确的起点和终点,没有可以完全照搬的先例,也不会有完全相同的复制。项目的其他属性也是从这一主要的特征衍生出来的。

2) 独特性

每个项目都是独特的。或者其提供的产品或服务有自身的特点;或者其提供的产品或服务与其他项目类似,然而其时间和地点,内部和外部的环境,自然和社会条件有别于其他项目,因此项目的过程总是独一无二的。

3) 目标的确定性

项目必需有确定的目标如下。

(1) 时间性目标,如在规定的时段内或规定的时点之前完成。

(2) 成果性目标,如提供某种规定的产品或服务。

(3) 约束性目标,如不超过规定的资源限制。

(4) 其他需满足的要求,包括必须满足的要求和尽量满足的要求。

目标的确定性允许有一个变动的幅度,也就是可以修改。不过一旦项目目标发生实质性变化,它就不再是原来的项目了,而将产生一个新的项目。

4) 活动的整体性

项目中的一切活动都是相关联的,构成一个整体。多余的活动是不必要的,缺少某些活动必将损害项目目标的实现。

5) 组织的临时性和开放性

项目成员在项目的全过程中,其人数,成员,职责是在不断变化的。某些项目成员是借调来的,项目终结时要解散,人员要转移。参与项目的组织往往有多个,他们通过协议或合同以及其他的社会关系组织到一起,在项目的不同时段不同程度的介入项目活动。可以说,项目组织没有严格的边界,是临时性的开放性的。这一点与一般企、事业单位和政府机构组织很不一样。

6) 成果的不可挽回性

项目的一次性属性决定了项目不同于其他事情可以试做,做坏了可以重来;也不同于生产批量产品,合格率达 99.99% 是很好的了。在一定条件下启动项目,一旦失败就永远失去了重新进行原项目的机会。项目相对于运作有较大的不确定性和风险。

3. 项目管理的发展历程

项目管理的思想运用在西方人看来,最早应该开始于中国的长城和埃及的金字塔的建造。但直到 20 世纪初,项目管理一直未形成科学的管理方法和明确的操作技术标准,人们在管理项目时仅是凭借个人的经验和直觉。直至第二次世界大战爆发,由于战争的需要,大量技术复杂、耗资巨大、而时间又很紧迫的工程接踵而至,这才迫使人们关注如何在工作中应用项目管理方法以提高效率。项目管理最早起源于美国在二战期间研制原子弹的"曼哈顿"计划和 20 世纪 60 年代的"阿波罗"登月计划最早采用了项目管理方法并取得了成功,由此而风靡全球。国际上许多人开始对项目管理产生了浓厚的兴趣,并逐渐形成了两大项目管理的研究体系,其一是以欧洲为首的体系——国际项目管理协会(IPMA);另外是以美国为首的体系——美国项目管理协会(PMI)。在过去的 30 多年中,他们的工作卓有成效,为推动国际项目管理现代化发挥了积极地作用。

项目管理发展史研究专家以 20 世纪 80 年代为界把项目管理划分为两个阶段。从 20 世纪 80 年代开始,项目管理的应用从仅限于建筑、国防、航天等行业迅速发展到今天的计算机、电子通信、金融业甚至政府机关等众多领域。按照传统的做法,当成立一个项目后,参与这个项目的至少会有好几个部门,包括财务部门、市场部门、行政部门等,而不同部门在运作项目过程中不可避免地会产生摩擦,必须进行协调,而这些无疑会增加项目的成本,影响项目实施的效率。而项目管理的做法则不同,不同职能部门的成员因为某一个项目而组成团队,项目经理则是项目团队的领导者,他们所肩负的责任就是领导他的团队准时、优质地完成全部工作,在不超出预算的情况下实现项目目标。项目的管理者不仅仅是项目执行者,他们能胜任其他各个领域的更为广泛的工作,同时具有一定的经营技巧,他们参与项目的需求确定、项目选择、计划直至收尾的全过程,并在时间、成本、质量、风险、合同、采购、人力资源等各个方面对项目进行全方位的管理。因此,项目管理可以帮助组织处理需要跨领域解决的复杂问题,并实现更高的运营效率。

8.3.2 项目管理知识体系

项目管理知识体系由美国项目管理学会最先提出,从1976年发展到现在,项目管理知识体系已经形成9个知识领域和5个管理过程组所交织出的39个具体的项目管理过程,从而实现了对项目管理领域有关知识的模块化管理,项目管理从业人员也有了可供参考的科学依据。为了使项目管理知识体系的基本机构固定下来,国际标准化组织曾于1997年按《项目管理知识体系指南(PMBOK)》为标准制定了10006标准。

PMI认为,项目管理的知识体系一般从两个方面展开:一是项目的静态管理,分为九大知识领域分别进行管理;二是项目的动态管理,即项目的进程管理。

1. 项目管理九大知识领域

1) 项目范围管理

是为了实现项目的目标,对项目的工作内容进行控制的管理过程。它包括范围的界定,范围的规划,范围的调整等。

2) 项目时间管理

是为了确保项目最终的按时完成的一系列管理过程。它包括具体活动的界定,如活动排序、时间估计、进度安排及时间控制等项工作。

3) 项目成本管理

是为了保证完成项目的实际成本、费用不超过预算成本、费用的管理过程。它包括资源的配置,成本、费用的预算以及费用的控制等项工作。

4) 项目质量管理

是为了确保项目达到客户所规定的质量要求所实施的一系列管理过程。它包括质量规划,质量控制和质量保证等。

5) 项目人力资源管理

是为了保证所有项目关系人的能力和积极性都得到最有效地发挥和利用所做的一系列管理措施。它包括组织的规划、团队的建设、人员的选聘和项目的班子建设等一系列工作。

6) 项目沟通管理

是为了确保项目的信息的合理收集和传输所需要实施的一系列措施,它包括沟通规划,信息传输和进度报告等。

7) 项目风险管理

涉及项目可能遇到各种不确定因素。它包括风险识别,风险量化,制定对策和风险控制等。

8) 项目采购管理

是为了从项目实施组织之外获得所需资源或服务所采取的一系列管理措施。它包括采购计划,采购与征购,资源的选择以及合同的管理等项目工作。

9) 项目集成管理

是指为确保项目各项工作能够有机地协调和配合所展开的综合性和全局性的项目管理工作和过程。它包括项目集成计划的制定,项目集成计划的实施,项目变动的总体控制等。

2. 项目管理五大过程组

项目管理可分为五个过程组,每个过程组的主要目标如下。

(1) 启动过程组:明确并核准项目或项目阶段。

(2) 规划过程组:确定和细化目标,并为实现项目目标和完成项目要解决的问题范围而规划必要的行动路线。

(3) 执行过程组:协调人与其他资源以实施项目管理计划。

(4) 监控过程组:定期测量并监控绩效情况,发现偏离项目管理计划之处,以采取纠正措施来实现项目的目标。

(5) 收尾过程组:正式验收产品、服务或成果,并有条不紊地结束项目或项目阶段。

3. 项目管理三要素

思考题:项目管理三要素有何关系?

项目管理中,最重要的是质量、进度与成本三要素。

(1) 质量是项目成功的必须与保证,质量管理包含质量计划、质量保证与质量控制。

(2) 进度管理是保证项目能够按期完成所需的过程。在一种大的计划指导下,各参与建设的单位编制自己的分解计划,才能保证工程的顺利进行。

(3) 成本管理是保证项目在批准的预算范围内完成项目的过程,包括资源计划的编制、成本估算、成本预算与成本控制。

8.3.3 项目管理认证体系

目前,国际上比较认可的项目管理认证体系主要有 IPMP 和 PMP 两大类。

国际项目管理专业资质认证(International Project Management Professional,IPMP)是国际项目管理协会(International Project Management Association,IPMA)在全球推行的四级项目管理专业资质认证体系的总称。

PMP 即由美国项目管理协会(Project Management Institute,PMI)发起的,严格评估项目管理人员知识技能是否具有高品质的资格认证考试。其目的是为了给项目管理人员提供统一的行业标准。1999 年,PMP 考试在所有认证考试中第一个获得 ISO9001 国际质量认证,从而成为全球最权威的认证考试。目前,PMI 建立的认证考试有:PMP(项目管理师)和 CAPM(项目管理助理师)已在全世界 130 多个国家和地区设立了认证考试机构,分为 REP 机构和核心 REP 机构,上海清晖是核心 REP 机构(No. 2460)。

1. PMP 认证介绍

PMP 认证是由 PMI 在全球范围内推出的针对项目经理的资格认证体系,通过该认证的项目经理称为项目管理专业人员(Project Management Professional,PMP)。

自从 1984 年以来,PMI 就一直致力于全面发展,并保持一种严格的、以考试为依据的专家资质认证项目,以便推进项目管理行业和确认个人在项目管理方面所取得的成就。国内自 1999 年开始推行 PMP 认证,由 PMI 授权国家外国专家局培训中心负责在国内进行 PMP 认证的报名和考试组织。该认证的通过两种方式对报名申请者进行考核,以决定是否颁发给 PMP 申请者 PMP 证书。

目前,PMP 认证在全球 185 个国家获得认可,全球有 50 余万会员,是全球最权威的项目管理认证。截止 2014 年,在中国有 70 余万人参与过 PMP 培训,其中 9 万余人参加 PMP 认证考试,5 万余人获得 PMP 认证资格。

1) 资历审查

申请者的基本资历要求为:

申请者需具有学士学位或同等的大学学历,并且须至少具有 4500h 的项目管理经历。PMI 要求申请者需至少 3 年以上,具有 4500h 的项目管理经历。仅在申请日之前 6 年之内的经历有效。需要提交的文件一份详细描述工作经历和教育背景的最新简历;一份学士学位或同等大学学历证书或副本的拷贝件;能说明至少 3 年以上,4500h 的经历审查表。

申请者虽不具备学士学位或同等大学学历,但持有中学文凭或同等中学学历证书,并且至少具有 7500h 的项目管理经历。PMI 要求申请者需至少 5 年以上,具有 7500h 的项目管理经历。仅在申请日之前 8 年之内的经历有效。

2) PMP 考试

PMP 申请需参加 PMI 组织和出题的 PMP 考试,并且合格,合格的标准是你必须答对全部 200 道单选题中的 140 道题左右。PMP 考试目前在国内一年开展四次,由国家外国专家局培训中心负责组织实施。相对而言,PMP 考试的审查更为严格,而且是硬性的,没有变通的余地。美国项目管理协会的 PMP 认证是目前世界上对项目管理从业人员最流行的认证之一。

2. IPMP 认证介绍

IPMP 是对项目管理人员知识、经验和能力水平的综合评估证明,根据 IPMP 认证等级划分获得 IPMP 各级项目管理认证的人员,将分别具有负责大型国际项目、大型复杂项目、一般复杂项目或具有从事项目管理专业工作的能力。

IPMA 依据国际项目管理专业资质标准(IPMA Competence Baseline,ICB),针对项目管理人员专业水平的不同将项目管理专业人员资质认证划分为四个等级,即 A 级、B 级、C 级、D 级,每个等级分别授予不同级别的证书。

A 级(Level A)证书是认证的高级项目经理。获得这一级认证的项目管理专业人员有能力指导一个公司(或一个分支机构)的包括有诸多项目的复杂规划,有能力管理该组织的所有项目,或者管理一项国际合作的复杂项目。这类等级称为 CPD(Certificated Projects Director,认证的高级项目经理)。

B 级(Level B)证书是认证的项目经理。获得这一级认证的项目管理专业人员可以管理大型复杂项目。这类等级称为 CPM(Certificated Project Manager,认证的项目经理)。

C 级(Level C)证书是认证的项目管理专家。获得这一级认证的项目管理专业人员能够管理一般复杂项目,也可以在所有项目中辅助项目经理进行管理。这类等级称为 PMP(Certificated Project Management Professional,认证的项目管理专家)。

D级(Level D)证书是认证的项目管理专业人员。获得这一级认证的项目管理人员具有项目管理从业的基本知识,并可以将它们应用于某些领域。这类等级称为PMF(Certificated Project Management Practitioner,认证的项目管理专业人员)。

由于各国项目管理发展情况不同,各有各的特点,因此IPMA允许各成员国的项目管理专业组织结合本国特点,参照ICB制定在本国认证国际项目管理专业资质的国家标准(National Competence Baseline,NCB),这一工作授权于代表本国加入IPMA的项目管理专业组织完成。

中国项目管理研究委员会(PMRC)是IPMA的成员国组织,是我国唯一的跨行业的项目管理专业组织,PMRC代表中国加入IPMA成为IPMA的会员国组织,IPMA已授权PMRC在中国进行IPMP的认证工作。PMRC已经根据IPMA的要求建立了"中国项目管理知识体系(C-PMBOK)"及"国际项目管理专业资质认证中国标准(C-NCB)",这些均已得到IPMA的支持和认可。PMRC作为IPMA在中国的授权机构于2001年7月开始全面在中国推行国际项目管理专业资质认证工作。

8.3.4 项目管理的方法

在冷战的史普托尼克(苏联的第一颗人造卫星)危机之前,项目管理还没有用做一个独立的概念。在危机之后,美国国防部需要加速军事项目的进展以及发明完成这个目标的新的工具。1958年,美国发明了计划评估和审查技术(PERT),作为的"北极星"导弹潜艇项目。与此同时,杜邦公司发明了一个类似的模型称为关键路径方法(CPM)。PERT后来被工作分解结构(WBS)所扩展。军事任务的这种过程流和结构很快传播到许多私人企业中,它们是两种分别独立发展起来的技术。

其中,CPM是美国杜邦公司和兰德公司于1957年联合研究提出,它假设每项活动的作业时间是确定值,重点在于费用和成本的控制。

PERT出现是在1958年,由美国海军特种计划局和洛克希德航空公司在规划和研究在核潜艇上发射"北极星"导弹的计划中首先提出。与CPM不同的是,PERT中作业时间是不确定的,是用概率的方法进行估计的估算值,另外它也并不十分关心项目费用和成本,重点在于时间控制,被主要应用于含有大量不确定因素的大规模开发研究项目。

随后两者有发展一致的趋势,常常被结合使用,以求得时间和费用的最佳控制。

随着时间的推移,更多的指导方法被发明出来,这些方法可以用于形式上精确地说明项目是如何被管理的。这些方法包括项目管理知识体系(PMBOK)、个体软件过程(PSP)、团队软件过程(TSP)、IBM全球项目管理方法(WWPMM)。这些技术试图把开发小组的活动标准化,使其更容易地预测,管理和跟踪。

关键链是传统的关键路径方法的最新扩充。

项目管理的批判性研究发现:许多基于PERT的模型不适合今天的多项目的公司环境。这些模型大多数适合于大规模、一次性、非常规的项目中。而当代管理中所有的活动都用项目术语表达。所以,为那些持续几个星期的"项目"(更不如说是任务)使用复杂的模型在许多情形下会导致不必要的代价和低可操作性。因此,项目识别不同的轻量级的模型,例如软件开发的极限编程和Scrum技术。

8.3.5 项目管理与其他学科关系

项目管理是管理科学的一个分支,同时又与项目相关的专业技术领域不可分割。例如,管理项目所需要的许多知识(关键路径分析、工作分解结构)对项目管理学科而言是唯一的,或几乎是唯一的。目前,国际项目管理界普遍认为,项目管理知识体系知识范畴包括三大部分,即项目管理特有的知识、一般管理的知识和项目相关应用领域的知识,如图 8-6 所示。

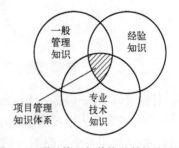

图 8-6 项目管理与其他学科的关系图

项目管理的整个流程如图 8-7 所示。

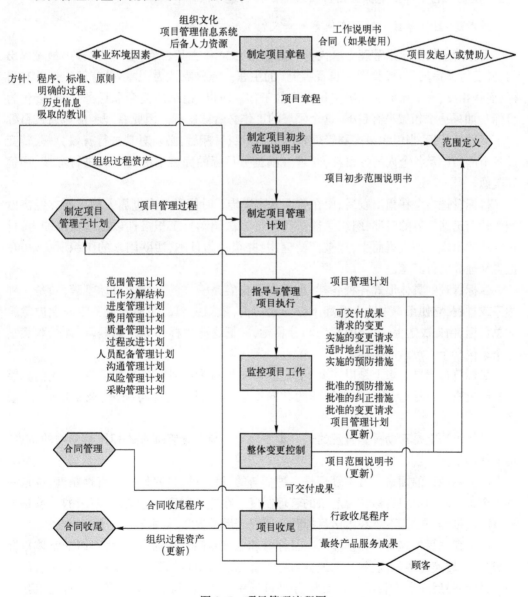

图 8-7 项目管理流程图

8.4 目标管理

8.4.1 目标管理理论概述

目标管理(Management by Objective, MBO)是以目标为导向,以人为中心,以成果为标准,而使组织和个人取得最佳业绩的现代管理方法。目标管理也称"成果管理",俗称责任制。是指在组织个体职工的积极参与下,自上而下地确定工作目标,并在工作中实行"自我控制",自下而上地保证目标实现的一种管理办法。

思考题:目标与目标管理有何重要意义?

目标管理的概念是管理专家彼得·德鲁克1954年在其名著《管理实践》中最先提出的,其后他又提出"目标管理和自我控制"的主张。德鲁克认为,并不是有了工作才有目标,而是相反,有了目标才能确定每个人的工作。所以"组织的使命和任务,必须转化为目标",如果一个领域没有目标,这个领域的工作必然被忽视。因此管理者应该通过目标对下级进行管理,当组织最高层管理者确定了组织目标后,必须对其进行有效分解,转变成各个部门以及各个人的分目标,管理者根据分目标的完成情况对下级进行考核、评价和奖惩。

目标管理概念在提出以后,便在美国迅速流传。时值第二次世界大战后西方经济由恢复转向迅速发展的时期,组织急需采用新的方法调动员工积极性以提高竞争能力,目标管理的出现可谓应运而生,遂被广泛应用,并很快为日本、西欧国家的组织所仿效,在世界管理界大行其道。

目标管理的具体形式各种各样,但其基本内容是一样的。所谓目标管理,乃是一种程序或过程,它使组织中的上级和下级一起协商,根据组织的使命确定一定时期内组织的总目标,由此决定上、下级的责任和分目标,并把这些目标作为组织经营、评估和奖励每个单位和个人贡献的标准。

目标管理指导思想上是以Y理论为基础的,即认为在目标明确的条件下,人们能够对自己负责。目标管理与传统管理的共同要素:明确目标、参与决策、规定期限、反馈绩效。

具体方法上是泰勒科学管理的进一步发展。它与传统管理方式相比有鲜明的特点,可概括如下。

(1) 重视人的因素。目标管理是一种参与的、民主的、自我控制的管理制度,也是一种把个人需求与组织目标结合起来的管理制度。在这一制度下,上级与下级的关系是平等、尊重、依赖、支持,下级在承诺目标和被授权之后是自觉、自主和自治的。

(2) 建立目标锁链与目标体系。目标管理通过专门设计的过程,将组织的整体目标逐级分解,转换为各单位、各员工的分目标。首先从组织目标到经营单位目标;然后再到部门目标;最后到个人目标。在目标分解过程中,权、责、利三者已经明确,而且相互对称。这些目标方向一致,环环相扣,相互配合,形成协调统一的目标体系。只有每个人员完成了自己的分目标,整个组织的总目标才有完成的希望。

(3) 重视成果。目标管理以制定目标为起点,以目标完成情况的考核为终结。工作成果是评定目标完成程度的标准,也是人事考核和奖评的依据,成为评价管理工作绩效的唯一标志。至于完成目标的具体过程、途径和方法,上级并不过多干预。所以,在目标管理制度下,监督的成分很少,而控制目标实现的能力却很强。

8.4.2 目标管理的类型及其特点

1. 目标管理的类型

(1) 业绩主导型目标管理和过程主导型目标管理。这是依据对目标的实现过程是否规定来区分的。目标管理的最终目的在于业绩,所以从根本上说,目标管理也称业绩管理。其实,任何管理其目的都是要提高业绩。

(2) 组织目标管理和岗位目标管理。这是从目标的最终承担主体来分的。组织目标管理是一种在组织中自上而下系统设立和开展目标,从高层到低层逐渐具体化,并对组织活动进行调节和控制,谋求高效地实现目标的管理方法。

(3) 成果目标管理和方针目标管理。这是依据目标的细分程度来分的。成果目标管理是以组织追求的最终成果的量化指标为中心的目标管理方法。

2. 目标管理的特点

(1) 明确目标。美国马里兰大学的早期研究发现,明确的目标要比只要求人们尽力去做有更高的业绩,而且高水平的业绩是和高的目标相联系的。目标制定的重要性并不限于企业,而且在公共组织中也是有用的。在许多公共组织里,普遍存在的目标的含糊不清对管理人员来说是一件难事,但人们已在寻找解决这种难题的途径。

(2) 参与决策。目标管理中的目标不是像传统的目标设定那样,单向由上级给下级规定目标,然后分解成子目标落实到组织的各个层次上,而是用参与的方式决定目标,上级与下级共同参与选择设定各对应层次的目标,即通过上、下协商,逐级制定出整体组织目标、经营单位目标、部门目标直至个人目标。因此,目标管理的目标转化过程既是"自上而下"的,又是"自下而上"的。

(3) 规定时限。目标管理强调时间性,制定的每一个目标都有明确的时间期限要求,如一个季度、一年、五年,或在已知环境下的任何适当期限。在大多数情况下,目标的制定可与年度预算或主要项目的完成期限一致。但是,并非必须如此,这主要是要依实际情况来定。某些目标应该安排在很短的时期内完成,而另一些则要安排在更长的时期内。同样,在典型的情况下,组织层次的位置越低,为完成目标而设置的时间往往越短。

(4) 评价绩效。目标管理寻求不断地将实现目标的进展情况反馈给个人,以便他们能够调整自己的行动。也就是说,下属人员承担为自己设置具体的个人绩效目标的责任,并具有同他们的上级领导人一起检查这些目标的责任。每个人因此对他所在部门的贡献就变得非常明确。尤其重要的是,管理人员要努力吸引下属人员对照预先设立的目标来评价业绩,积极参加评价过程,用这种鼓励自我评价和自我发展的方法,鞭策员工对工作的投入,并创造一种激励的环境。

思考题:如何进行有效的目标管理?

8.4.3 目标管理的优劣分析

目标管理是以相信人的积极性和能力为基础的。目标管理的最大特征是通过诱导启发成员自觉地去干,激发成员的生产潜能,提高员工的工作效率,来促进组织总体目标的实现。

目标管理与其他任何事物一样具有两个方面,既有积极的优点,又有本身的局限性。它与传统管理方法相比有许多优点,概括起来主要有几个方面。

1. 目标管理的优点

(1) 形成激励。当目标成为组织的每个层次、每个部门和每个成员自己未来时期内欲达到的一种结果,并且实现的可能性相当大时,目标就成为组织成员们的内在激励。特别当这种结果实现时,组织还有相应的报酬时,目标的激励效用就更大。从目标成为激励因素来看,这种目标最好是组织每个层次,每个部门及组织每个成员自己制订的目标。

(2) 有效管理。目标管理方式比计划管理方式在推进组织工作进展,保证组织最终目标完成方面更胜一筹。因为目标管理是一种结果式管理,不仅仅是一种计划的活动式工作。这种管理迫使组织的每一层次、每个部门及每个成员首先考虑目标的实现,尽力完成目标,因为这些目标是组织总目标的分解,故当组织的每个层次、每个部门及每个成员的目标完成时,也就是组织总目标的实现。在目标管理方式中,一旦分解目标确定,且不规定各个层次、各个部门及各个组织成员完成各自目标的方式、手段,反而给了大家在完成目标方面一个创新的空间,这就有效地提高了组织管理的效率。

(3) 明确任务。目标管理的另一个优点就是使组织各级主管及成员都明确了组织的总目标、组织的结构体系、组织的分工与合作及各自的任务。这些方面职责的明确,使得主管人员也知道,为了完成目标必须给予下级相应的权力,而不是大权独揽,小权也不分散。另外,许多着手实施目标管理方式的公司或其他组织,通常在目标管理实施的过程中会发现组织体系存在的缺陷,从而帮助组织对自己的体系进行改造。

(4) 自我管理。目标管理实际上也是一种自我管理的方式,或者说是一种引导组织成员自我管理的方式。在实施目标管理过程中,组织成员不再只是做工作,执行指示,等待指导和决策,组织成员此时已成为有明确规定目标的单位或个人。一方面组织成员们已参与了目标的制订,并取得了组织的认可;另一方面,组织成员在努力工作实现自己的目标过程中,除目标已定以外,如何实现目标则是他们自己决定的事,从这个意义上看,目标管理至少可以算作自我管理的方式,是以人为本的管理的一种过渡性实验。

(5) 控制有效。目标管理方式本身也是一种控制的方式,即通过目标分解后的实现最终保证组织总目标实现的过程就是一种结果控制的方式。目标管理并不是目标分解下去便没有事了,事实上组织高层在目标管理过程中要经常检查、对比目标,进行评比,看谁做得好,如果有偏差就及时纠正。从另一个方面来看,一个组织如果有一套明确的可考核的目标体系,那么其本身就是进行监督控制的最好依据。

2. 目标管理的不足

哈罗德·孔茨教授认为目标管理尽管有许多优点,但也有许多不足,对这样的不足如果认识不清楚,那么可能导致目标管理的不成功。下述几点可能是目标管理最主要的不足：

（1）强调短期目标。大多数的目标管理中的目标通常是一些短期的目标：年度的、季度的、月度的等。短期目标比较具体易于分解，而长期目标比较抽象难以分解，另一方面短期目标易迅速见效，长期目标则不然。所以，在目标管理方式的实施中，组织似乎常常强调短期目标的实现而对长期目标不关心。这样一种概念若深入组织的各个方面、组织所有成员的脑海中和行为中，将对组织发展没有好处。

（2）目标设置困难。真正可用于考核的目标很难设定，尤其组织实际上是一处产出联合体，它的产出是一种联合的不易分解出谁的贡献大小的产出，即目标的实现是大家共同合作的成果，这种合作中很难确定你已做多少，他应做多少，因此可度量的目标确定也就十分困难。一个组织的目标有时只能定性地描述，尽管我们希望目标可度量，但是实际上定量是困难的，如组织后勤部门服务的有效性，虽然可以采取一些量化指标来度量，但完成了这些指标，可以肯定地说未必达成了"有效服务于组织成员"这一目标。

（3）无法权变。目标管理执行过程中目标的改变是不可以的，因为这样做会导致组织的混乱。事实上目标一旦确定就不能轻易改变，也正是如此使得组织运作缺乏弹性，无法通过权变来适应变化多端的外部环境。中国有句俗话叫做"以不变应万变"许多人认为这僵化的观点，非权变的观点，实际上所谓不变的不是组织本身，而是客观规律，掌握了客观规律就能应万变，这实际上是真正的更高层次的权变。

综上所述，目标管理可能看起来简单，但要把它付诸实施，管理者必须对它有很好地领会和理解。

8.4.4　目标管理的现实意义

组织必须具备统一的目标。组织只有具备了明确的目标，并且在组织内部形成紧密合作的团队才能取得成功。但在实践过程中，不同的因素妨碍了团队合作。例如：不同部门之间常常缺乏协调。生产部门生产的产品，销售部门却发现销售不畅。设计人员可能根本不考虑生产部门的难处或市场的需要，而开发出一种全新的设备。

组织内部的等级制造成老板和下属之间的摩擦和误解。下属抱怨老板根本不想理解他们的问题，而老板对下属的无动于衷也颇有微词。

组织要成功，首先要制定统一和具有指导性的目标，这样可以协调所有的活动，并保证最后的实施效果。这就是为什么需要目标管理的原因。

主要目标也许只有一个。一般来说，主要目标也许就只有一个。它可以按照组织的目的来定义。例如，美国贝尔电话公司的前总裁西奥多·韦尔称"我们的企业就是服务"。一旦主要目标明确后，组织其他不同领域的目标也就易于确定了。

组织发展取决于目标是否明确。只有对目标做出精心选择后，组织才能生存，发展和繁荣。一个发展中的组织要尽可能满足不同方面的需求，这些需求和员工，管理层，股东和顾客相联系。高层管理者负责制定组织主要的总体目标，然后将其转变为不同部门和活动的具体目标。目标是共同制定的，而不是强加给下属的。目标管理如果能得到充分的实施，下属甚至会采取主动，提出他们自己认为合适的目标，争取上级的批准。这样，从管理层到一线员工的每个人，都将清楚需要去实现什么目标。

8.4.5 实施目标管理应注意的问题

1. 实行目标管理的基本条件

（1）推行目标管理要有一定的思想基础和科学管理基础。要教育员工树立全局观念、长远利益观念，正确理解国家、公司和个人之间的关系。因为推行目标管理容易滋长急功近利本位主义倾向，如果没有一定的思想基础，设定目标时就可能出现不顾整体利益和长远利益的现象。科学管理基础是指各项规章制度比较完善，信息比较畅通，能够比较准确的度量和评估工作成果。这是推行目标管理的基础。而这个基础工作是需要长期的培训和教育才可以逐步建立起来的。

（2）推行目标管理关键在于领导。领导对各项指标都要心中有数，工作不深入，没有专业的知识，不了解下情，不熟悉生产，不会经营管理是不行的，因而对领导的要求更高。领导与下属之间不是命令和服从的关系，而是平等、尊重、信赖和相互支持。领导要改进作风、提高水平、发扬民主、善于沟通，在目标设立过程和执行过程中，都要善于沟通，使大家的方向一致，目标之间相互支持，同时领导还要和下级要就实现各项目标所需要的条件以及实现目标的奖惩事宜达成协议，并授予下级以相应的支配人、财、物和对外交涉等权利，充分发挥下属的个人能动性以使目标得以实现。

（3）目标管理要逐步推行、长期坚持。推行目标管理有许多相关配套工作，如提高员工的素质，健全各种责任制，做好其他管理的基础工作，制定一系列的相关政策。这些都是组织的长期任务，因此目标管理只能逐步推行，而且要长期坚持，不断完善，才能达到良好的效果。

（4）推行目标管理要确定好目标。一个好的目标是切合实际的，通过努力可以实现的(不通过努力可以实现的目标，不能算好目标)。而且一个好的目标，必须具有关联性、阶段性，并兼顾结果和过程，还需要数据采集系统、差距检查与分析、及时激励制度的支撑。这些量化管理方法与目标管理相辅相成，可以帮助经理人在激发员工的主动性和创造性的同时，还能及时了解整个团队的工作进度，不折不扣地完成任务。从而在更大程度上促进员工的主动性，为在日常工作中提高员工领导力，提供了良性循环的基础。

（5）推行目标管理要注重信息管理。目标管理体系中，信息的管理扮演着举足轻重的角色，确定目标需要获取大量的信息为依据；展开目标需要加工、处理信息；实施目标的过程就是信息传递与转换的过程。信息工作是目标管理得以正常运转的基础。

2. 目标管理的四个步骤

与各个组织活动的性质不同，目标管理的步骤可以不完全一样，一般来说，可以分为以下四步。

（1）建立一套完整的目标体系。实行目标管理，首先要建立一套完整的目标体系。这项工作总是从组织的最高主管部门开始的，然后由上而下地逐级确定目标。上下级的目标之间通常是一种"目的—手段"的关系；某一级的目标，需要用一定的手段来实现，这些手段就成为下一级的次目标，按级顺推下去，直到作业层的作业目标，从而构成一种锁链式的目标体系。

制定目标的工作如同所有其他计划工作一样，非常需要事先拟定和宣传前提条件。这是一些指导方针，如果指导方针不明确，就不可能希望下级主管人员会制定出合理的目标来。此外,制定目标应当采取协商的方式,应当鼓励下级主管人员根据基本方针拟定自己的目标,然后由上级批准。

(2) 明确责任。目标体系应与组织结构相吻合,从而使每个部门都有明确的目标,每个目标都有人明确负责。然而,组织结构往往不是按组织在一定时期的目标而建立的,因此,在按逻辑展开目标和按组织结构展开目标之间,时常会存在差异。其表现是,有时从逻辑上看,一个重要的分目标却找不到对此负全面责任的管理部门,而组织中的有些部门却很难为其确定重要的目标。这种情况的反复出现,可能最终导致对组织结构的调整。从这个意义上说,目标管理还有助于搞清组织机构的作用。

(3) 组织实施。目标既定,主管人员就应放手把权力交给下级成员,而自己去抓重点的综合性管理。完成目标主要靠执行者的自我控制。如果在明确了目标之后,作为上级主管人员还像从前那样事必躬亲,便违背了目标管理的主旨,不能获得目标管理的效果。当然,这并不是说,上级在确定目标后就可以撒手不管了。上级的管理应主要表现在指导、协助、提出问题、提供情报以及创造良好的工作环境方面。

(4) 检查和评价。对各级目标的完成情况,要事先规定出期限,定期进行检查。检查的方法可灵活地采用自检、互检和责成专门的部门进行检查。检查的依据就是事先确定的目标。对于最终结果,应当根据目标进行评价,并根据评价结果进行奖罚。经过评价,使得目标管理进入下一轮循环过程。

目标管理的 8 个问题、7 个步骤和 SMART 原则。

一个优秀的目标管理体系要解决好以下 8 个问题。

(1) 目标是什么?实现目标的中心问题、项目名称。

(2) 达到什么程度?达到的质、量、状态。

(3) 谁来完成目标?负责人与参与人。

(4) 何时完成目标?期限、预定计划表、日程表。

(5) 怎么办?应采取的措施、手段、方法。

(6) 如何保证?应给予的资源配备和授权。

(7) 是否达成了既定目标?对成果的检查、评价。

(8) 如何对待完成情况?与奖惩安排的挂钩、进入下一轮目标管理循环。

制定目标的 7 个步骤。

第一步,理解公司的整体目标是什么。

第二步,制定符合 SMART 原则的目标。

第三步,检验目标是否与上司目标一致。

前三步,大部分中层管理者都知道,但往往是到这一步就算完事了,岂不知,问题才刚刚开始。

第四步,确认可能碰到的问题,以及完成目标所需的资源。

第五步,列出实现目标所需的技能和授权。

第六步,制定目标的时候,一定要和相关部门提前沟通。

第七步,防止目标滞留在中层不往下分解。

SMART 原则的特点如下。

(1) Simple 简单易懂,太复杂的目标无法凝聚干系人的共识。

(2) Measurable 结果可测,即可以用量化的标准去检验成败。
(3) Achievable 力所能及,达到目标的途径必须是可行的。
(4) Relavent 符合利益,当然是符合干系人共同的相关利益。
(5) Time Frame 有始有终,可以在限定时间范围之内完成的。

本 章 小 结

方法是一种效率因素,掌握了研究方法可以更有效地产出研究成果。方法的重要性古人早就领悟到了:"工欲善其事,必先利其器""磨刀不误砍柴工",以及"授人以鱼,不如授之以渔"等。什么叫方法? 方法是指关于思想、说话、行动等问题的门路、程序等。

在管理学中,真理是多样的,达到真理的路径更可以是多条。一项研究成果,人们需要用科学方法来验证,才能判断其是否科学的结论,至于管理学研究正确与否的判断标准,应该以逻辑为根本,以事实为依据,以数据为辅助,以程序为靠山,以力量为武器,以信仰为自圆。在管理学研究中,我们还认为应该以价值判断为主,以事实判断为辅;用语言思考,用数字行动;用直觉判断,用理性评估。

从现有的管理研究方法看,各类具体研究方法都在被使用,包括科学研究通常使用的观察、调查、实验、假说演绎、公理化方法、模型方法、系统方法、归纳、比较分类、分析综合、抽象等方法,也包括因袭方法、权威方法、常识方法和直觉思辨方法等各类非科学方法,还有具体从各类自然科学、社会科学和人文科学借鉴、移植来的具体学科方法等。这些众多的研究方法,如何被有效地使用研究解决管理问题,是管理学方法论的核心问题。

由于管理学研究对象的复杂性,使得研究主体对管理的研究不可能仅仅采用某一单一的方法就达到研究的目的。因此,众多的管理学研究方法就构成了管理学的研究方法体系。管理学研究方法体系,是指管理学的研究主体为实现特定的研究目的,在研究管理的本质和规律时所采用的一系列相互联系、相互作用、相互制约的特定方法,这些方法共同构成了一个有机整体。一门学科的研究方法对学科的发展至关重要,学科研究方法体系完善与否是该学科成熟与否的重要标志。本书对目前管理学研究中经常涉及的方法进行了比较系统、全面的介绍,力图使读者能够对现代管理方法有一个整体的印象。

习 题

1. 什么是标准化?
2. 什么是国际标准?
3. 《中华人民共和国标准化法》规定我国标准化工作由那些工作任务组成?
4. 什么是 ISO9000 族标准? 核心标准有那几个? 他们的主要作用是什么?
5. 什么是质量方针? 质量目标? 说明它们的关系。
6. 简述质量手册的内容。
7. 简述 PDCA 循环的含义及应用。

8. 项目的基本特点？
9. 项目管理知识体系的框架结构？
10. 项目管理三要素？
11. 目标管理有哪些优点和不足？
12. 制定目标的 7 个步骤是什么？
13. 石匠的故事：

有个人经过一个建筑工地，问那里的石匠们在干什么？三个石匠有三个不同的回答：

石匠甲：我在做养家糊口的事，混口饭吃。

石匠乙：我在做整个国家最出色的石匠工作。

石匠丙：我正在建造一座大教堂。

三个石匠的回答都与目标有关，谈谈你对此的理解。

第 9 章　管理未来与发展

【学习目的】

(1) 理解在新形势下管理所面临的机遇和挑战；
(2) 了解管理学发展趋势的新表现；
(3) 深刻理解管理创新的特点、类型和重要性；
(4) 理解掌握管理创新的模式和原则；
(5) 理解掌握管理创新的思维和方法。

环境在变，管理的手段也要随之变化。由于信息技术的广泛运用、人力资源素质的不断提高以及市场环境的质的改变，使得 21 世纪的管理环境、对象、职责发生着巨大的变化。在这种情况下，我们过去曾经赖以成功的传统管理模式、管理方式面临着一定的挑战，当然同时也是发展的机遇，必然需要进行相应的改革。因此，在 21 世纪创新将成为管理的主旋律，创新也将成为管理的主要职能之一。

9.1　管理的机遇与挑战

9.1.1　管理面临的机遇与挑战

1. 全球化的影响

全球化不管对社会经济组织的生存和发展是好是坏，世界经济的融合尽管道路坎坷，但是大势所趋，不可逆转。21 世纪以来，随着 WTO 的扩展，世界经济一体化正崭露头角。在经济全球化的影响下，各个国家、民族之间经济、政治、科技、文化、军事的交流更加频繁和广泛，人类的社会活动已经在越来越开放、多元化的社会环境中进行。例如，中国的企业不仅要在国内市场参与竞争，同时还必须走出国门参与国际竞争；中国政府不仅要治理好自己的国家，还要广泛地参与国际事务管理；中国的军队不仅有在国境内保卫领土、领海和领空安全的神圣职能，还要肩负迈出国门参与国际维和、地区稳定和反恐斗争的光荣义务。

全球化的趋势要求管理科学更加重视国际化研究，深入了解不同文化背景下国家和民族的心理与行为特征、道德规范、政治制度、跨文化的组织行为等问题，尊重不同的价值观，研究不同文化传统中的组织和个人行为的特点和规律，并且要实现管理的国际化与本土化的有机结合。

2. 信息化的影响

信息革命方兴未艾，各类公共和私人组织都无一例外地要进行信息化革命。伴随信息时代的到来,未来的管理理论的发展或多或少会受到信息化的影响。

管理离不开信息,但现代管理需要的不再是那些一般媒体上的新闻资料、统计数据,也不仅是高端的技术手段或是更加快捷的应用方式。在信息化的潮流中,各种信息纷至沓来、浩如烟海。现代管理者更需要的是对信息的界定、梳理,获取和掌握更多真实的原始信息,这些信息能够为管理者提供完成任务和进行决策的有力依据。也就是说,在信息化时代,一般公共信息的获取、利用已经难以体现有效管理者的优势,与不同的社会、经济、政治、技术、文化背景的组织和人员的沟通才凸现管理能力的高低。美国管理学家巴纳德曾在《经理人员的职能》一书中强调过信息的作用和在不同工作场所思想信息沟通的效率,沟通的重点不在于沟通的人本身,而在于共同的任务和共同的挑战,沟通要落脚于需要共同完成的工作。如组织在招聘员工时极为强调团队协作能力和良好沟通能力。只有将获取的信息重新思考、重新表述并按照自己的工作方式重新整理后,这些信息才能在管理工作中发挥有效的作用。正如美国管理学者明茨伯格所言:"管理工作和记者的工作有一些相似之处,那就是你必须要有相关知识的储备,而且在工作过程中根据你掌握的信息进行调整,这样你才能成为一个优秀的分析者。"

信息化社会的平台是网络技术。其典型代表是国际互联网(Internet)。它最初是在美国社会为促进科学技术研究和教育发展而建立的。1992年以后,由于互联网具有开放性、共享性和互联性等特征,从而很快渗透到政治、经济、科技、文化、军事、娱乐几乎所有领域,融入人们社会生活的方方面面,并迅速进入千家万户,吸引了几乎遍及全球每一个角落的广大用户,以致成为近20年来一个全球性的新型产业,孕育了一个方兴未艾的网络时代。

现代网络技术的发展为管理工作提供了快速便捷的方式,同时也会为管理人员带来无法避免的影响。在明茨伯格看来,这很可能导致管理者终日坐在计算机前处理各种报告、数据的现象,管理者完全运用电脑来管理公司会给公司带来极大的困境,是肯定管理不好的。现代的管理不再是向组织空降圣旨,而应该获取来自于基层的信息。管理需要在基层发挥作用,基层实践正是高层政策与策略形成的知识渊源。这种管理能够与公司日常工作融为一体,使基层工作的员工激发出潜能,为组织的发展贡献自己的力量。组织的大厦要靠每一粒沙子支撑才能稳固,管理者若不能激发出第一线员工的潜能,管理也就无从谈起,组织的生存和发展必将成为海市蜃楼。管理更多的是获取信息,而不是传统的下达指令。

3. 文化多样性的影响

在经济一体化的同时,人类文化的多样性又与日俱增。在看得见的将来,文化越来越成为引领组织发展的灵魂。明茨伯格认为,作为管理者应该积极激励员工,创造开放的、能释放员工能量的氛围,正如在蜂巢中蜂后无需做出决策,只需散发某些化学物质来维系整个蜂窝组织一样。在人类社会的"蜂巢"中,这种物质则被称为"文化"。在信息化的时代,管理称为组织中加强人们之间联系的文化纽带,员工不是作为可拆分的"人力资源",而是紧密关联的社会体系中的成员。他曾十分反感"人力资源"这个词,认为这是把人"物化"的一种表现。他强调:"人就是人,不要把人单纯看作服务于企业需要的资源、要素、工具"。文化也是一种诱惑力,当员工得到这种诱惑时,他们会认为得到了信任,自己的人生价值得到了实现,就会努力做好自己的本职工作,无须监督和控制。良好的组织文化是一个有活力的现代社会系统生存发展的凝聚力量。单位职员能够被一种组织文化中的理念所吸引,能够对该组织文化认同,就不再是一盘散沙,就会心甘情愿地为组织的目标奉献自己的能力。

文化对社会的影响是全方位的,管理就要面对不同文化背景的组织和人做出相应的决策。文化的多样性决定管理理论不仅会打上各种文化的烙印,而且会有更多能够为不同文化接受的管理理念和模式。

4. 高技术经济的影响

20世纪末,伴随着信息社会的到来,人类社会的新经济已崭露头角。高技术经济又称为知识经济或新经济,它可以理解为主要由电子信息技术为主导的新技术革命推动的经济增长与发展的经济模式或形态。在历史上铁路、电力、汽车、石油化工、航海、航空技术革命都曾极大地推动经济增长和发展,都曾形成了诸如铁路运输经济、电力经济、交通经济、石油经济等新产业经济。也相应产生了生产计划、调度、批量生产、规模经营等管理方法、技术和思想。现代高技术经济对管理的影响来自以下几个方面。

1) 高速经济

如今的世界形势,市场格局几乎是瞬息万变。与历史上的新经济不尽相同,今天的"新经济",首先是一种高速经济。现在是以电子计算机和互联网发展为主导并带动相关产业的高速增长,如计算机制造业、软件开发业、互联网业、电信服务业的增长速度,在世界各国、各地都是独领风骚的。英特尔公司董事长葛洛夫曾用一句经典的话来概括:"现代社会,唯一不变的就是变化。"为此他还提出了"十倍速变化理论"。外部环境的快速变化要求组织快速应变,具备极强的环境适应性。但传统的科层管理组织所缺乏的恰恰是这样一种对变化的快速反应能力和适应性。

2) 市场经济

现代新技术成果商品化、产业化周期缩短,市场化空前迅速。现代高技术产业经济一开始就几乎无国界限制地进入国际市场展开激烈竞争,电子信息技术产品和服务迅速进入寻常百姓家,高新技术产业已形成大众化市场氛围。

3) 创新经济

高技术经济不仅在技术上日新月异,在信息产业服务领域甚至有三日不见,面目全非的变化态势。在产业经济制度、投融资机制、市场营运模式等方面都在不断创新。

4) 风险经济

在技术进步和市场化加速的同时,新经济投资的风险性也在增大,诸如技术开发决策失误、股票缩水、通货膨胀、市场波动、资源短缺、组织兼并等使世界经济、政治体系稳定性的期望值降低。

5) 知识经济

与传统的建立在物质资源基础上的工业经济和依赖自然条件的农业经济不同,现代新经济的基础是知识、是人才。知识经济对知识和人才的依赖程度超越任何一个时代,对知识和人才的追求、开发、利用已成为各种社会组织发展的必由之路。

高新技术经济的崛起,使过去形成的许多传统甚至是经典的管理观念、思想、原则、方法都面临着新的挑战,都将发生或多或少、或快或慢的变革。怎样识别新的环境。怎样制定新的发展战略,怎样建立新的制度规范、创建新的组织结构,以适应新经济环境的要求,提高组织的竞争力,从而探索和研究新的管理理论和实践问题已成为现代管理学界责无旁贷的神圣使命。

5. 专业化的影响

今天的管理,已有走向专业化的趋势。经济发达国家已经有了比较成熟的高级管理人才市场。但在现实经济、社会生活中,卓有成效的高级专业管理人才仍然是凤毛麟角,真正的专业化应用人才不可多得,而半路出家,打破学科门户的经典之作则比比皆是。

管理专业与其他的专业不同,尤其与数学、物理学、化学、医学等自然科学专业不同,管理专业往往不能硬性地应用于各种环境。但管理之所以趋于专业化,也正是因为它具备了像法律、医学等专业所具备的如下几项主要条件。

(1) 管理已具备了一定的坚实的知识基础。近几十年来,管理知识迅速增进,正如美国管理学家安德鲁斯(K. R. Andrews)指出的:"谁也不敢否认今天的管理实务确是以各项研究所得的大量知识为基础的。"

(2) 尽管一些主管人员没有获得像法律、医学专业人员那样的合格证书,但由于管理有一套组织方法,足以监督和管理各级主管人员进行各自的管理工作,也就不一定需要仿照法律、医学等专业那样,发给合格证书来核定他们可否从事管理工作。

(3) 任何一个组织机构的目标是为人们提供良好的产品或服务,而且管理活动的进行,已有许多规范化的标准和检查机构来监督其明确任务、目标,以此来控制自己的工作,也就是所谓的自我控制。

管理是一门专业,使不懂管理的人难以胜任,管理又不同于一般专业,使许多求读管理专业的莘莘学子难以梦想成真。管理专业化使管理的"知"与"行"常常陷于困境。目前,管理越来越得到社会的认可和重视,管理专业化的趋势日益明显,这对管理学的发展提供了更为有利的条件。但管理要真正发展成为一个完整意义上的学科专业,尤其在中国还有一段漫长的道路,更有待于管理专业领域的深入探索。

9.1.2 管理学发展的趋势

管理学的发展趋势是人类社会发展的必然结果。管理学的实质是探求外部环境、内部条件与管理目标三者之间的动态平衡,而人类社会总是由低级阶段向高级阶段发展,即管理主体的外部环境总是变化的。为了寻求三者之间的平衡,管理学也必须动态发展。进入20世纪90年代,特别是进入21世纪的后工业社会,科学技术飞速发展,已经推动了管理学的进一步发展。国内管理学理论研究学者一般认为,从它的发展趋势看,主要表现在以下三方面。

(1) 管理学对人性的假设由经济人、社会人、决策人假设向复杂人假设转变。在工业社会以前的管理思想中,把人当做说话的社会工具,认为人总是好吃懒做,好逸恶劳,毫无责任心,美国管理学家曾把这种传统的人性假设称为X理论。

20世纪初,以泰罗为代表的科学管理理论强调人追求经济利益的本性,使管理学与经济学的人性假设趋于一致。之后,梅奥从"霍桑实验"中认识到除了对经济利益的需求外,人们对社会和心理方面的需求也很重要,因而否定了经济人假设,提出了社会人假设。其他行为科学理论的代表人也从不同侧面强化了社会人假设,尤其是马斯洛的需求层次理论把社会人假设发展为一个经典而又精致的需求模型。

当代管理学派中对人性的假设也犹如丛林,其中较有代表性的是西蒙在他的决策理论中阐述的决策人假设。他提出了"管理就是决策"的著名论断,并认为在组织中,不同层次的员工都在做决策,所以都是决策人。

从马斯洛的需求层次理论中可以看出,由于个人目的、个人偏好、个人利益的存在,人就会有多种需求。这些需求,会产生各种各样的动机,因此引发出各种各样的行为来满足个人的自我发展、自我实现和自我完善的需要。在当今社会,人们受经济、政治、文化道德等方面的陶冶和洗礼,人性变得非常复杂,如果管理者不及时审时度势,引入激励机制与员工真诚合作,以满足员工的需要,充分调动他们的潜能,组织效率就不可能真正提高。因此,随着知识经济时代的到来看,管理学对人性的假设必将超越经济人、社会人、决策人假设,升华为复杂人假设。

(2) 管理职能由计划、组织、人事、领导、控制向信息职能延伸。传统的和现代的管理职能构成了一个管理循环体系,使管理工作周而复始地进行,每循环一次,管理水平就提高一级。但随着全球经济由工业经济向信息经济转变的进程加快,缺乏信息渗透的管理工作将显得苍白无力,要么管理节奏跟不上,要么管理质量得不到保证。因此,在管理工作中,强化信息职能,将是管理学发展的趋势之一。其表现主要有三方面。

第一,信息职能革新企业内部的生产力要素结构,使资源转换系统的生产率大幅度提高,并同时以不断增加的柔性适应市场需求结构和消费结构的快速变化。

第二,信息职能能促进管理系统的优化,促进组织的创新,使组织的绩效不断上升。信息职能能提高计划与决策的科学性和及时性,成为信息时代组织生存、发展、竞争制胜的有力武器。

第三,信息职能与传统管理职能将构成一种相互依存、相互促进的管理职能系统。信息职能为传统管理职能的发挥提供了全方位、全过程的信息;反过来,传统管理职能又促使信息职能去开发、收集、处理、传播、分配信息资源。

3. 管理学新的理论前提——"合工理论"向传统的分工理论提出了挑战

200年以前,亚当·斯密以制造针为例论述了劳动分工的作用。他的这一分工理论成了近代产业革命的起点,也成了后来的管理学家创建管理学体系的理论前提。劳动分工较大幅度地提高了劳动生产率,也有利于专业化和职能化管理。但是,这种理论发展到今天,负面效应日益显露出来。现代社会,一方面追求产品个性化、生产复杂化、企业经营多元化,如果片面强调分工细化和专业化,则使得企业的整体协调作业过程和对才的监控越来越高,结果致使企业整体效率低下;同时,把人分成上下级关系的官僚体制,使人的积极性、主动性、创造性得不到充分发挥,相反腐蚀着人的精神,摧残着人的身心健康,以至于走到了分工与协作原则初始动机的反面。另一方面,高科技的发展,特别是计算机的普及运用,使简化管理环节成为可能。同时,与市场变化和高科技发展相对应的是劳动力素质大大提高,员工不再满足于从事单调、简单的复杂性工作,对分享决策权的要求日益强烈。

与分工理论相比,合工理论显示出其强大的优势,即借助于信息技术,以重整企业业务流程为突破口,将原先被分割得支离破碎的业务流程再合理地组装回去,将几道工序合并,归一人完成,也可将分别负责不同工序的人员组合成工作小组或团队,以利于共享信息、简化交接手续、缩短时间。另外,减少管理层次,提高管理幅度,建立扁平化的组织结构,打破了官僚体制,减少了审核与监督程序,降低了管理成本,减少了内部冲突,增加了组织的凝聚力,大大调动了基层的积极性,促进了劳动者个人的全面发展。如在公共管理领域压缩管理层级,扩大管理幅度,推行管理结构综合化,实行"一站式"(One-Stop)办公、"零距离"管理。

9.2 管理创新

9.2.1 管理创新及其重要性

1. 管理创新的含义

管理创新从概念体系上来说属于一种特殊领域中的创新活动,因此,要搞清楚什么是管理创新,首先必须明确创新是什么。

从国内现有的文献来看,对于管理创新,主要有以下几种观点。

(1) 管理创新是指新的方式方法的引入。常修泽等人认为:"管理创新是指一种更有而尚未被企业采用的新的管理方式或方法的引入。"由此,他们认为:"管理创新是组织创新在企业经营层次上的辐射。"最具代表性的管理创新是"所有权与管理权的分离",进一步地,"管理创新的主要目标是试图设计一套规则和服从程序以降低交易费用"。

(2) 管理创新是"用新的更有效的方式方法来整合组织资源,以期更有效地达成组织的目标与责任"。芮明杰认为"管理创新是创造一种新的更有效的资源整合范式,这种范式既可以是新的有效整合以达到企业目标和责任的全过程式管理,也可以是新的具体资源整合及目标制定等方面的细节管理。"根据这一概念,管理创新包括五种情况:"提出一种新经营思路并加以有效实施。""创设一个新的组织机构并使之有效运转。""提出一个全新的管理方式方法。""设计一种新的管理模式。""进行一项制度的创新。"其中,新经营思路和新管理模式要求对所有的企业而言是新的,而且所有的这些创新必须是可行的并有助于资源的有效整合。

(3) 创新是管理的一种基本职能。周三多教授认为"创新首先是一种思想及在这种思想指导下的实践,是一种原则以及在这种原则指导下的具体活动,是管理的一种基本职能。创新工作作为管理的职能表现在它本身就是管理工作的一个环节,它对于任何组织来说都是一种重要的活动;创新工作也和其他管理职能一样,有其内在逻辑性,建构在其逻辑性基础上的工作原则,可以使创新活动有计划、有步骤地进行。"进一步地,周三多教授认为传统的管理职能属于管理"维持职能","有效的管理在于适度的维持与适度的创新的组合"。

前两位教授的定义在一定程度上反映了管理创新的本质和特征,但没有澄清管理与创新、管理创新与其他管理活动之间的关系,周三多教授说明了创新与管理其他职能之间的关系,却没有清楚定义管理创新。

如果从字面上直观地来理解,所谓创新一般是指对原有的东西加以改变或引入新的东西,或指对原有的东西加以改进或引入新的东西的过程或活动。而管理是指综合运用人力资源和其他资源以有效地实现目标的过程。那么管理创新就应该是指为了更有效地运用资源以实现目标而进行的创新活动或过程。

在上述定义中：一方面强调了管理创新的功能，指出管理创新着眼于更加有效地运用资源以实现目标，不仅注重新颖，也注重预期效益的实现，从而把管理创新与其他创新所区别；另一方面认为管理创新是一个过程，从一个新思想提出一直到付诸实施并取得预期效益的过程，这一过程可以是非连续性的，但是有规律可循。

2. 管理创新的特点

从上述定义，我们可以看到，管理创新具有以下特点。

(1) 管理创新与其他管理职能不同，它着眼于资源的更有效运用。管理创新是一个将资源从低效率使用转向高效率使用的过程。它与传统的管理职能不同。传统的管理职能包括计划、组织、领导、控制，它们都是保证资源的有效运用和目标的有效实现所必不可少的。管理的这四项基本职能，一般都有其固定的内容工作程序和特有的表现形式，一旦展开，就具有其相对稳定性。创新则不同，尽管也有一定的规律，但它本身并没有某种特有的表现形式。它贯穿于组织的各项管理活动之中，通过组织的各项管理活动来体现自身的存在与价值。管理过程一般从计划开始，通过组织、领导，到控制结束，各职能之间相互交叉渗透，循环往复，把工作不断推向前进。创新则是通过对计划、组织、领导、控制职能的创新，推动组织管理向更有效地运用资源的方向前进。

(2) 管理创新是企业其他各类创新的基础。在企业各类创新活动中，管理创新是基础。在企业的经营活动中，致力于营销创新以取得更好的市场开拓效果，或致力于产品开发以更好地满足顾客需求，或致力于技术开发以获得更大的竞争优势，对于企业的生存和发展而言都是十分重要的。但是，在从事各类创新的过程中，若不进行相应的管理创新，技术创新或营销创新等就难以取得良好的效果，即使成功也只能风光一时，却难以辉煌一世。因为无论是技术创新还是营销创新，它们要付诸于实施，都必然会对现有的管理体系、生产组织方式带来一定的影响。并有赖于新的管理体系和组织方式的建立。没有相应的管理创新作为基础，其他创新就很难实现或难以为继。

(3) 管理创新是一个系统的过程，需要有组织的管理。和企业中的其他创新一样，一项管理创新从提出到取得效果，一般要经过以下四个阶段。

① 提出创新目标阶段。没有目标的行动是盲目的行动。正如其他活动的管理一样，进行管理创新活动，也必须首先明确创新目标，而且管理创新目标必须与组织目标保持一致，才能保证管理创新工作的有效性。如果缺乏明确的目标指引，创新往往会演变成管理者显示自己才能和突出自己与众不同的工具，导致管理者为创新而创新，注重个人目标而忽视组织目标。所以组织创新必须建立在明确的目标基础之上。管理创新目标一般为难题的解决、新标杆的创造等。

② 创意产生阶段。有了明确的创新目标之后，接着就是要形成创意。有了新观念、新思想、新方法的创意才会有创新，能否产生创意是关系到能否进行管理创新的根本。因而人们关注创意活动是十分自然的事情。要产生好的创意并非是一件容易的事情，它受到人的素质、阅历、知识积累及当时各种因素的影响和制约。

③ 创意评估筛选阶段。产生了许多创意之后，还需要根据企业的现实状况与资源条件、企业外部环境的状况对这些创意进行评估与筛选，看其是否有实际操作意义，是否能达到预期目标。在这个过程中，参与创意评估的人员的选择十分重要，这些人员需要有

丰富的管理经验、好的创造性潜能以及敏锐的分析判断能力,否则极易扼杀优秀的创意。同样在评估最高管理者提出的创意时,如果没有外部专家参与评估,一个不合实际的创意就很容易通过,并进入实施阶段,从而给企业经营带来风险。

④ 创意实施与修正阶段。经评估与筛选后的创意需要通过一系列具体的操作设计,将创意变为一项有益于企业资源配置的新的管理方法。创意的实施是整个管理创新过程中一个极为重要的阶段,许多好的创意往往由于找不到合适的具体操作方法,而导致这一创意最终无法成为创新成果。进一步地,即使有具体的操作方法,若不注重实施的艺术性,同样会使得一项即使是完善的创意也难以得到实施或难以取得很好的实施效果,从而使创新的成效大为削弱。

从以上管理创新的一般过程中可以看到,管理创新过程具有以下特点:管理创新过程是行为目标、判断准则和期望预测等方面缺乏相关参照系以及环境的复杂变化都会带来一定的不确定性。而创新活动的不确定性就必然会带来管理实践中一定的风险性。因此管理创新同样需要胆量和努力减少创新过程中的风险的能力。有效的管理创新是一个系统的过程,只有加强对管理创新过程本身的管理,管理创新才能取得预期的效果。

3. 管理创新的分类

管理创新与其他创新一样,可以根据不同的标准进行分类。根据一个完整的管理创新过程中管理创新重点的不同,可将管理创新划分成管理观念创新、管理手段创新和管理技巧创新。其中,管理手段创新又可细分为组织创新、制度创新和方法创新。

(1) 管理观念创新是指形成能够比以前更好地适应环境的变化并更有效地利用资源的新概念或新构想的活动。

(2) 管理手段创新是指创建能够比以前更好地利用资源的各种组织形式和工具的活动,可进一步细分为组织创新、制度创新和管理方法创新。其中,组织创新是指创建适应环境变化与生产力发展的新组织形式的活动,制度创新是指形成能够更好地适应环境变化和生产力发展的新的规则的活动,管理方法创新是指创造更有效的资源配置工具和方式的各种活动。

(3) 管理技巧创新是指在管理过程中为了更好地实施对观念的调整、制度的修改、机构的重组或进行制度培训和贯彻落实员工思想教育等活动所进行的创新。

管理创新始于观念创新。创新者在实践中,通过对以往管理方法运用效果的反思,发现原有管理方法或管理思想中存在的缺陷;或形成了诸如能否做得更好之类的要求,结合现代科学技术和社会的发展,融合形成新的管理思想;或随着管理经验的积累,经过总结升华,产生了更新更好的管理思想。这是一个关键阶段,这一阶段中所形成的管理思想的正确与否,直接影响着管理创新的成败。

4. 管理创新的重要性

1) 管理理论和方法的发展需要创新

从历史上看,管理理论的发展是管理研究人员与管理实践人员对管理的规律性不断加深认识与把握的过程,也是管理理论与方法不断创新的过程,管理理论的发展史本身就是一部管理创新的历史。事实上,从科学管理到行为科学,从行为科学到管理科学,从管理科学到现代管理理论,无一不是管理理论与实践相结合所形成的创新成果。没有管理思想和方法上的创新,也就不可能诞生科学管理;没有实验的基础,不突破前人对人的基本假定,就不可能形成行为科学;如果不是人们对条理化的不懈追求和对各种学科知识的综合运用,就没有管理科学的今天;如果没有对前人所做一切的反思和基于前人基础上的重新整合,就没有革命性的企业再造和学习型组织理论的崛起。创新是管理理论发展的生命线。

管理未来的发展也需要创新。环境的变化是永恒不变的真理,而只要环境在变,管理创新就不会也不应该停止,由此可见,创新是管理永恒的主题。唯有致力于持续的创新,才能使管理理论和实践与不断变化着的环境相适应,才能使管理这一工具在人类追求不断发展的过程中显示出勃勃生机。

2) 中国的发展更需要管理创新

从我国企业的管理现状看,经验管理仍然是我国企业管理的主流,企业的成败在很大程度上取决于企业领导人的经验、经历和能力。我们普遍缺乏科学管理基础,管理工作的规范化、科学化程度较低。也正因为如此,定量管理、借助信息技术进行现代化管理也就举步维艰,信息管理系统(MIS)、企业制造计划(MAPIT)、企业资源计划系统(ERP)虽然在国内搞得轰轰烈烈,却难以取得成效。而行为管理思想本来是中国传统文化中最为光辉灿烂的部分,却在我们引进西方科学管理思想的同时被我们所忽视,当我们懂得了要给人以合理的公平的物质报酬时,却忽略了思想工作的重要性,因此,行为管理思想还需要我们在新的形势下加以发扬光大。至于现代管理思想,我们的管理实践者们出于自身发展的需要很想尽快地掌握,却往往由于忙于实务和缺乏理论界的指导而停留于表面的认识,很多在管理理论上已有定论的东西,我们的实践者们还在闷头苦苦地思索。

另外,随着越来越多的企业发展壮大,其一次创业时期保持下来的随机的、不规范的,甚至是不科学的管理机制开始严重制约企业的进一步发展。企业为了在新的环境下求得进一步发展,就必须告别过去凭借个人素质来赢得并把握机会的时代,建立起一个依靠企业整体素质来实现持续发展的管理体系。在这一新旧机制转换过程中,关键在于:推陈出新,用新的管理模式替代旧的模式,即从原来随机的、无序的、感情化的管理模式转变为有计划的、规范化的、制度化的管理模式。这对企业来说是个巨大的考验。这一新旧机制转换,不仅要求对企业本身有充分的认识,而且要有打破传统的创新勇气和坚持实施的毅力和耐心。因此,对于我国现有的大多数企业而言,管理创新也是企业求得持续发展所必然面临的选择。

相对于管理实践,中国的管理理论研究更是需要创新。改革开放以来,我国的管理学界从以前的关门做学问,与实践相脱离,到现在走向企业、与管理实践相结合,应该说已经有了很大的进步。从中国管理界研究现状分析,我们在引进西方先进管理理论方面,已基本上可以做到同步翻译,我们也从跟踪国外对中国古代管理思想研究发展到了主动开展中国古代管理思想的研究,并开始理论联系实际,着手到企业进行一些实际的管理问题研究。但总体上而言,我国的管理研究还非常落后,还停留在主要是跟踪国外管理研究和为学术而研究的阶段。

综上所述,我国经济改革、企业发展、中国特色的管理理论的形成都有赖于管理创新。是否真正认识到管理创新的重要性和必要性,能否掌握管理创新的理论与方法,敢不敢致力于管理创新实践,将直接关系到中华民族的振兴、国家的繁荣昌盛、企业的持续发展和中国管理理论界的前途命运。

9.2.2 管理创新模式和原则

管理创新是重要的，可以进行管理创新的领域是广阔的，那么又应该怎样进行卓有成效的创新呢？这就要求我们掌握一定的管理创新方法。良好的创新意识和创新氛围，加上掌握一定的创新方法，是持续、高效创新的必要条件。

1. 管理创新模式

管理创新从创新主体的角度分，可以分为三种模式。

1) 自主创新

自主创新是指组织通过自身的努力、依靠自身的力量，不断发现问题、解决问题的管理创新活动。自主创新是一个渐进性过程，往往从局部小创新开始，再过渡到较为系统的管理创新。自主管理创新由于与自己的文化兼容，因此，创新成果在组织内部容易推广与扩散，但创新成果对外移植相对就比较困难，会受到外面的不同文化的抑制和影响。

2) 模仿创新

模仿创新是通过学习、模仿别人的创新思路和创新行为，吸取别人先进经验与管理模式，并在此基础上形成自己独特的管理模式的过程。管理上的模仿创新是风险最大、最困难的创新，因为真正有生命力的管理创新肯定是根植于特定企业文化之上的，而文化的移植是相当困难的，没有相应文化支撑的先进经验与管理模式是苍白无力的。

由于模仿创新有一定先例可循、成本低，相对而言容易在内部达成共识。因此，在管理实践中仍然有较多的运用，如通常所说的"标杆学习"就是模仿创新手段之一。

3) 合作创新

合作创新是指企业与科研机构、高等院校、管理咨询公司等共同进行的联合创新。合作创新是以合作伙伴的共同利益为基础，以资源共享或优势互补为前提，通常有明确的合作目标、合作期限和合作规则，双方相互之间高度信任、共同参与的管理创新活动。合作创新是管理创新中最重要、最富有创新成效的一种创新模式，它的最大特点是能够突破原有的思维定势，否定原有的管理模式，进行较大的管理创新活动。

2. 管理创新原则

管理创新原则是在管理创新过程中带有一定的普遍性，可以用作指导管理创新工作的法则和标准。在管理创新中应用这些原则可以提高我们创新行为的自觉性和主动性，可以少走弯路，降低创新成本。下面是一些比较有效的管理创新原则。

1) 还原原则——寻求事物的本质

现有的管理方式或方法都是建立在一定的基本前提假设基础之上的，当我们通过事实调查，推翻了这些假设时，新的管理方式或方法就有可能得以形成。因此，创新的一条重要原则就是检验并推翻原有的假设前提。

所谓管理创新的还原原则，就是打破现有事物的局限性，寻求其形成现有事物的基本创新原点，改用新的思路、新的方式实现管理创新。任何创新过程都有创新原点和起点。创新的原点是唯一的，而创新的起点则可以很多。例如在管理上，实现目标的手段是多种多样的，在当时的条件下，我们可能选择了一些合适的解决方法。但是，随着环境的变化，原来的方法并不一定是最好，这就需要回到最初的目标上来重新制定一种更为合适的新方法。管理创新的还原原则，就是要求创新主体在管理创新过程中不要就事论事,就现有事物本身去研讨管理创新问题,而应进一步地寻求源头,提假设出发寻找创新的原点。只有这样,所产生的创意才不容易受现有事物的结构、功能等影响,从而能够有所突破。

2) 木桶原理——关键要素创新

木桶原理是指由几块长短不一的木板所围成的水桶的最大盛水量,是由最短的一块木板所决定的。木桶原理所要说明的是:在组成事物的诸因素中最为薄弱的因素就是瓶颈因素,事物的整体发展最终将受制于该因素;只有消除这一瓶颈因素,事物整体才能有所发展。在管理创新中,如果能抓住这个影响事物发展的最关键的环节或因素,那么就会收到"加长一块木板而导致整个水桶总盛水量很快增加"的目的。本桶原理在企业管理创新中有很大用处。企业组织有不同的层次、不同的职能部门、不同的经营领域,而企业整体管理水平的高低既不由董事长、总经理决定,也不由那些效率最高、人才济济的部门所决定,而取决于那些最薄弱的层次和部门。因此,只有在最薄弱环节上取得突破性的创新,才能最终提高企业整体管理水平。

3) 交叉综合原则——发挥杂交优势

交叉综合原则是指管理创新活动的展开或创新意向的获得可以通过各种学科知识的交叉综合得到。如计算机学科与管理学科的交叉综合就形成了一系列具有革命性的管理方法和手段:管理信息系统(MIS)、决策支持系统(DIS)、企业资源计划(ERP)等。

从管理创新的历史过程来看,有两种创新方式是值得重视的。一是用新的科学技术、新的学科知识来研究、分析现实管理问题。由于是用新的学科知识和技术来看待现实管理问题,即从一种新的角度来研究问题,这样就可能得到不同于以往的看法和结论。如把数理统计方法运用到质量控制中,使质量控制从事后检验走向预防控制。二是将以往的学科知识、方法、手段综合起来,系统地来看待管理问题,这样也能产生不同于以往的思路和看法。

4) 兼容性原则——兼收并蓄,自成一家

管理创新要坚持"古为今用,洋为中用,取长补短、殊途同归",既要学习外国的先进经验,也要学中国古代的管理思想,并结合中国企业的实际情况。管理理论与方法的发展不同于自然学科,自然学科理论的发展与创新,是一种否定之否定的关系,新理论的创新意味着对旧理论的否定,而管理理论的创新往往是一种兼容关系,是从不同角度对旧理论的完善和补充。例如,组织行为理论的出现,并不意味着泰罗制的结束即使在美国,泰罗的科学管理方法仍然是其管理的基础。

兼容性原则是指根据自身的实际情况,在吸收别人先进的管理思想、管理方式、管理方法的基础上进行综合、提高和创新。从企业管理诸多领域的创新来看,很多企业根据该原则获得了创新成果。

5) 宽容失败原则

显而易见、具有常识性和令人深信不移的信念之一,也是人人认为不言自明的信念是:最好把事情做对而不要做错,把事情做好而不要做失败。假如有人提倡相反的看法——认为犯错误是好事,多犯错误的人应该受到鼓励——可能会被视为傻子。而事实上,正是一些所谓的聪明人,为了避免犯错误,他们什么事情也不做,即使是好的决策也尽量少做。结果,那些害怕犯错误的人做得少,取得的成就也越少。管理者最大的错误在于怕犯错误！没有新尝试，就没有新作为，而要进行管理创新，就有可能面临失败，就有犯错误的可能。只有营造出不怕犯错误、宽容失败的氛围，才会有致力于创新的行为。

9.2.3 管理创新思维和方法

1. 管理创新思维方法

人最难战胜的是自己。人最可怕的不是行动上的惰性，而是思维上的惰性。组织管理创新的最大障碍是思维的障碍。思维定势是一种严重的创新障碍，它的危害之处在于顽固性。人的思维模式一经建立，再要改变它就比较困难。

人们一旦能够突破思维定势，就可以产生巨大的创新潜能。增强创新意识、学习创新技法及经常性地参加创新性实践，将有助于突破思维定势。除此之外，还可通过规范自己思维活动的方法，并经常注意使用创造技法，久而久之，思维定势就可大大减弱。在这里，我们简要介绍如下几种突破思维定势的几个要点和方法。

1) 不按常理出牌

逻辑思维对创新活动来说是必须的。逻辑思维的主要特征是遵从"无矛盾"法则，即凡事都要说出个道理来。然而创新思维的坏芽都植根于逻辑的中断处，这就要求我们：要想找到这种创新的坏芽，就必须大胆地抛弃硬性的逻辑思维而涉足于弹性较强的非逻辑思维的大海中去，这样才会找到你所需要的东西。

2) 放纵模糊性思维

人脑的思维习惯总是追求清晰、明白，模棱两可是经常被排斥的。事实上，模糊性思维是人类思维中不可分割的一部分，正是清晰与模糊的对立统一，才推动了人类思维的发展。

创新是从模糊到清晰的过程。当你的思维处于模糊状况时，说不定会出现一些自相矛盾的观念，它可能会激发你的想象力去突破原有的狭窄的思想，产生新的创造性思维的坏芽。如果你能放纵自己思维的模糊性，而不担心会变成傻瓜，很可能创新成果迭出。

正因为清楚和模糊是相对的，所以我们在管理实践中也不要一味地追求事事清楚。组织管理规则的绝大部分内容应该是清楚的，但也需要保留一部分的模糊，以更好地适应很多特殊的情况。也正是这一部分模糊的存在，给管理者提供了更大的管理技巧创新的空间。

3) 主动向规则挑战

迷信规则，可能是产生思维定势的重要原因之一。规则的东西在一定范围内当然应当遵守，因为它毕竟是前人经验和知识的总结。但是，随着环境的变化，当它到了寿终正寝之时，就应该大胆地舍弃。在管理创新中，如果我们能勇敢地向未抛弃的概念、法则、规律、方案等大胆质疑而提出挑战，我们的思维定势就会一扫而光。

4) 克服思想上的"随大流"

"随大流"，也称从众行为，是指在社会行为的影响下，个人放弃自己的意见、想法，采取与多数人一致的行动的现象。在现实世界中，"随大流"现象普遍存在，因为"随大流"的安全系数较大。然而安全又常与稳定、保守相通，有时也未必是真的安全。

"随大流"在思想上则是思维惯性的一种表现。大多数人想干的事情一定是正统的、稳定的，新意甚少。故在日常工作上若能克服"随大流"，也必有助于克服思维定式。

5) 善于寻求多种答案

思维定势的重要特点之一，就是它的确定性、单一性。而事物的发展总是指向多样化、复杂化的方向。只满足于一种状态、一个答案，世界就凝固，创新就停止。如果能不拘泥于已有的经验和知识，主动地寻找多种答案，就可能帮助我们克服思维定势，全方位多角度地看问题，从而获得更多的创新成果。在打破固有的思维模式，寻求多种答案的过程中，大胆地假设不失为帮助我们克服思维惯性和惰性的好办法，尽管假设不一会直接产生创造成果，却可以激发人的想象力，从而找到全新的坏芽。而假设的最有效之举，就是把现有事物推向极端，引出新的矛盾或问题。这时，思维定势就不起任何作用了。

6) 逆向思维

逆向思维是每个管理者都应该掌握的思维方式。对任何一个成员，在你认为满意的时候，你必须看到他的缺点，这是对他负责，如果只看到优点，放任纵容，最后会把他毁掉。当我们决定一件事干与不干的时候也需要逆向思维，即使决定干了，也要想到不干会怎么样，不干有没有什么好处，能不能把不干的好处放到干的里面去，从而做得更完善，这些都需要逆向思维。逆向思维通俗地说是站在对立面思考问题，或者是指与一般人、一般企业思考问题的方面不同。别人不想的，认为是正常的事情你却加以思考，从中发现问题，这就是逆向思维。

2. 管理创新技法

创新技法是帮助人们实行创新、提高创新效率的方法。科学家们对创新的方法进行了深入研究，提出了许多适合各种创新工作的方法。由于技术创新、产品创新、市场创新与管理创新在性质、内容上有所差异，因此所适用的创新方法也会有所不同这里讨论的是几种较为适合管理创新的技法。

1) 识别问题方法

正确地界定问题是进行有效管理创新的基础。"为什么"法是识别问题的最为简单的方法，通过不断变化对原始问题的定义，获得新的问题视角，而问题的新视角又可以产生解决问题的可行方法，直到获得最高层次的问题抽象。

"为什么"法对扩大问题范围及探索其各种各样的边界十分有用。另一种常用的界定问题的方法是五大问技术：一问目的；二问地点；三问时间；四问人员；五问方法。

2) 头脑风暴法

头脑风暴法是目前最为实用、最为有效的一种集体式创新性解决问题的方法。它之所以有效，应归功于在群体活动情境下所具有的彼此相互促进的动力机制。每当一个人提出一个新的想法，这个人所激发的不光是他或她自己的想象力，在这个过程中与会的其他人的想象力也将被激发。头脑风暴式会议本身还是一个社会交往过程，在群体活动中，个人要在组织中取得地位，他就得和别人竞争，而要成功地做到这一点，他就得想出更多的创意。头脑风暴法鼓励提出新观点，接受新观点，这样反过来进一步激发参与者提出更多的新观点。

3) 列举法

列举法是通过列举有关项目来促进全面思考问题，防止遗漏，从而形成多种构想方案的方法。列举法在列举事项、方案和评选方案时，均可结合头脑风暴法进行，以获得更多更新颖的构思。

4) 联想类比法

联想类比法的核心是通过已知事物与未知事物之间的比较,从已知事物的属性去推测未知事物有类似属性。类比推理的不确定性,可以帮助我们突破逻辑思维的局限性,去寻找一个新的逻辑的起点。

联想类比是以比较为基础的。人们在探索未知的过程中,借助类比的方法,把陌生的对象与熟悉的对象相对比,把未知的东西和已知的东西相对比,从而由此及彼,起到启发思路、提供线索、举一反三的作用。

5) 移植法

移植法是指将某一领域的技术、方法、原理或构思移植到另一领域而产生新事物的方法。移植法这种创新技法最大的好处是不受逻辑思维的束缚。当想把一项技术或原则等从一个领域移植到另一个领域时,并不需要在理性上有多清楚的理解,往往是干了再说,这就为新事物的形成提供了多种途径,甚至为许多外行搞创新提供了可能。

上面,我们已经介绍了几种比较成熟的创新技法,这些创新技法有助于我们在一段时间里集中精力解决一个问题,不至于被过多的问题压垮;有助于我们在创造性地解决问题的过程中减少失败和挫折;有助于我们充分利用自己的情感、热忱以及大脑的全部功能;有助于我们开发自己无意识思维的宝库,从而有力地促进管理创新活动的开展。

本 章 小 结

进入21世纪后,人类社会发生了巨大的变化,科学技术的突飞猛进,互联网的出现,带动了全球经济一体化,知识、信息成为经济发展的重要资源,人类社会预示着由工业社会向知识经济社会的变革。这种变革,如同工业社会替代农业社会一样,是社会发展中重大的质的飞跃,有人称这一时代是网络技术支撑的大规模智能化定制的时代,这不仅意味着社会的生产方式发生了巨大的变革,同时对传统的管理理论、观念、组织模式与管理经验提出了重大的挑战,创新将成为管理的主旋律,创新也将成为管理的主要职能之一。

管理创新是指为了更有效地运用资源以实现目标而进行的创新活动或过程,也是一个将资源从低效率使用转向高效率使用的过程。创新为更好地履行管理基本职能、实现资源的更有效利用提供依托和框架,管理基本职能的履行则为进行有效的创新提供了保证。卓越的管理应该是实现维持与创新相结合的管理。

管理创新从创新主体的角度分,可以分为三种模式:自主创新、模仿创新和合作创新。管理创新原则是可以用作指导管理创新工作的法则和标准,比较有效的创新原则包括:还原原则、木桶原则、交叉综合原则、兼容性原则和宽容失败原则。

人们一般能够突破思维定式,就可以产生巨大的创新潜能。不按常理出牌、放纵模糊性思维、主动向规则挑战、克服从众心理、善于寻求多种答案和逆向思维,都有助于我们突破思维定势。

创新技法是帮助人们实行创新、提高创新效率的方法。在管理创新中常用的有识别问题的"为什么"法和五大问技术,集群体智慧的头脑风暴法、全面思考问题的列举法、突破思维局限性的联想类比法和移植法。

习　题

1. 现代管理面临的机遇和挑战是什么？
2. 管理学未来的发展趋势是什么？
3. 管理为什么需要创新？
4. 创新与管理的五大职能之间是怎样的关系？
5. 管理创新有哪几种模式？他们各自的特点是什么？
6. 管理创新一般要经历哪几个阶段？
7. 怎样才能突破思维定势？
8. 本章介绍的几种常用的管理创新方法为什么有助于管理创新？